AF599748

TPM: MANTENIMIENTO TOTAL DE LA PRODUCCIÓN

PROCESO DE IMPLANTACIÓN Y DESARROLLO. 2ª EDICIÓN

FRANCISCO REY SACRISTÁN

TPM: Mantenimiento total de la producción.
Proceso de implantación y desarrollo. 2ª Edición

Autor: Francisco Rey Sacristán

Diseño de cubierta: Martín Ángel Rodríguez Molina

Maquetador: Carlos Benita Rodríguez

Diseño de figuras: Rocío Barbero

Correctora: Natalia Herraiz

Editor y corrector: Jacobo Feijóo

Edita:
© FUNDACIÓN CONFEMETAL
Príncipe de Vergara, 74 – 28006 Madrid
Tel.: 917.823.630
editorial@fundacionconfemetal.es
www.fundacionconfemetal.com

ISBN: 978-84-10315-12-9
Depósito legal: M-2183-2025

Si quiere información acerca de nuestras publicaciones, visítenos en:

www.fundacionconfemetal.com

o escríbanos a:

editorial@fundacionconfemetal.es

Síganos en:

Fundación Confemetal

@FCONFEMETAL

Fundación Confemetal

ÍNDICE

Sobre el autor

Ingeniero técnico industrial mecánico por la Escuela de Valladolid, Francisco Rey Sacristán comenzó a trabajar en la factoría de Iveco ocupando diferentes puestos de producción e ingeniería. En 1972 ingresó en la factoría de Motores de Fasa-Renault como responsable del servicio de mantenimiento, ocupando después diferentes puestos como responsable de la ingeniería de planta (mantenimiento y métodos), director de producción y otros de similar importancia.

Francisco Rey es autor de catorce libros que tratan de mantenimiento y producción industrial y ha colaborado en varias revistas técnicas con artículos de producción-TPM-mantenimiento.

Además, ha dado multitud de conferencias y seminarios sobre producción, mantenimiento y calidad, tanto en congresos nacionales como internacionales, y ha sido profesor en diferentes másteres universitarios.

INTRODUCCIÓN

GENERALIDADES

Para comprender la evolución industrial de estos últimos años, es necesario estudiar los **procesos, actividades y herramientas** que han desarrollado las empresas más avanzadas. En concreto, se trata del control estadístico del proceso (SPC), las relaciones cliente-proveedor, el JIT-Kanban, el mantenimiento total de la producción (TPM),[1] el SMED (*Single-Minute Exchange of Die*) o las actividades de mejora de la productividad, entre otros. Este estudio y su posterior reflexión nos ayudarán a elegir los procesos más adecuados para nuestras organizaciones.

En general, estas prácticas no se han llegado a comprender bien en muchas empresas de nuestro entorno, y cuando sí lo hemos logrado, hemos fracasado muchas veces a la hora de aplicarlas debido a las dificultades que presentan, causadas principalmente por la ausencia de un cambio previo de cultura en la empresa y de adaptación de dichas herramientas al entorno propio de cada organización.

Además, nos han desbordado los numerosos seminarios relacionados con muchas de estas prácticas, por lo que, al mezclar las herramientas en el momento de tener que aplicarlas, han originado problemas de entendimiento entre los diferentes departamentos o funciones de la empresa. Asimismo, han producido también redundancias en las tareas de mejora, cuya responsabilidad, en cuanto a objetivos que deban alcanzarse, no es única, pues se mezclan diferentes actividades y funciones con distintos objetivos.

Por todo ello, partiendo de mi experiencia como responsable de producción y del proyecto para desarrollar y aplicar el **mantenimiento total de la producción (TPM)** en una importante empresa del sector de automoción, voy a exponer, añadiendo mis sensaciones, las metodologías

1. TPM es el acrónimo de *Total Productive Maintenance* o mantenimiento productivo total. Para hacer más natural el concepto y distinguirlo de la aplicación japonesa, el autor lo ha traducido en español como «mantenimiento total de la producción». Es muy importante destacar que el concepto alude realmente a toda una gestión global de la empresa (*management*) más que al mantenimiento industrial en exclusiva (N. del E.).

que he ido aplicando (unas positivas y otras negativas, pero todas de gran riqueza) para fomentar el mayor éxito posible de la aplicación y desarrollo de cualquier proyecto de TPM en un entorno empresarial.

Me gustaría que el TPM llegase a verse como un proyecto de empresa global, es decir, es preciso comprender que el TPM, aplicado correctamente, puede abarcar todas las herramientas conocidas si lo construimos alrededor de la producción e implicamos a **toda la estructura** de la empresa.

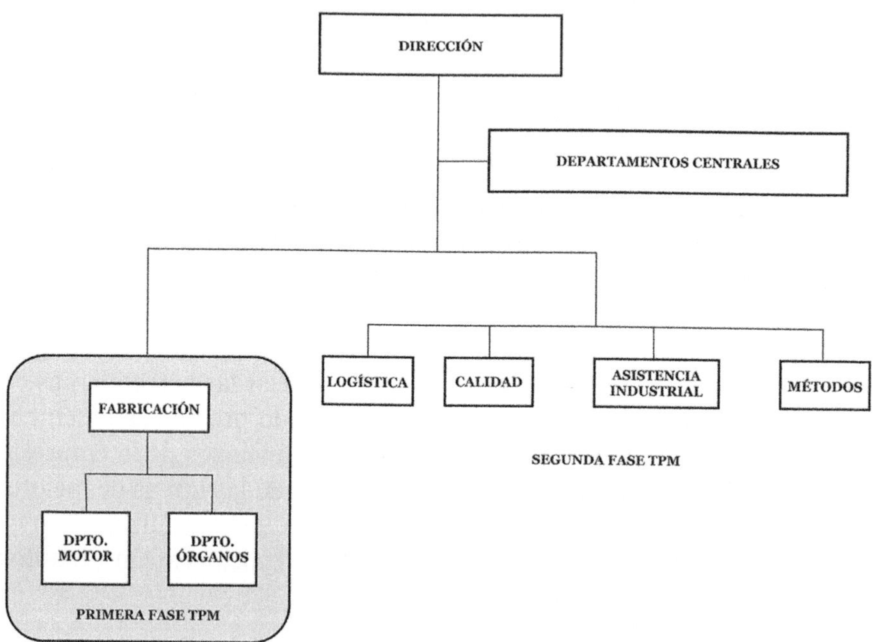

MOVIMIENTOS EN LAS ORGANIZACIONES

Desde hace unos años, tres movimientos han contribuido fuertemente al **aumento de la productividad** en las industrias occidentales:

- **TQC**: *Total Quality Control* o control total de la calidad, que asegura la calidad del producto y se extiende hasta los plazos y los costes.
- **TPS**: *Toyota Production System*, un sistema total de la producción abanderado por Toyota por medio del JIT (*Just In Time* o justo a tiempo), que integra de manera total los procesos de producción desde su implantación hasta la salida y distribución del producto que ha sido fabricado.
- **TPM**: mantenimiento total de la producción, que aparece, en principio, como una nueva filosofía del mantenimiento que incluye el mantenimiento en la producción de manera global, no como un fin en sí mismo, sino como un medio para reducir los costes de producción. Su objetivo esencial es conseguir la máxima eficacia del binomio **persona – sistema de producción**.

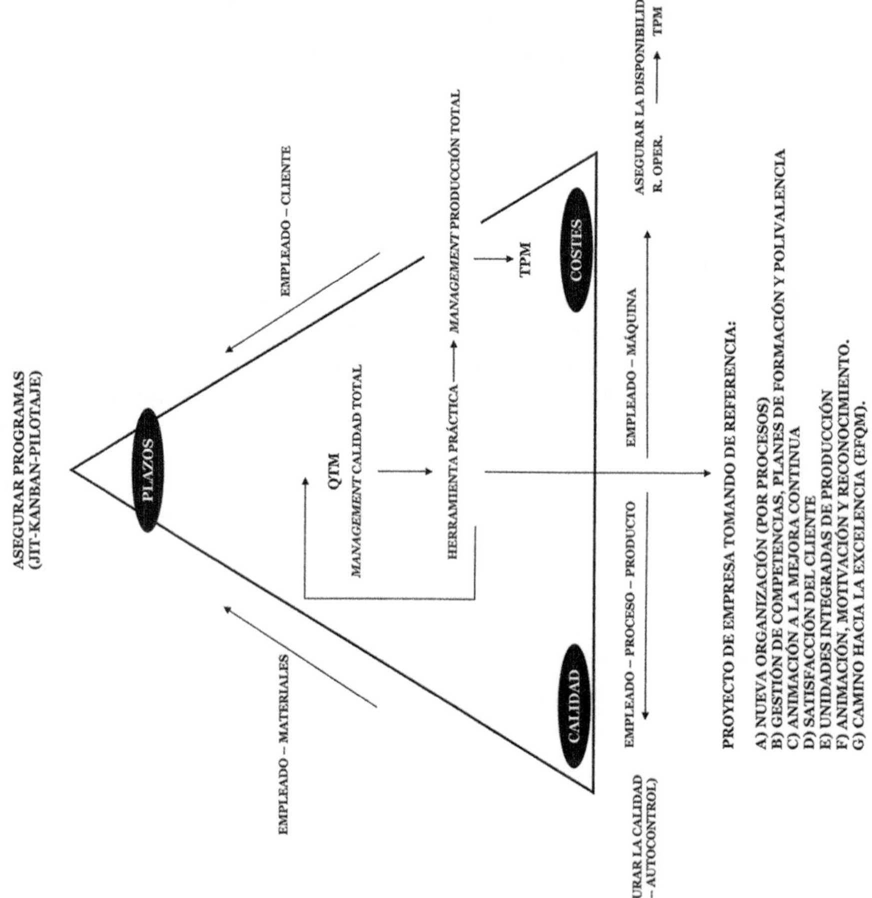
ASEGURAR PROGRAMAS
(JIT-KANBAN-PILOTAJE)
PLAZOS
EMPLEADO – MATERIALES
EMPLEADO – CLIENTE
QTM
MANAGEMENT CALIDAD TOTAL
HERRAMIENTA PRÁCTICA
MANAGEMENT PRODUCCIÓN TOTAL
TPM
CALIDAD
COSTES
EMPLEADO – PROCESO – PRODUCTO
EMPLEADO – MÁQUINA
ASEGURAR LA CALIDAD
(SPC – AUTOCONTROL)
ASEGURAR LA DISPONIBILIDAD
R. OPER.
TPM
PROYECTO DE EMPRESA TOMANDO DE REFERENCIA:
A) NUEVA ORGANIZACIÓN (POR PROCESOS)
B) GESTIÓN DE COMPETENCIAS, PLANES DE FORMACIÓN Y POLIVALENCIA
C) ANIMACIÓN A LA MEJORA CONTINUA
D) SATISFACCIÓN DEL CLIENTE
E) UNIDADES INTEGRADAS DE PRODUCCIÓN
F) ANIMACIÓN, MOTIVACIÓN Y RECONOCIMIENTO.
G) CAMINO HACIA LA EXCELENCIA (EFQM).

Bajo mi punto de vista, estos tres sistemas pueden tener problemas para coexistir y desarrollar con eficacia las estructuras de la empresa a fin de mejorar su productividad, si bien la esencia o enfoque central es el mismo en todos ellos: **la mejora**.

Sin embargo, los conceptos que los integran han ayudado a las compañías más avanzadas a extender en sus organizaciones una forma de pensamiento **orientado a los procesos y al cliente** con el fin de desarrollar estrategias que **aseguren la mejora continua**, involucrando así a todas las personas de todos los niveles y funciones de la organización.

Es importante mentalizarse de que siempre es posible mejorar mediante una dinámica de **progreso permanente**, que proporciona avances más rápidos y estables en calidad, coste y plazos de los productos o servicios a fin de dar satisfacción a los clientes internos / externos. La **total ausencia** de defectos, problemas, disfunciones, etc., en los procesos básicos debe ser la inspiración permanente. Una ventaja de esta forma de actuar es que es posible integrarla con cualquiera de los tres sistemas reseñados.

Estos tres movimientos necesitan un **modelo de liderazgo** para lograr su armonía y evitar contradicciones entre las diferentes funciones de la empresa. Este modelo puede facilitarlo el TQM (*Total Quality Management* o gestión total de la calidad), implantando un **proyecto de empresa** sobre el terreno pero orientándolo como un *management* de la producción total, con el único objetivo de reducir costes y mejorar la productividad y la competitividad con el fin de progresar hacia una meta con la ayuda de proveedores.

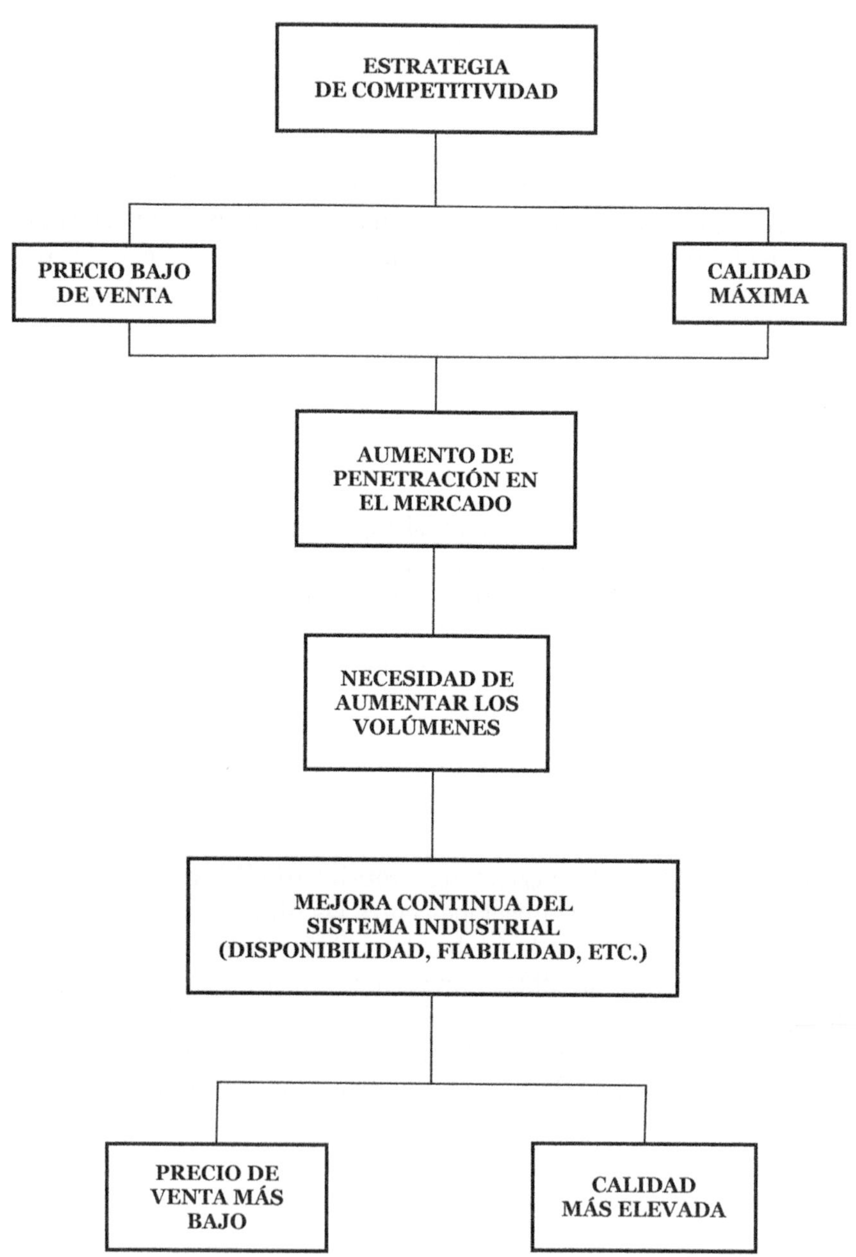
ESTRATEGIA
DE COMPETITIVIDAD
PRECIO BAJO
DE VENTA
CALIDAD
MÁXIMA
AUMENTO DE
PENETRACIÓN EN
EL MERCADO
NECESIDAD DE
AUMENTAR LOS
VOLÚMENES
MEJORA CONTINUA DEL
SISTEMA INDUSTRIAL
(DISPONIBILIDAD, FIABILIDAD, ETC.)
PRECIO DE
VENTA MÁS
BAJO
CALIDAD
MÁS ELEVADA

Pues bien, el ambiente empresarial hoy en día afronta las siguientes **exigencias** relacionadas con estos tres movimientos:

- **Necesidad de reducir los tiempos de desarrollo** de los nuevos productos y su industrialización desde la ingeniería de planta.
- **Necesidad de reducir los costes**, alcanzando límites de eficacia en los equipos de producción por medio de un mantenimiento integral, evitando fallos y averías (mantenimiento preventivo sistemático y condicional).
- **Mayores exigencias de calidad** hacia la total ausencia de defectos, evitando fabricar productos imperfectos mediante el control de las condiciones y estado de referencia de los equipos (mantenimiento de la calidad).
- **Diversidad y reducción de los plazos de fabricación**, mejorando los plazos de preparación y los cambios de ráfagas, útiles, etc., con el objetivo de lograr:
    - Total ausencia de *stocks* y en cursos[2] en los procesos.
    - Producción en pequeños lotes (flujos unitarios).
    - Eliminación de las grandes pérdidas en los sistemas productivos (averías, tiempos ciclo degradados, mala calidad, cambios largos de fabricación, paradas psicológicas, etc.).

  Los condicionantes básicos y necesarios para tener éxito en el momento de implantar sobre el terreno este modelo de liderazgo en la empresa lo serán en función de:
    - La política de la dirección.
    - El plan estratégico de la empresa.
- **Mejorar la integración y las relaciones con proveedores y clientes** para comprar a precio más bajo y vender de acuerdo con las expectativas de los clientes y accionistas, obteniendo así beneficios no especulativos.

2. Pequeño *stock* acumulado de piezas para ayudar ante pequeñas paradas o averías pasajeras entre dos máquinas (N. del E.).

Hay dos aspectos que es importante definir antes de empezar a desarrollar todo lo anterior:

El **estado de referencia** es aquel en que el equipo, máquina o instalación de producción puede proporcionar su mayor rendimiento en función de cómo ha sido diseñado y de la situación de partida, en cuanto a la calidad de las características del producto o pieza que se va a elaborar o a transformar.

El objetivo central que debe perseguirse es la **mejora** de los costes de explotación del sistema industrial y el camino hacia la **excelencia** en la gestión de la fabricación.

En este manual, por lo tanto, voy a exponer cómo el TPM puede ser un proyecto de empresa global (*management*), es decir, que bien aplicado, puede abarcar todos los otros sistemas conocidos para el progreso empresarial. Pero no solo eso, sino que, incluso, se puede integrar como abanderado en un proyecto de empresa en calidad total, construido alrededor de la función de **fabricación** y con la implicación de toda la estructura de la empresa. Si me decanto por este TPM es debido a mis experiencias en este sentido, enfocándolas como una forma de gestión total de la producción.

Podemos decir que este tipo de herramienta para gestionar la producción de manera total va a consistir en:

- **Elaborar** un proyecto que tenga como objetivo constituir una estructura en la empresa que busque, de manera global, la máxima eficiencia del sistema industrial.
- **Identificar** los mecanismos en la organización para prevenir las diversas pérdidas de producción y todo tipo de despilfarro, tratando de alcanzar un objetivo que tienda a:
  - Cero averías.
  - Cero paradas.
  - Cero defectos.
  - Cero accidentes.
  - Cero *stocks*.

Con esto se consigue cambiar los comportamientos por una filosofía de prevención y rigor en las tareas para así alargar el ciclo de vida útil de los equipos de producción, obteniendo los resultados técnicos y el rendimiento operacional con una mayor rapidez. De este modo nos adelantamos a los problemas clásicos de comienzo de serie ya desde la fase de los diseños y la recepción de los equipos, invirtiendo en estos lo justo y necesario.

(continuación...)

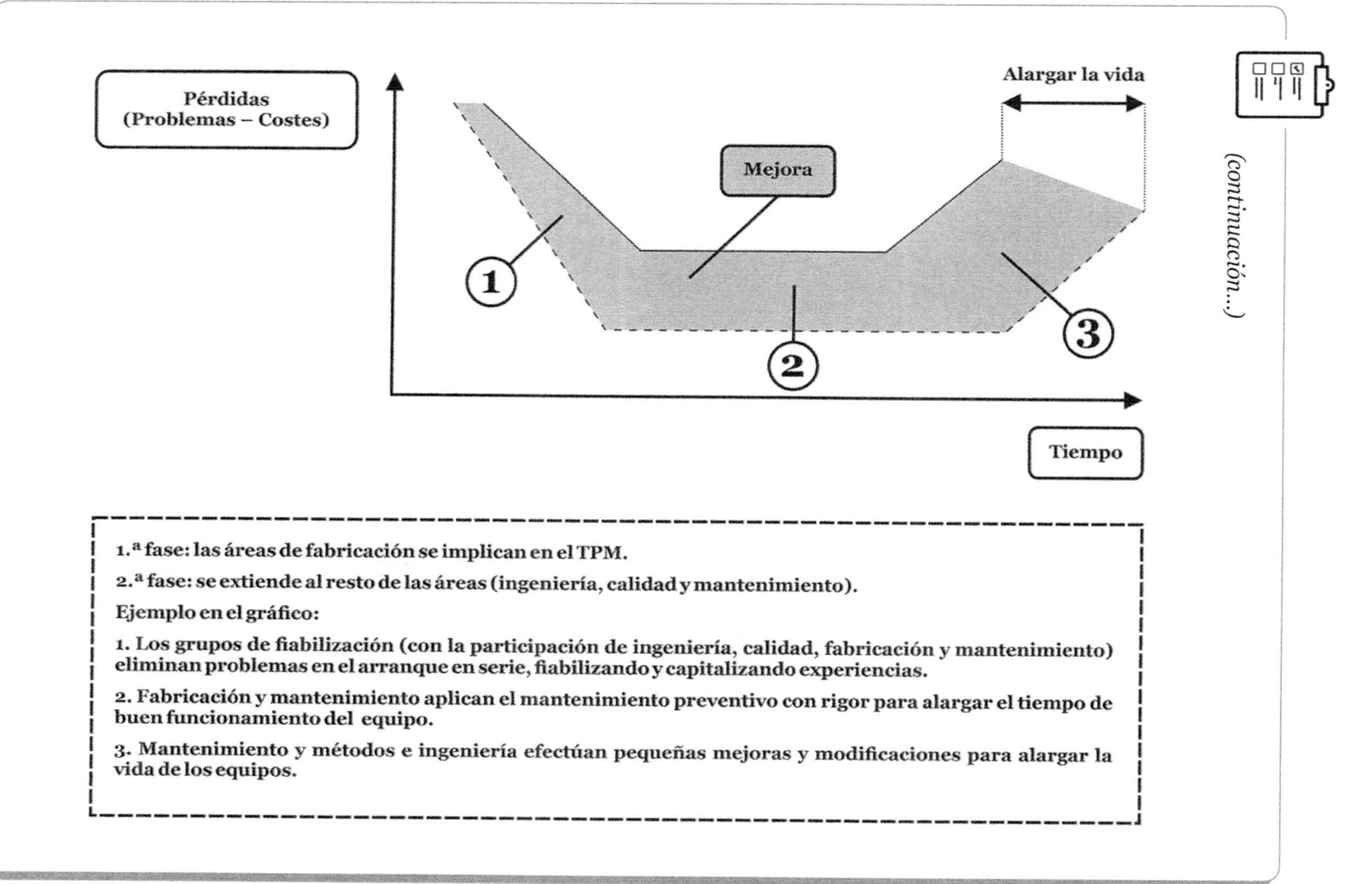

(continuación...)

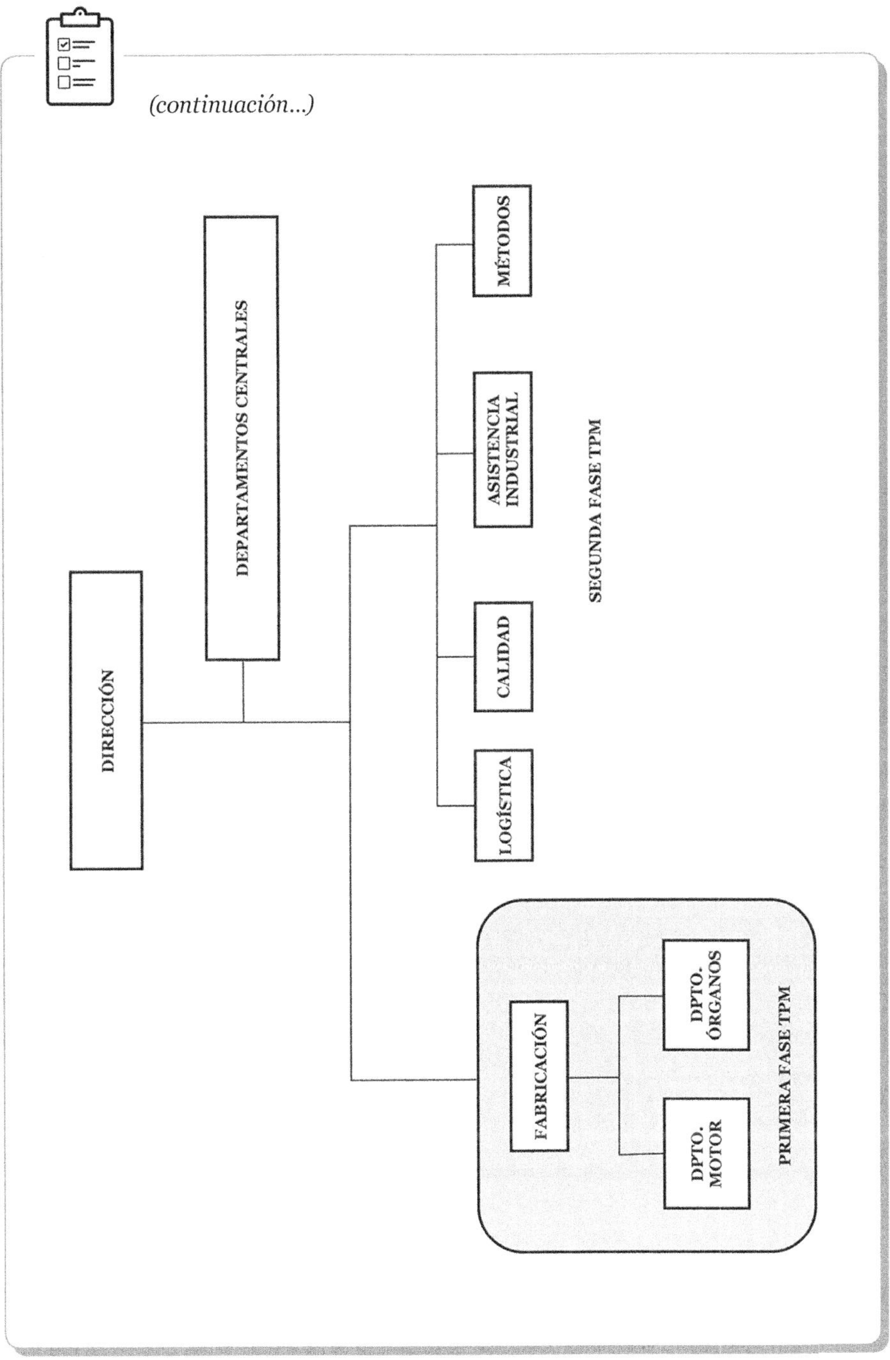

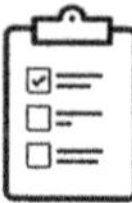

(continuación...)

- **Implicar** a todas las funciones de la empresa, comenzando en una primera fase con la fabricación y extendiéndose después a la ingeniería, calidad, compras, administración, etc.
- Lograr la **adhesión** al proyecto de todos los empleados de la compañía, desde la dirección hasta los operarios de los sistemas de producción, y conseguir su participación en el desarrollo de dicho proyecto.
- Conseguir **cero paradas, pérdidas económicas y despilfarros por falta de calidad**, mediante las actividades de mejora implantadas a través de los grupos de fiabilización y de mejora continua.

Este tipo de gestión está evolucionando permanentemente en las organizaciones industriales.

Así pues, una política actual de calidad total busca:

La satisfacción global de los clientes por una gestión global (TQM) sobre los:

- Costes.
- Servicios.
- Calidad.

Evolución de la competitividad

El nuevo enfoque de la competitividad **no es** la automatización ni la robótica ni siquiera los sistemas CNC (control numérico por computadora), sino aplicar filosofías que conducen a la **excelencia** en la fabricación, para lo que es imprescindible crear un proyecto de empresa al respecto, pues la fabricación debe asumir el rol de primer orden, en tanto en cuanto es un recurso fundamental para la competitividad.

Asimismo, hemos de implantar una dinámica e interrelación entre la filosofía o visión de la empresa, la estrategia que se haya elegido y la propia fabricación. Por tanto, el resto de las funciones, como la de calidad, administración, comercial, investigación y desarrollo, logística, etc., han de trabajar íntimamente ligadas a la fabricación, desarrollando sus propias estrategias hacia la misma meta.

Por **una parte**, estas nuevas relaciones necesitan el apoyo absoluto de los responsables directivos a la fabricación, que pasa así a ser el centro de la estrategia de la compañía, actuando por medio de un liderazgo integrador.

Por otra parte, es necesario conseguir la adhesión al proyecto de todos los mandos y funciones, así como de todos los niveles de la organización, implantando con coherencia una nueva cultura cargada de unos valores o comportamientos éticos hacia clientes, proveedores, sociedad y los propios empleados.

Hoy día nuestra preocupación está centrada en el **cliente**, de tal manera que la competitividad en la fabricación pasa por escuchar al cliente interno o externo y:

- Producir bienes o servicios para satisfacer al cliente.
- Producir con satisfacción interna.

Si no se pierde de vista este objetivo, con toda seguridad se mejorarán los costes, la calidad, los plazos y, por tanto, se implantará un plan de productividad apropiado, basado en:

- La aceleración de los flujos de la producción.
- La aceleración de los flujos de la comunicación en la compañía.

Nunca se debe asumir que los procesos de fabricación ya se han perfeccionado totalmente. Como la vida es dinámica, lo que ayer parecía sólido y completo, hoy no lo es.

Debemos trabajar permanentemente para reducir o eliminar inversiones, desarrollar con mayor rapidez nuevos productos, reducir costes eliminando todo tipo de despilfarro, reducir los plazos de fabricación, etc.

El denominador común en un plan de TPM ha de ser la **sencillez** y la **flexibilidad**. Se trata de examinar cuáles son los fines y la organización más adecuada en una industria para lograr esos fines y, en particular, en los talleres de fabricación. La producción **flexible**, aplicada en una empresa gestionada en calidad total, supone lo siguiente:

- La calidad, el mantenimiento y la gestión de flujos pasan a ser responsabilidad del departamento de fabricación.
- El departamento de fabricación atiende las incidencias de las máquinas, que son, entre otras, los cambios de herramientas, reglajes y averías, por lo que dichas máquinas deben ser lo más sencillas posible, es decir, han de tener como equipamiento lo justo y necesario y disponer de ayudas para el diagnóstico y la explotación.
- Se reducen los encursos lanzando la producción desde el final de línea y no desde la cabecera, gracias a la aplicación de la herramienta Kanban.[3]
- Se da prioridad a la calidad y a la formación específica de todos los empleados antes que a la producción, con un objetivo de calidad que persigue la total ausencia de defectos, esto es: rechazos o devoluciones del ítem producido medidos en partes por millón (ppm) de defectos.
- Se gestiona la producción pieza a pieza, olvidando el concepto de lotes, produciendo solo lo necesario para las necesidades del día que demanden los clientes, para lo cual es preciso minimizar los tiempos de cambios de ráfagas o lotes de fabricación.
- Se debe asegurar que no aparezca ninguna causa de defecto por pequeña que sea, aplicando lo que los japoneses llaman **sistemas *poka-yoke*** (a prueba de errores), sobre todo en los procesos de montaje. Mediante sencillos dispositivos digitales o analógicos (luminosos, mecánicos o audiovisuales) se avisa del problema o se da la información, impidiendo continuar la tarea.

3. Kanban significa «letrero» o «tarjeta» en japonés. Es una metodología de gestión de proyectos que brinda total transparencia en el proceso de gestión de tareas. Pertenece a la familia de métodos *Agile* y se emplea mucho hoy en día (N. del E.).

(continuación...)

- Es preciso ser consciente de que el objetivo de cero defectos en la calidad no se logra con robots, aunque la inteligencia artificial (IA) está haciendo importantes progresos en este aspecto. No obstante, hoy por hoy, para alcanzarlo, se parte desde el diseño de las máquinas y sus implantaciones, los procesos de trabajo y la organización. Ya no se pretende controlar el final del proceso como principal objetivo. Debemos asegurar la calidad paso a paso, a lo largo de todo el proceso.
- Se debe minimizar el impacto de la complejidad en la industrialización de instalaciones complejas o robotizadas. Estas trabajan normalmente con poca eficiencia por su sofisticación y problemas propios frente a la eficiencia de los mecanismos y manipuladores sencillos, pero, por otro lado, facilitan el trabajo cuando necesitamos fabricar con elevada diversidad.
- Hay que dar mucha importancia a los pequeños detalles que se presentan día a día y hacen que un taller no funcione bien, y aportar sugerencias para mejorar o eliminar esos pequeños elementos que no se solucionan mes tras mes, a pesar de que su análisis y mejora supondría considerables ahorros en los costes de fabricación y en la productividad, factores clave para ser competitivos.

Con todo, nunca debemos considerar resuelto el problema de la fabricación. Jamás debemos desestimar el desafío que supone la mejora de la fábrica actual y la construcción de la **fábrica del futuro**. No hay fórmulas mágicas, solamente hay que definir nuevas metas y aplicar la mejora continua, concentrando toda la organización en la fabricación sobre el terreno, elaborando y aplicando, si es posible, un proyecto de empresa que atienda a la calidad total.

La mejora de la competitividad pasa por dedicar los mejores recursos y talento a hacer las cosas básicas un poco mejor cada día en todos los niveles de la organización, y esto, además, debe hacerse de una forma continua.

Si la visión dinámica de la mejora continua no se asocia a las normas y modos de funcionamiento de la empresa, la visión de lo que es la calidad siempre será estática y no evolucionará.

Así pues, debemos reafirmarnos en que la mejora continua en todos ámbitos de la empresa –no solamente en los productos o procesos, sino también en los procedimientos, normas y conocimientos– tiene que ser el centro de atención para obtener una **visión moderna de la calidad**. En esta dinámica, se debe estar atento a las continuas evoluciones en las necesidades del cliente, adaptando los productos a él mediante una política interna de calidad, integrando también la creatividad y la innovación.

EVOLUCIÓN EN LOS CONCEPTOS DE PRODUCTIVIDAD

Una de las prioridades en la empresa es elevar la productividad global, es decir, no solamente en las tareas de la mano de obra directa de fabricación sino también en la de los técnicos y el resto de las funciones de la compañía. Los grandes aumentos de productividad que hoy en día se precisan solo son posibles trabajando con más eficiencia.

El concepto de productividad ha ido evolucionando, adaptándose a las necesidades de competitividad de los mercados. En este momento, la productividad se entiende como el resultado de un buen desarrollo de la mejora continua a través de la calidad de gestión y de la calidad del trabajo, siendo su evolución el motor del progreso económico y social de la empresa. Cada logro de productividad hace que todos los empleados estén dispuestos a proseguir nuevas acciones.

En este contexto, una organización exitosa hace que todos los integrantes de la empresa:

- Trabajen en las operaciones de un proceso.
- Controlen y aseguren su calidad empleando una táctica personal y responsable.
- Piensen cómo mejorar el proceso aplicando una estrategia participativa.
- Se reúnan en grupos de fiabilización y de mejora para resolver problemas y progresar.

De este modo, el compromiso y la implicación de todos los empleados significa utilizar su **creatividad** para resolver problemas. Este aspecto a veces puede ser desalentador por la dificultad de obtener un alto grado de participación; sin embargo, es interesante comenzar por una tasa de compromiso cercana al 10 % y no desanimarse en el empeño, pues se requiere una firme constancia y una fuerte inversión de tiempo.

Hay que desarrollar las **siete herramientas de resolución de problemas** en la empresa y ponerlas en práctica ante dificultades reales, invirtiendo normalmente alrededor de unos tres años para lograr institucionalizar y sistematizar este proceso.

- Diagrama de Ishikawa, también conocido como «espina de pescado» o «diagrama de causa-efecto».
- Hoja de verificación o comprobación.
- Gráfico de control.
- Histograma.
- Diagrama de Pareto.
- Diagrama de dispersión.
- Muestreo estratificado.

La excelencia en la fabricación pasa por conseguir que incluso los operarios de máquinas y sistemas de producción dediquen un tiempo de su jornada de trabajo a resolver problemas. Así, pueden complementar los tiempos muertos con la realización de las tareas de mantenimiento preventivo autónomo y la mejora de los procesos y equipos.

Debemos admitir que dichos operarios, que están en contacto directo con los equipos de producción e integrados en unas determinadas fases y tareas de un proceso, son quienes mejor conocen los procesos y los equipos y, por tanto, quienes pueden reflexionar sobre los problemas y proponer la manera de abordarlos para mejorarlos.

De este modo, en este contexto, los dos pilares básicos de la productividad son:

1. **La productividad *hardware***, que incluye las innovaciones tecnológicas, la capacidad de los equipos productivos y sus tecnologías aplicadas, las inversiones, etc. Es, por lo tanto, un pilar de naturaleza económica y técnica. En este campo, nuestros esfuerzos deben dirigirse a la búsqueda de nuevas tecnologías y al desarrollo de la calidad en todo su sentido, hasta lograr la máxima satisfacción del cliente.
2. **La productividad *software***, que trata de mejorar el funcionamiento de los sistemas de producción, las relaciones a todos los niveles y la calidad de la organización. Tanto la dinamización de la empresa como la motivación de los trabajadores y el constante recurso a su inteligencia a través de la participación y la formación, aportando nuevas ideas, constituyen los puntos fuertes de este apartado. Su fundamento reside en la calidad de la dirección y de la organización, así como en la capacidad para desarrollar la cooperación y la participación de todos.

LOS CINCO PUNTOS CLAVE DE LA PRODUCTIVIDAD

La evolución de la productividad está muy ligada a los cinco puntos clave siguientes:

- **Desarrollar la imagen y la identidad de la empresa** tanto en el exterior como en el interior de la misma.
- **Compartir la información**, procurando que los objetivos, las políticas, los puntos fuertes y los puntos débiles, así como las estrategias, sean conocidos. Esto supone emplear una política real de comunicación y de consulta. La información no es un factor de motivación en sí misma, pero crea las condiciones favorables para que las personas se animen y se motiven.

(continuación...)

- **Desarrollar sistemas de dirección que eliminen rigideces** en la organización y favorezcan la flexibilidad de las estructuras y de la plantilla. Es ahí donde se asientan las aplicaciones y actividades de los grupos de trabajo multidisciplinarios: grupos de proyectos transversales, grupos de mejora continua y grupos de fiabilización, entre otros.
- **Desarrollar la formación y la gestión de los recursos humanos**. Esta es la condición esencial para mejorar de forma continua la cualificación y la carrera de cada empleado. El alto nivel de cualificación y de formación es una meta fundamental en un plan de mejora de la productividad de forma directa, dado que permite aplicar la flexibilidad y movilidad tecnológica y profesional mediante una buena gestión de competencias y de la polivalencia en los puestos de trabajo.

  Uno de los planes que va a situar a una empresa en un puesto competitivo es, sin duda, el de la formación óptima de todos sus empleados en las competencias de cada oficio, especialización y puesto de trabajo.

  Está claro que las nuevas y continuas novedades tecnológicas, en su mayor parte ligadas a la electrónica, los automatismos y la informática, así como los continuos cambios organizacionales, están produciendo importantes cambios en los oficios y especialidades, por lo que es necesaria una gestión continua de las competencias y de la formación asociada.

(continuación...)

Por ello, es muy importante preparar y desarrollar especialidades nuevas con programas adecuados de formación que recojan las necesidades de cada empresa, como pueden ser: expertos en robots, expertos en CNC, expertos en la conducción de líneas automatizadas, en inteligencia artificial (IA), etc. Por otra parte, sobre todo en las industrias de equipamiento, es necesario desarrollar una actividad logística y técnica basada en la fiabilidad, mantenibilidad y disponibilidad de los sistemas de producción, para lo que es necesario preparar y formar a especialistas en dichas actividades.

- **Desarrollar una apertura al entorno**, pues la empresa no puede funcionar independiente, aislada del entorno y de la evolución social y cultural que la rodea.

CONCEPTOS BÁSICOS DEL TPM EN UN ENTORNO DE GESTIÓN TOTAL DE LA PRODUCCIÓN

NUEVAS ORGANIZACIONES FACILITADORAS DEL DESARROLLO DEL TPM

NOTAS

Hasta no hace muchos años, en las organizaciones clásicas, las relaciones entre los servicios técnicos (métodos, mantenimiento, calidad) y los servicios de fabricación habían sido siempre conflictivas y se caracterizaban por una gran lentitud reactiva ante los problemas de la fabricación.

Por otra parte, la mitad de los efectivos de la empresa pertenecían a dichos servicios técnicos prestatarios, lo que añadía más dimensión al problema. Además, en particular en los servicios de fabricación, se disponía de numerosos niveles jerárquicos en la organización, algo que complicaba todo todavía más.

Dentro de este contexto, en los últimos años aparece una serie de factores que nos han obligado a diseñar nuevas organizaciones. Entre estos factores podemos señalar:

- Una fuerte implantación de robots, CNC e informática industrial para la ayuda al diagnóstico y a la fabricación.
- Líneas de producción automatizadas y de procesos continuos.
- Una gran capacidad de respuesta ante los problemas de estos sistemas de producción.
- Necesidad de flexibilidad y adaptación a las variaciones de los programas de producción debidas a las fluctuaciones de la demanda del mercado.

NOTAS

Todo estos factores se deben a la necesidad de garantizar el funcionamiento continuo y alcanzar cotas de productividad elevadas.

Así es como hemos pasado, en materia de organización, a diseñar la fabricación con la integración en ella de diferentes tareas o funciones, entre las que podemos citar las siguientes:

- Aseguramiento de la calidad de los productos (dominio de los procesos).
- Mantenimiento de los sistemas de producción (automantenimiento, mantenimiento programado).
- Logística interna.
- Relaciones directas con proveedores y clientes.
- Gestión de competencias y planes de formación del personal integrado en los procesos y unidades productivas.
- Progreso continuo, analizando las disfunciones y eliminando todo tipo de despilfarro.
- Participación en nuevos proyectos.

Esta dinámica requiere una línea jerárquica corta y una organización moderna en **permanente aprendizaje**. Por otra parte, es necesario dinamizar las unidades productivas que se implanten y un sistema de comunicación permanente y eficaz, tanto de arriba abajo como de abajo arriba.

Pero ¿cómo poner en marcha el TPM en una empresa industrial cuando las formas de organización, los medios industriales y las condiciones de explotación son tan diferentes en cada una de ellas? Vamos a reflexionar sobre estas cuestiones para aportar alguna ayuda a los jefes de proyecto en el desarrollo de un proyecto de este tipo.

NOTAS

Factores de la organización

Los factores organizacionales son aquellos elementos de la estructura, jerarquía y organización de una empresa que pueden influir en la aparición de riesgos o bien mitigarlos.

Dicho factores, que paso a desarrollar, serían:

- La línea jerárquica corta.
- La unidad elemental integrada de producción.
- Los medios de producción.
- Las condiciones de explotación.
- El personal.
- El tipo de dirección o *management* requerido.

La línea jerárquica corta

Esta organización es muy eficaz y potencia, de manera importante, la autonomía de los talleres. Sin embargo, muchas cargos de responsabilidad en la línea jerárquica da a la organización una fuerte carga de trabajo que un proyecto TPM acentuará, en un primer momento, todavía más.

La unidad elemental integrada de producción

Las unidades integradas de producción son la base de la organización del trabajo en pequeñas fábricas o unidades básicas. De dimensiones reducidas, entre diez y veinticinco miembros, se constituyen en torno a una actividad homogénea de producción (proceso básico) como, por ejemplo, una línea para procesar una culata de motor por mecanizado.

Este equipo tiene como tareas básicas la producción, el mantenimiento de los equipos y la calidad del producto que fabrica, así como la gestión de flujos.

Las unidades integradas de producción se caracterizan por la polivalencia de sus miembros y el desarrollo de su profesionalización, dada la necesidad de trabajar en equipo o grupo de producción de una manera multifuncional.

REPARTO DE RESPONSABILIDADES (ANTES)

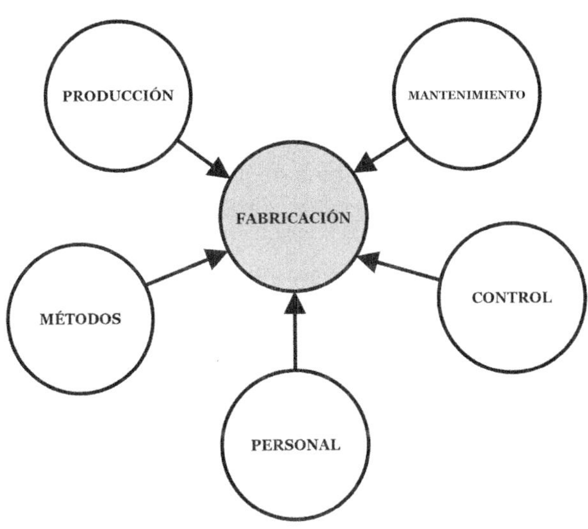

TRABAJO EN GRUPO (AHORA)

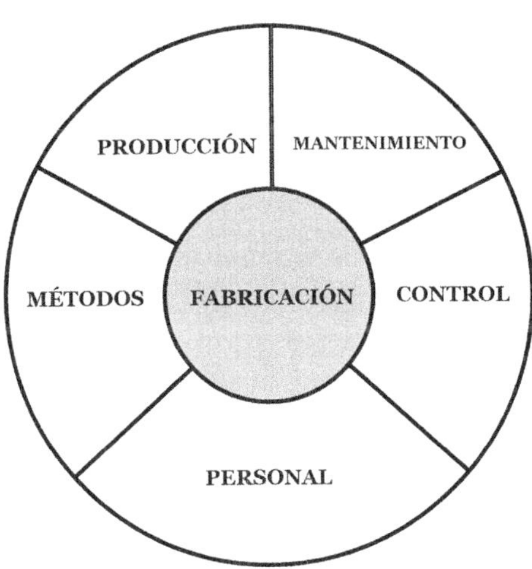

 NOTAS

Estas unidades básicas están dinamizadas, a fin de simplificar la línea jerárquica, por **un jefe de unidad**, único nivel de mando, quien ve así reforzados sus medios y competencias habituales.

El jefe de unidad asume la responsabilidad de la dinamización y la formación, así como el seguimiento de todo plan de progreso que se implante. Se preocupa del desarrollo de la información y la comunicación en el seno de la unidad y también propicia y anima las sugerencias y la creatividad de sus miembros. Entre sus funciones está hacer un seguimiento de que se aplica el mantenimiento preventivo en todos sus niveles de intervención, siendo directamente responsable del automantenimiento.

Las unidades integradas de producción tienen las siguientes características:

- Son homogéneas, con un perímetro de actuación y una misión bien definida en sus niveles de intervención.
- Tienen los mismos objetivos y los mismos clientes y proveedores.
- Todos sus miembros son polivalentes, lo que facilita diferentes organizaciones del proceso y la movilidad.
- Conforman una organización que tiene en cuenta, con relación a su área de responsabilidad:
  - La calidad.
  - Los costes.

NOTAS

(continuación...)

- Los plazos.
- La gestión de los recursos humanos y su desarrollo.

› Tienen un responsable que dinamiza el progreso sobre el terreno a partir de unos objetivos con indicadores acordados en el seno de la propia unidad y coherentes con el despliegue de objetivos y estrategias desde la dirección. Esta dinamización consiste en:

- Analizar regularmente los resultados.
- Buscar vías de mejora.
- Establecer los planes de acción del equipo.
- Aplicar los planes de progreso y mejora establecidos.
- Mantener los estándares logrados por habituarse a trabajar con rigor.

NUEVA ORGANIZACIÓN

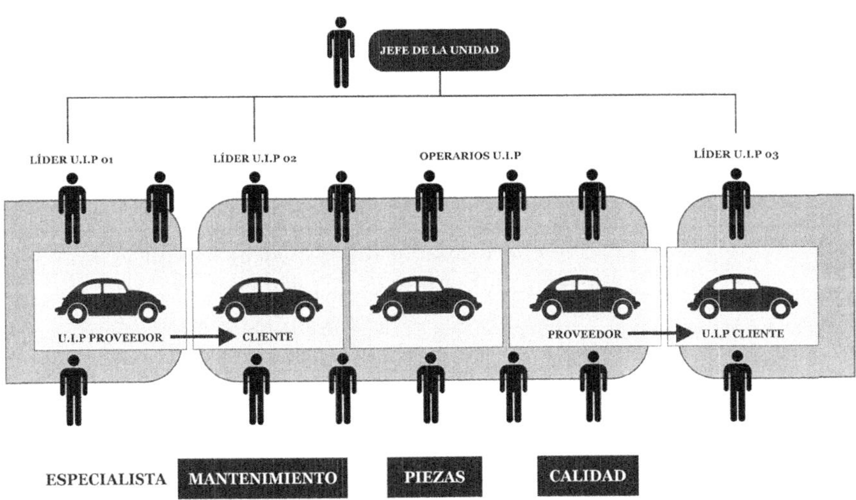

NOTAS

Para alcanzar su máxima eficacia, las unidades integradas de producción deben estar acompañadas de una pequeña unidad de servicio, integrada por técnicos altamente cualificados (célula de asistencia técnica o CAT), cuyas principales funciones son las siguientes:

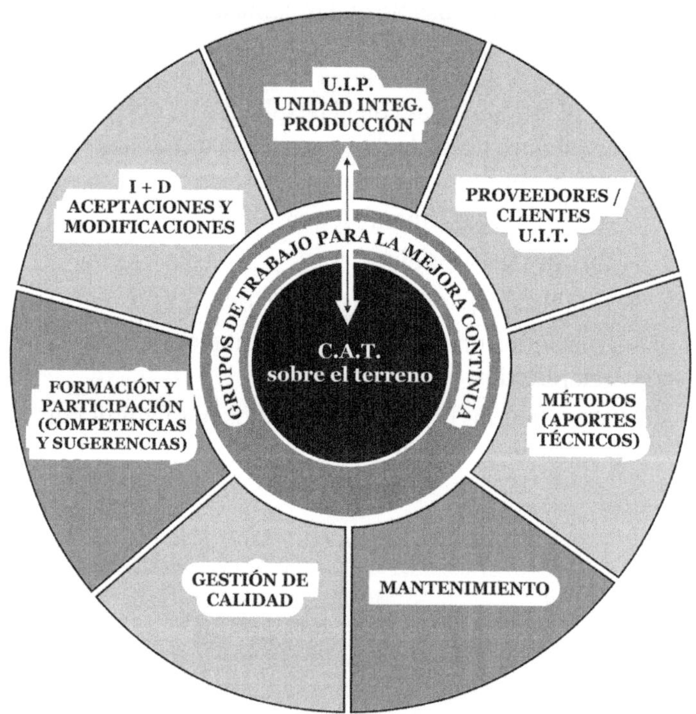

› Ayudar a las unidades integradas de producción a conseguir los objetivos de *performances* (desempeños) técnicos de los procesos asignados relativos a:
  - Cantidad.
  - Calidad.

NOTAS

(continuación...)

- Fiabilidad, disponibilidad.
- Costes.

› Asegurar la animación del progreso continuo en las unidades, ayudando a los responsables de la unidad y participando en:

- El análisis del rendimiento operativo del proceso.
- El seguimiento y aplicación de la creatividad de los miembros de las unidades con relación a sugerencias presentadas por estos y a los planes de formación en competencias.
- Auditar procedimientos y alertar de sus derivas o puntos débiles.

› Representar y ayudar al responsable de la unidad de producción en los planes de acción con:

- Proveedores internos y externos.
- Clientes.
- Ingeniería de planta.
- Mantenimiento.
- Gestión de la calidad.

Los medios de producción

Podemos encontrar líneas de producción con una automatización cercana al 100 %. En estos casos, los operarios vigilan el comportamiento de las máquinas y no están ligados directamente a los flujos, de manera que solo tendrían que realizar tareas frecuenciales ligadas al proceso. Por lo tanto, el resto de la jornada pueden dedicarse a operaciones de mantenimiento elemental (automantenimiento) y mantenimiento espontáneo correctivo.

EVOLUCIÓN DE LA ORGANIZACIÓN CAMPO DE ACCIÓN REDUCIDO (ANTES)

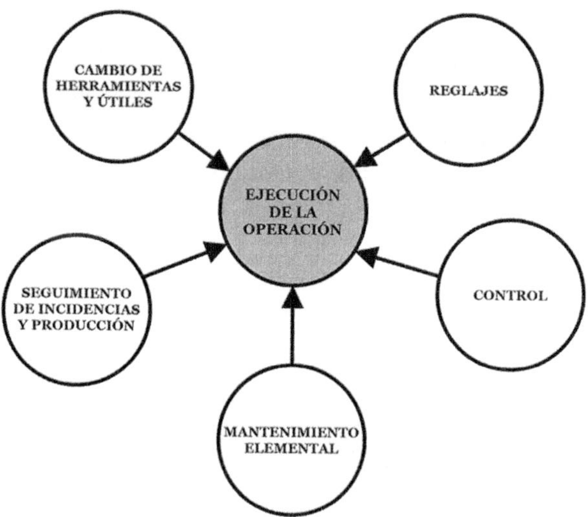

AMPLIO CAMPO DE ACCIÓN (AHORA)

NOTAS

Según el grado de automatización de una línea, y hasta llegar al 40 %, aproximadamente, podemos organizar el taller con operarios ligados a las operaciones manuales y con operarios profesionales que vigilan el comportamiento de las máquinas e intervienen en ellas cuando se averían u ocurre otro tipo de disfunción o incidencia en el proceso. En esa vigilancia se pueden incluir las operaciones de automantenimiento y de mantenimiento preventivo, así como la intervención correctiva.

Las condiciones de explotación

Estas condiciones influyen de forma notable en la puesta en marcha y el desarrollo del TPM. El hecho de que se trate de un taller ligado o no ligado a los flujos será determinante para poner en marcha el automantenimiento y un plan de mantenimiento preventivo programado.

La búsqueda y gestión de un tiempo libre de parada general para intervenir en las instalaciones productivas es el problema más difícil de resolver en un taller automatizado con un flujo unitario «tenso». En estos casos, hay que aprovechar las paradas normales de las líneas (pausas de descanso, turnos de noche sin producción) y las debidas a atenciones por paradas aleatorias para efectuar las visitas de inspección preventiva y de automantenimiento que requieren la condición de máquina parada, así como las intervenciones programadas y de larga duración en los fines de semana y períodos vacacionales.

De la misma manera, la organización de la línea debe aprovechar las paradas cortas por falta de piezas en una máquina a su entrada, o por saturación a su salida, cuidando de no penalizar en los arranques posteriores a la inspección.

NOTAS

Por tanto, debemos tener en mente dos aspectos importantes:

- Prestar atención especial sobre otras máquinas o talleres ante las paradas por averías o intervenciones frecuentes.
- Llevar a cabo una gestión organizada y planificada de los trabajos que sea preciso realizar en cada máquina, en caso de poder intervenir.

Debemos ser conscientes de que, a lo largo de un período determinado, sea el que sea, las máquinas y equipos que componen un proceso están parados como media un 20 % del tiempo, pues los rendimientos operativos de los procesos son, en el mejor de los casos, del orden del 80 %. Por tanto, en función de esto, podemos marcar una política de mantenimiento preventivo programado.

El personal

Hemos mencionado ya que una unidad integrada de producción debe estar formada por un grupo de personas polivalentes y cualificadas. Pero esto no siempre es fácil de conseguir, debido a la heterogeneidad de los miembros, por lo que se impone **evaluar sus competencias individuales y un crear un plan de formación personalizado**. Mientras esto se logra, es conveniente que las tareas de mantenimiento las realicen los profesionales integrados en las unidades y que el resto de los operarios se formen y vayan adquiriendo experiencia realizando tareas muy elementales (limpieza, engrase, inspecciones de ruidos, temperaturas, presiones, etc.).

Los operadores verán esta tarea de mantenimiento como una tarea añadida, penalizadora y suplementaria a su trabajo habitual, por lo que hay que convencerles con la realidad, es decir, haciéndoles ver el enriquecimiento de sus tareas y su profesionalización, mediante todo aquello que conduzca a promociones y nuevas evaluaciones del puesto de trabajo, etc.

NOTAS

Poco a poco hay que ir cambiando la cultura de la empresa, demostrando que la «avería es, ante todo, un fracaso», por lo que el objetivo es, sobre todo, evitarla.

Además, tomando de referencia mi experiencia, puedo afirmar que la categoría de personal más reticente a la puesta en marcha del TPM ha sido, sin ninguna duda, la de los profesionales del mantenimiento y, sobre todo, los electromecánicos. Este núcleo de profesionales ha pasado de ser el monopolio de las reparaciones a una situación intermedia, que les produce una especie de vacío, pues por debajo interviene directamente el operario y por arriba, técnicos especialistas o profesionales altamente cualificados.

Es obligatorio fijarse con detalle en los siguientes aspectos:

- Es necesario efectuar, como prevención, visitas sistemáticas a las instalaciones.
- Es imprescindible integrarse en las unidades de producción para formar a los operarios con el fin de que estos puedan participar plenamente en el mantenimiento de las máquinas que conducen y aportar ideas que mejoren su explotación, actuando como líderes en el grupo que compone la unidad.
- Es necesario participar en las grandes averías mecánicas y tanto en los diagnósticos difíciles como en las tareas de prevención, dejando las pequeñas incidencias y automatismos para los operarios de las unidades.
- El TPM cambia el contenido de su tarea, pero también es cierto que les da la oportunidad de realizar tareas de técnicos y fiabilistas, así como de animadores, formadores y líderes en las unidades de producción.

El tipo de dirección o *management* que se requiere

La gestión del taller y su dirección han evolucionado mucho en los últimos años. En efecto, hemos pasado de un *management* delegativo en la década de los ochenta del siglo pasado a uno persuasivo.

El **primero** era de un talante estático y estaba lleno de precauciones en el momento de tomar una decisión, además de organizar reuniones interminables y estériles. El **actual** *management* desestabiliza la jerarquía intermedia porque ahora se buscan posturas más abiertas, directas y

NOTAS

persuasivas. Es también muy delegativo, pero pide igualmente resultados y cambia sus propios hábitos en las relaciones laborales.

Sin embargo, resulta difícil encontrar personas con este tipo de *management* por las dificultades que acarrea para integrarse completamente en su rol de dirección. Esto ocurre porque tales personas tienden a dar prioridad a la solución de los problemas de producción diarios e incluso técnicos, dejando a un lado los problemas organizacionales y de dirección, comunicación de personas y resultados, a favor del análisis de la práctica de la prevención y el rigor en los estándares de procesos y procedimientos en toda la organización.

De esta manera, el nuevo tipo de director ha de prepararse para ser un **líder del cambio**, asegurar la coherencia en la organización, ser ejemplo permanente en la gestión de estándares, normas, etc., en función de practicar la prevención y el rigor. Asimismo, debe realizar también las siguientes tareas:

- Proponer una estrategia de la fabricación y liderar su desarrollo, integrándola en el resto de las funciones de la compañía.
- Desestabilizar permanentemente a la jerarquía intermedia y a los intereses departamentales, reduciendo los niveles jerárquicos y, por lo tanto, demostrando así ser abierto, directo, persuasivo y delegativo.
- Practicar el reconocimiento mediante actos, promociones, gestión de carreras, etc., así como la movilidad sin traumas.

NOTAS

(continuación...)

- Establecer objetivos, distinguiendo los negociables de los que no lo son.
- Analizar hipótesis y preparar el terreno con los sindicatos con vistas a un posible plan futuro de reestructuración de excedentes que se puedan producir en la empresa como consecuencia del fuerte progreso implantado.
- Encaminar a la compañía hacia la excelencia empresarial, preparando y presentando las evaluaciones y auditorías externas que estén relacionadas con las normas ISO 9000/14000, el premio europeo a la excelencia empresarial (EFQM), el premio japonés a la excelencia en TPM del Instituto Japonés del Mantenimiento en Planta (JIPM), etc.

La dirección y los colaboradores directos de una compañía deben trabajar «sobre» el sistema de producción con el fin de alcanzar la excelencia en la fabricación mientras el resto de los empleados trabajarán «en» y «para» el sistema de producción para ayudar a conseguirlo.

El director debe tener una **capacidad de liderazgo y *management*** para inspirar y apoyar en lo que hay que hacer y cómo hacerlo, y unas cualidades de animador para lograr que se haga aquello que se requiere hacer.

Asimismo, la dirección debe **identificar** a las personas en la organización que, como responsables de los procesos de base y de apoyo, posean las mismas cualidades de liderazgo que he mencionado, así como un entusiasmo,

NOTAS

constancia y energía para desarrollar el proyecto hacia la excelencia en la empresa.

Puede ser importante preparar un **plan de formación moderno** del *management* individual y colectivo, comenzando por la dirección y extendiéndolo a los responsables de las áreas de apoyo y de los procesos productivos hasta llegar a todos los empleados de la compañía. Esta formación debe extenderse a los conceptos de la excelencia en la fabricación, empezando por un plan de comunicación y formación con los sindicatos y una aplicación sobre una línea piloto.

LA GESTIÓN DE PROBLEMAS Y DISFUNCIONES EN LA EMPRESA

Hoy día se destacan cuatro dinámicas empresariales para gestionar problemas:

- **Tipo 4**: solo dan excusas ante los problemas, aunque conocen las causas de los problemas. El comportamiento de sus miembros es actuar a la defensiva.
- **Tipo 3**: conocen los problemas pero no conocen las causas, pues siempre toman medidas provisionales.
- **Tipo 2**: son conscientes de las causas de los problemas, pero no disponen de técnicos para analizar y poner en marcha planes de acción y corregirlos con eficacia.
- **Tipo 1**: analizan las causas de los problemas y toman medidas para prevenir, además de disponer de técnicos para estudiar y aplicar la mejora continua.

NOTAS

El Tipo 1 es el más apropiado para impulsar un proyecto de TPM, pues seguramente llevarán a cabo el análisis de los problemas que impiden lograr los objetivos de un programa TPM, mejorando la eficacia de los procesos y su rendimiento operativo y caminando hacia los siguientes objetivos:

- Cero fallos.
- Cero defectos de calidad.
- Cero accidentes.

Y ello, haciendo lo siguiente:

- Disminuyendo el número de paradas (averías, etc.).
- Reduciendo el tiempo de intervención de cada parada (MTTR).
- Aumentando el tiempo de buen funcionamiento (MTBF).

Para ello van a necesitar conocer en qué punto se encuentran en lo relativo a estos aspectos e imaginar hasta dónde pueden llegar.

Con el TPM debemos ser capaces de:

- Acabar con todos los problemas de los equipos y sistemas productivos. Gracias al descubrimiento de problemas, van cambiando las personas.

NOTAS

(continuación...)

- Cambiar los comportamientos de la persona:
  - Tras la limpieza inicial, participa en pequeñas mejoras.
  - En una segunda fase, se eleva la calidad de las mejoras.
  - Se incrementa el estímulo hacia la mejora.
  - Son frecuentes las actividades en grupo para la mejora.
- Solucionar los problemas que hasta ahora no podían ser resueltos porque nadie se ocupaba de analizarlos para eliminar o minimizar su impacto, en particular los relativos a:
  - Averías, sobre todo las de corta duración.
  - Fallos.
  - Mala calidad.
  - Cambios de herramientas, útiles, etc.
- Aumentar la productividad por:
  - La mejora del rendimiento operacional (volumen que debe producirse).
  - La reducción de costes.
- Mejorar la imagen de la empresa.

El TPM es pues el resultado de una forma de actuar y de estar en la empresa que se va a reflejar en el trabajo diario.

NOTAS

EL EDIFICIO DEL TPM Y SUS ETAPAS

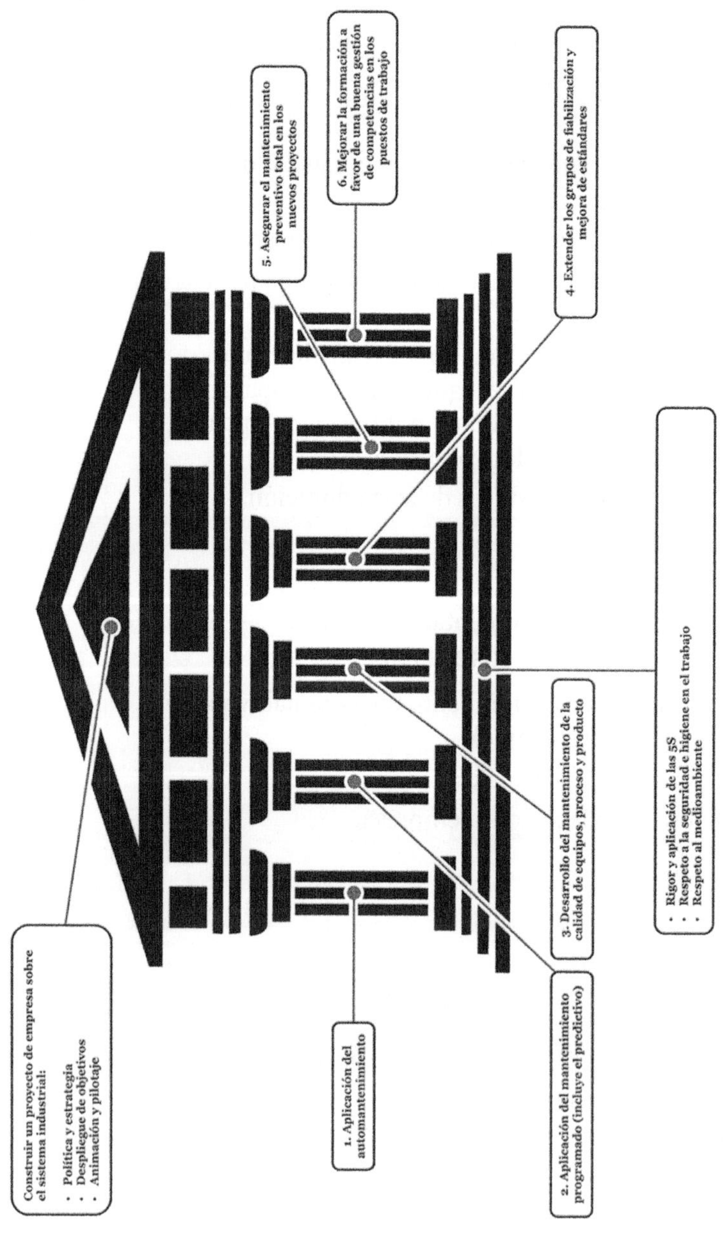

Podemos ver el TPM como un edificio formado por los siguientes componentes:

NOTAS

- El **tejado** o cabeza, integrado por las etapas de la preparación del proyecto y programa TPM, esto es:
  - El proyecto de empresa, en función de la estrategia de la dirección de la compañía.
  - La animación y el pilotaje, con base en la identificación de una célula de pilotaje y de aplicación, que es la que prepara los planes de formación e información de toda la estructura de la empresa.
  - El conocimiento de la situación de partida: estado de los lugares, de los equipos y de la organización.
- Los **pilares básicos**, formados por:
  - Los grupos de fiabilización para eliminar todo tipo de disfunción por mejoras.
  - La aplicación del automantenimiento y mantenimiento espontáneo.
  - La aplicación del mantenimiento programado.
  - El mantenimiento de la calidad de los equipos.
  - Las actividades del mantenimiento preventivo en el diseño de nuevos equipos, capitalizando todo tipo de experiencias (ingeniería del mantenimiento).
- La formación y perfeccionamiento continuo en competencias de todos los empleados.
- **Los cimientos**, basados en una buena aplicación de las 5S y en el respeto a la seguridad e higiene en el trabajo, así como al medioambiente.

Este edificio debe superar un control periódico que evalúe la evolución del proyecto de empresa y el logro de sus objetivos.

NOTAS

En la figura que se muestra a continuación a modo de ejemplo, puede apreciarse el edificio del proyecto TPM «VEC-TEAM» de Volvo Cars Europe.

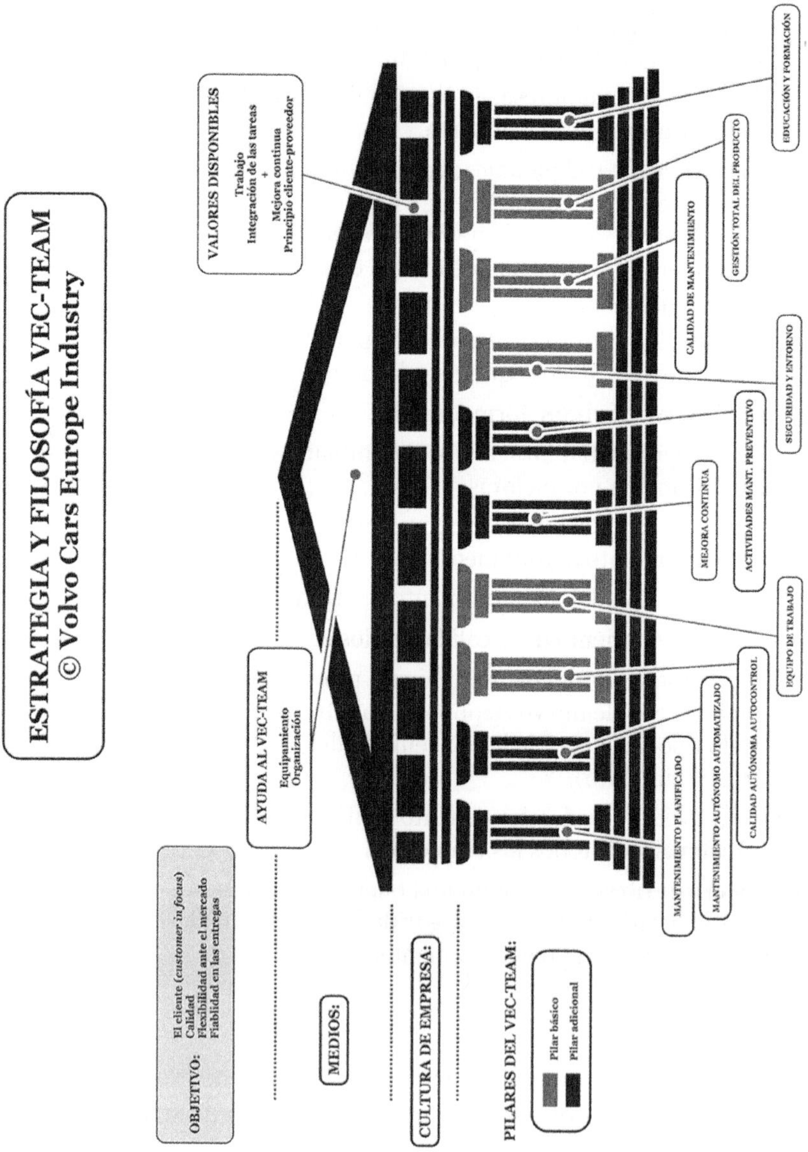

ESTRATEGIA Y FILOSOFÍA VEC-TEAM
© Volvo Cars Europe Industry

OBJETIVO: El cliente (*customer in focus*)
Calidad
Flexibilidad ante el mercado
Fiabilidad en las entregas

MEDIOS:

CULTURA DE EMPRESA:

PILARES DEL VEC-TEAM:
Pilar básico
Pilar adicional

VALORES DISPONIBLES
Trabajo
Integración de las tareas
+
Mejora continua
Principio cliente-proveedor

AYUDA AL VEC-TEAM
Equipamiento
Organización

MANTENIMIENTO PLANIFICADO
MANTENIMIENTO AUTÓNOMO AUTOMATIZADO
CALIDAD AUTÓNOMA AUTOCONTROL
EQUIPO DE TRABAJO
ACTIVIDADES MANT. PREVENTIVO
MEJORA CONTINUA
SEGURIDAD Y ENTORNO
CALIDAD DE MANTENIMIENTO
GESTIÓN TOTAL DEL PRODUCTO
EDUCACIÓN Y FORMACIÓN

NOTAS

Algunas consideraciones para facilitar el éxito en un proyecto de desarrollo del TPM

Voy a comentar algunas preguntas interesantes que me han formulado distintos participantes en los numerosos seminarios de TPM que he dirigido en los últimos años. Las respuestas que di a cada uno de los interesados pueden ser de ayuda para reflexionar en el punto de partida de un proyecto de este tipo y tener éxito en su implantación y desarrollo.

1

Para tener éxito en el desarrollo del TPM, ¿qué consideraciones debemos tener en cuenta?

- Identificar bien y dar a conocer la diferencia entre lo que se está haciendo y lo que puede aportar el TPM, construyendo un proyecto de empresa que tenga la mejora continua como dinámica.
- No creerse que el TPM es un método de fiabilización de las instalaciones productivas y, por tanto, un proceso de resolución de problemas.
- No pensar que el TPM es, simplemente, una transferencia de la función de mantenimiento a la de fabricación.

NOTAS

2

Realmente, y con sentido práctico, ¿qué relación tiene el TPM con el mantenimiento industrial?

- Es la búsqueda de la excelencia en el mantenimiento moderno a través de:
- Mantener los sistemas de producción en un estado de referencia permanentemente.
- Disponer de planes eficaces de mantenimiento programado.
- Conseguir la fiabilización y la eliminación de las disfunciones de los sistemas de producción.
- Partir de un diagnóstico para, definiendo unos indicadores técnicos, implantar la mejora continua.
- Gestionar las competencias de todo el personal para mantener y explotar los sistemas de producción con más eficacia y prevención.
- Participar en las funciones del mantenimiento y la fabricación en nuevos proyectos y capitalizar experiencias.

3

¿Cómo podemos dirigir la acción que desarrolle el TPM en una industria en las mejores condiciones?

- Tener en cuenta las principales actividades del TPM y elegir a las personas idóneas para desarrollarlas.

NOTAS

3

(continuación...)

- Confiar la dirección al departamento de fabricación siempre que sea posible.
- No creer que la línea jerárquica del departamento de fabricación puede, por sí misma, asegurar la marcha del proceso de implantación, pero debe saberse que ha de constituir su base.
- Implicar a todas las personas afectadas y no dejar que la estructura de la dirección actúe y decida sola.

4

¿Cómo controlamos los resultados del TPM?

- Saber de dónde se parte, hacia dónde se va y cómo ir, utilizando indicadores que giren alrededor del indicador principal: el rendimiento operacional (Ro).
- Aceptar el comienzo del proceso con las personas, máquinas y niveles de actividad (volúmenes de producción) disponibles en ese momento.
- Buscar la excelencia para conocer hacía dónde vamos, identificando nuestros límites de progreso, en particular del Ro y los *performances* que lo rodean, practicando el *benchmarking* si fuera necesario.
- Establecer un ritmo de progreso si se parte de una mala situación, ayudándose, a ser posible, de las curvas de aprendizaje.

NOTAS

4

(continuación...)

- No recurrir a excusas para no avanzar, arguyendo razones como: demasiado trabajo, baja actividad, confusión con el JAT/SPC, falta de recursos, etc.

5

¿Cuáles son las necesidades del departamento de fabricación para implicarse en el TPM?

- Desarrollar la formación hacia la mejora continua a través de los métodos de resolución de problemas.
- Gestionar las competencias necesarias, estableciendo planes de formación de la plantilla de fabricación en lo que corresponde al manejo, explotación de las máquinas e instalaciones productivas, a fin de que aseguren su funcionamiento continuo.
- Desarrollar la formación en los niveles elementales de intervención para un correcto mantenimiento preventivo de los equipos productivos.

NOTAS

6

¿Qué requisitos organizativos son necesarios para implicar de manera eficaz al departamento de fabricación?

- Posibilidad de programar paradas de los equipos productivos para realizar planes de mantenimiento programado y tareas frecuenciales de duración media (entre 30 y 60 minutos).
- Disponibilidad del personal operativo (es decir, que no haya saturación) para poder realizar tareas de automantenimiento (primer nivel de intervención).
- Estabilidad de los operarios de fabricación en los puestos, mediante:
  - Movilidad mínima.
  - Preparación de personas polivalentes que minimicen los problemas de movilidad.
- Conseguir la motivación y la participación de toda la plantilla en el programa TPM.

7

¿Quién se va a encargar de dirigir todos los cambios organizacionales que hay que acometer en el desarrollo del TPM?

Hoy en día parece incuestionable que, para tener el mayor éxito en el proceso de implantación del TPM, es necesario cambiar las organizaciones clásicas por **organizaciones cualificantes**. Estos cambios deben ser compartidos por el comité directivo de la empresa y su aplicación debe delegarse en el miembro más idóneo de tal comité.

NOTAS

8

¿Cuál puede ser el autodiagnóstico en una empresa para tomar la decisión de implantar el TPM?

Para decidir que un proyecto TPM se implante en la empresa es muy conveniente hacerse las siguientes preguntas y contestarlas:

- ¿Los volúmenes de producción de las líneas de fabricación están al nivel de los que se han especificado en su diseño?
- Si no es así, ¿pueden aumentarse sin inversiones importantes?
- ¿Es dicho aumento una necesidad y una prioridad?
- ¿La empresa ha reducido sus efectivos a un mínimo aceptable?
- ¿Tiene un proyecto o un plan de ajuste de efectivos?
- ¿Va a diseñar o ha puesto ya en marcha un proyecto de calidad total?

9

¿El autodiagnóstico de la función mantenimiento permite tomar la decisión de implantar el TPM en una industria?

Es evidente que sí, puesto que lo que se pretende con el TPM es la excelencia y eficacia del mantenimiento en la empresa. En dicho diagnóstico, cabe hacerse las siguientes preguntas:

- ¿A qué nivel de competencias se encuentra la función mantenimiento?

9

(continuación...)

- ¿Cuál es el nivel de satisfacción de su eficacia?
- ¿Se está ante un proyecto que modernice la organización del mantenimiento?
- ¿Es posible aplicar el automantenimiento en la fabricación y existe voluntad de aplicarlo?
- ¿Existe una gestión de competencias moderna y planes de formación adecuados para que los operarios de fabricación asuman el mantenimiento en el primer nivel y sucesivamente lo haga luego el resto de los niveles?
- ¿Va a producirse un cambio generacional en la plantilla de fabricación y mantenimiento?

NOTAS

10

¿El TPM tiene alguna exigencia en su largo camino de implantación?

Tiene muchas:

- La primera, rigor, rigor y rigor: la educación de cada persona tiene una gran importancia en cuanto a generar una autodisciplina, teniendo como base una formación íntegra.
- Es necesario tomar conciencia de que el TPM exige asumir responsabilidades en los cargos más bajos de la organización.
- Hay que conseguir la credibilidad de toda la línea jerárquica, incluso antes de que la propia célula de pilotaje empiece a trabajar en el proyecto.

NOTAS

10

(continuación...)

- Aunque no sea prioritaria esta exigencia, sí es conveniente respetar el proceso de implantación.
- Es imprescindible solucionar de forma cotidiana los problemas que se presenten y no sembrar dudas.
- Se debe mantener en todo momento el poder de la línea jerárquica en paralelo con el poder asignado a la célula de pilotaje, que debe preparar su sustitución por la propia línea jerárquica.
- Es necesario valorar y distinguir con actos de reconocimiento a los actores que se distinguen en el desarrollo de las etapas intermedias.
- Hay que elegir un primer sector piloto con el que estemos seguros de tener éxito, para demostrar lo que puede aportar el TPM.
- No hay que elegir como piloto la peor o la mejor instalación o línea de producción o proceso, pues se puede fracasar en el modelo técnico u organizacional que vaya a aplicarse.

11

¿Se recomienda recurrir a la ayuda de consultores externos?

- Puede ser interesante ayudarse de consultores o expertos en la aplicación de los procesos TPM.
- Es interesante no aislarse, intercambiando experiencias con otras empresas y practicar el *benchmarking*.

NOTAS

12

¿Qué requiere el diagnóstico de la situación?

- Tomar datos de las disfunciones tanto técnicas como organizacionales, solicitando la participación de todos los empleados, que deberán aportar sus opiniones al respecto, en particular los pertenecientes a los departamentos de fabricación, mantenimiento y métodos.
- Identificar cuellos de botella en los procesos de fabricación.
- Conocer datos, mediante los sistemas de información, referidos a los volúmenes de producción, a problemas de calidad de clientes/proveedores y los internos.
- Comprobar cómo se encuentran los talleres y la empresa en los campos del orden o limpieza.

13

¿El TPM es una herramienta para reducir costes?

Eso es evidente, por la misma fórmula estrella del TPM:

$$Ro = \frac{\text{piezas buenas fabricadas}}{\text{piezas teóricas que se pueden fabricar}}$$

NOTAS

13

(continuación...)

Como consecuencia, incluso conservando la misma organización, la productividad mejora si se mide por la relación siguiente:

$$\text{Productividad} = \frac{\text{volumen producción realizado}}{\text{costes asociados}}$$

Pero, además, los costes asociados bajan por la mejora del funcionamiento de las instalaciones (evitando los costes de averías, de obtención de calidad, de *stocks*, etc.). Por lo tanto, mejora los costes y aumenta la productividad global.

14

¿Es el TPM simplemente una herramienta para reducir costes?

No, evidentemente, en el TPM entran factores clave, como son:

- Las personas/organizaciones.
- Materiales (entradas al proceso).
- Máquinas/medios.
- Productos (salidas del proceso).

Por ello, es una herramienta para mejorar los procesos en un plan de mejora continua de las 6M,[4] incluyendo las organizaciones y su *management*.

4. Las 6M del diagrama de Ishikawa son: método, maquinaria, mano de obra, materiales, medición y medioambiente, en el que cada una se refiere a un aspecto clave de donde proviene el problema que afecta a la compañía.

NOTAS

15

¿Cómo impacta el TPM en el personal con funciones de fabricación y mantenimiento?

Por lo general se puede decir que hay todo tipo de casos particulares, y que depende mucho del modelo organizacional que se haya tomado para introducir el TPM, pero hemos de ser pacientes y constantes para disipar las inquietudes siguientes:

a) En principio, suele haber un rechazo social entre el personal de fabricación para asumir nuevas tareas, y sobre todo las 5S.[5]

b) Los profesionales integrados en las unidades de producción también se sienten incómodos en su nueva función, sobre todo si no ven nuevas perspectivas en su carrera profesional.

c) Los profesionales de mantenimiento no integrados, si pasan a la escala técnica de mantenimiento o fabricación, asumen con cierta motivación sus nuevas funciones.

d) Sin embargo, los que no pasan a dicha escala se sienten entre dos escalones sin evolución y, por tanto, sin demasiada motivación.

5. Se trata de un método de origen japonés en el que se aplican cinco principios clave: *seiri* (clasificación), *seiton* (orden), *seiso* (limpieza), *seiketsu* (estandarización) y *shitsuke* (disciplina).

NOTAS

16

Según mi punto de vista y en función de mi experiencia, ¿qué puede aportar realmente el TPM?

En ciertos textos sobre el TPM se pueden encontrar estos datos, o parecidos, como aportes que hace el TPM a los resultados de la empresa. A continuación presento los datos obtenidos de mi experiencia durante más de diez años dirigiendo aplicaciones de TPM:

- Mejora de la productividad en casi un 50 %.
- Mejora del rendimiento operacional de las líneas de producción de un 30 % a un 35 %.
- Mejora del rendimiento de la organización entre un 50-55 %.
- Reducción de costes de mantenimiento por unidad producida al 50 %.
- Reducción del número de paradas al 50 %.
- Mejora de las competencias de los operarios de fabricación.
- Tecnificación de la fabricación.
- Mejor aprovechamiento de los técnicos y profesionales de mantenimiento.
- Evitar inversiones y minimizarlas.
- Mantener los equipos productivos en estado de referencia.
- Capitalizar experiencias para integrarlas en proyectos de industrialización de nuevos procesos.

NOTAS

EL TPM COMO HERRAMIENTA PRÁCTICA EN UN PROYECTO DE MANTENIMIENTO INDUSTRIAL HACIA LA EXCELENCIA

Evolución hacia el TPM

Es indudable que el mantenimiento de estándares, normas, procedimientos y gamas sobre procesos automatizados se presenta complejo si no se cuenta con una organización que posea una gran reactividad y preparación. Asimismo, es difícil progresar, por ejemplo, en el tiempo de utilización de los equipos y en su capacidad para fabricar productos conformes a determinadas especificaciones cuando se depende solo del mantenimiento realizado por personal especializado, porque es prácticamente imposible atender todas las tareas originadas por un número tan elevado de paradas e incidencias que surgen en los automatismos y en las 5M de este tipo de procesos.

La evolución hacia el TPM actual pasa por aceptar las siguientes definiciones:

¿Qué es la empresa?
Es un sistema formado por un conjunto de elementos en interacción dinámica, asociados con una misma visión y ambición para llegar a una meta a través del logro de unos objetivos.

NOTAS

¿Cómo definimos el mantenimiento industrial?

Es el conjunto de técnicas que aseguran la correcta utilización de edificios e instalaciones y el funcionamiento continuo de la maquinaria productiva.

¿Qué definición podemos dar de la seguridad de funcionamiento continuo?

Es el conjunto de medidas, normas y actuaciones que tienen como fin que el plan de producción se desarrolle tal y como estaba previsto, dentro de los riesgos técnicos que se habían asumido (fiabilidad, calidad, tiempo ciclo, etc.).

¿Qué es, pues, el mantenimiento total o global?

Es el conjunto de disposiciones técnicas, medios y actuaciones que permiten garantizar que las máquinas, instalaciones y organización que conforman un proceso básico o línea de producción pueden desarrollar el trabajo que tienen previsto en un plan de producción en constante evolución por la aplicación de la mejora continua.

Definición y objetivos del TPM

En este contexto, el TPM asume el reto de alcanzar la ausencia de fallos, incidencias y defectos («cero fallos, cero incidencias, cero defectos») para mejorar la eficacia de un proceso productivo, permitiendo reducir costes y *stocks* intermedios y finales, de tal manera que la productividad mejora así.

Así pues, el TPM tiene como acción principal, **cuidar y explotar los sistemas y procesos básicos productivos**, manteniéndolos en su **estado de referencia** y aplicando sobre ellos la **mejora continua**.

Podemos definir como **estado de referencia** aquel en el que el equipo de producción puede proporcionar su mayor rendimiento, en función de cómo ha sido concebido y de la situación actual, de cara a evolucionar el producto que se va a elaborar o transformar.

Por tanto, asegurar el estado de referencia exige vigilar, con un buen mantenimiento preventivo total, la situación de referencia de los equipos productivos en cuanto a:

- Tiempo de ciclo.
- Parámetros de proceso (soldadura, temperatura, etc.).
- Parámetros de engrase (tipos de aceite, niveles, etc.).
- Parámetros de reglaje de útiles, herramientas, calibres, etc.
- Parámetros eléctricos.
- Parámetros de calidad.
- Parámetros mecánicos (ajustes, ruidos, etc.).
- Parámetros hidráulicos (presiones, niveles, etc.).
- Otros.

En caso de darse una desviación de la situación de referencia, las consignas de actuación deben precisar:

- La intervención que debe hacer el operario de fabricación.
- La forma de actuar ante un diagnóstico difícil, asesorándose para ello por profesionales o técnicos de mantenimiento.

Según esto, el TPM tiene como finalidades:

NOTAS

- El mantenimiento de estándares y la búsqueda permanente de la mejora de los mismos con el fin de mejorar los *performances* o comportamientos técnicos de un proceso, mediante una implicación concreta y una participación diaria de todos los miembros y funciones de la organización, en particular de todas las relacionadas con el proceso productivo.
- La innovación en los sistemas para alargar su ciclo de vida.
- Así, el objetivo principal del TPM es la mejora continua del rendimiento operacional de todos los procesos y sistemas de producción, sea cual sea su nivel de *performances* técnicos mediante la dinámica de los grupos de fiabilización, evitando las paradas gracias a la prevención y minimizando los tiempos de intervención.

Los objetivos que podemos derivar de este principal son:

- Conseguir el **rendimiento operacional (Ro)** óptimo de los equipos de producción con la participación de todos, o lo que es igual, cuidar y explotar los equipos con un sentido de máxima disponibilidad de los mismos. Esto lo podemos conseguir con estas dos herramientas:
  - Desarrollo del **automantenimiento** integrado en la fabricación, para mantener los estándares o estados de referencia.

(continuación...)

- Desarrollo de la **mejora continua** de los estándares, a través de la aportación de ideas que mejoren el estado de referencia por la mera evolución de los aprendizajes.

› **Mejora de la fiabilidad y disponibilidad de los equipos** para eliminar fallos esporádicos o aleatorios y fallos crónicos, así como para asegurar la calidad de los productos y mejorar la productividad.

› **Obtener estadísticas** que ayuden tanto al utilizador como al responsable de adquirir nuevos equipos y también a los constructores de los mismos, mejorando diseños y haciendo puestas a punto más económicas desde el punto de vista del mantenimiento total.

› **Formar** a agentes técnicos y operadores de líneas de fabricación para que conozcan bien las instalaciones.

Para conseguir estos objetivos debemos lograr un cambio de visión del mantenimiento clásico, de las personas y de los puestos y organización de un proceso, de manera que nos conduzca a la total ausencia de fallos, averías, defectos y accidentes por la práctica de la prevención.

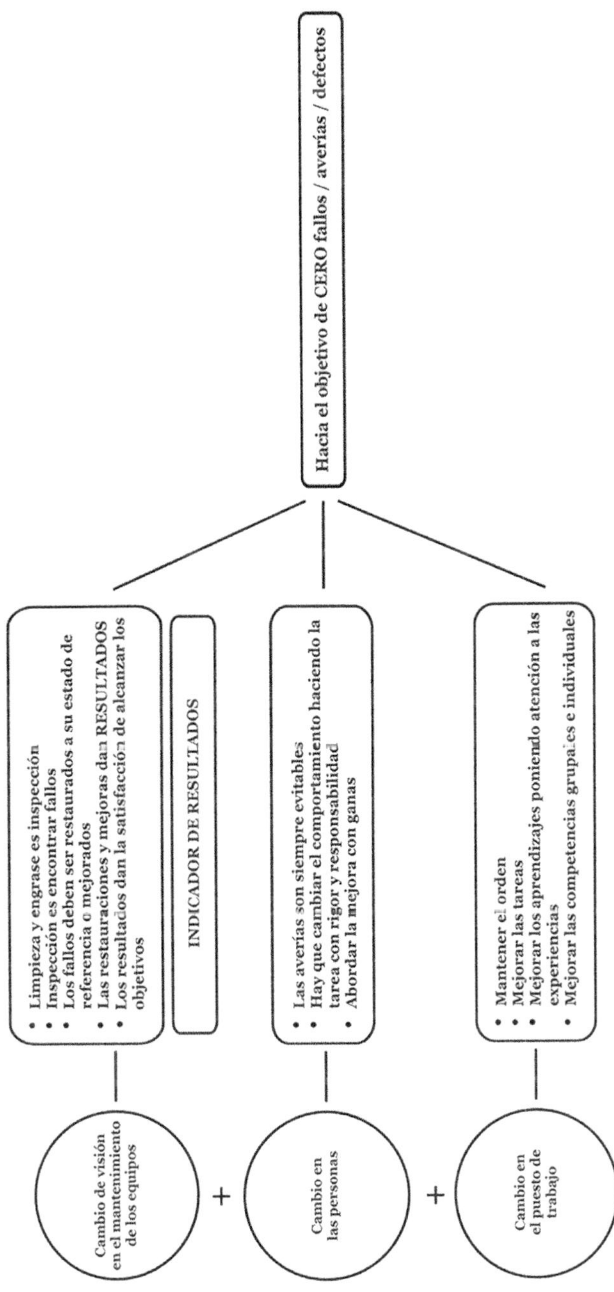
OBJETIVOS DEL TMP
Hacia el objetivo de CERO fallos / averías / defectos
Cambio de visión en el mantenimiento de los equipos
• Limpieza y engrase es inspección
• Inspección es encontrar fallos
• Los fallos deben ser restaurados a su estado de referencia o mejorados
• Las restauraciones y mejoras dan RESULTADOS
• Los resultados dan la satisfacción de alcanzar los objetivos
INDICADOR DE RESULTADOS
+
Cambio en las personas
• Las averías son siempre evitables
• Hay que cambiar el comportamiento haciendo la tarea con rigor y responsabilidad
• Abordar la mejora con ganas
+
Cambio en el puesto de trabajo
• Mantener el orden
• Mejorar las tareas
• Mejorar los aprendizajes poniendo atención a las experiencias
• Mejorar las competencias grupales e individuales

Características del TPM como herramienta práctica del mantenimiento industrial aplicado a un proyecto de empresa en calidad total

En un proyecto de calidad total, el TPM asume mejorar los tres ejes básicos de la calidad total:

- **Calidad de producto:** por mantener el estado de referencia y dominar los procesos.
- **Costes:** por la organización, puesta en marcha para la explotación y el mantenimiento de los procesos.
- **Plazos:** por la fiabilización del funcionamiento de las líneas en todos los aspectos, permitiendo fabricar con la metodología *Just in Time* (JIT)[6] y, por tanto, reducir plazos y *stocks*.

Asimismo, el TPM asume los cuatro principios fundamentales de la calidad total:

6. JIT es un concepto de estrategia de producción y entrega que sincroniza la llegada de piezas con la necesidad que haya de las mismas en el sistema, de tal forma que el material llegue justo cuando se necesita, ni antes ni después.

- **Satisfacción del cliente** por la mejora en los tres ejes de calidad, coste y plazos.
- **Dominio de los sistemas de producción y de los procesos**, manteniéndolos en su estado de referencia y mejorándolos.
- **Implicación de las personas** a través del desarrollo del automantenimiento y de los aprendizajes.
- **La mejora continua** por la participación activa en los grupos de fiabilización y presentación de sugerencias para mejorar.

El TPM y, por lo tanto, el propio mantenimiento, se puede ver hoy en día gerenciado por un buen *management* de la producción total, como ya he indicado, con el fin de movilizar a la empresa hacia un nuevo mantenimiento industrial.

EFECTOS DEL TPM

En las organizaciones clásicas, las pérdidas de rendimiento (Ro) de los sistemas se aprecian unas veces como normales (véase la máquina 1, en la figura siguiente) y, respecto a otras, se opina que «ha sido siempre así». De este modo, existe un conformismo con las pérdidas crónicas, que se conciben como inevitables. El TPM pretende eliminar las pérdidas esporádicas y crónicas mediante la mejora continua, analizando las seis grandes incidencias que penalizan la operatividad de un proceso básico. Es decir, pretende conseguir un buen funcionamiento y rendimiento de dicho proceso.

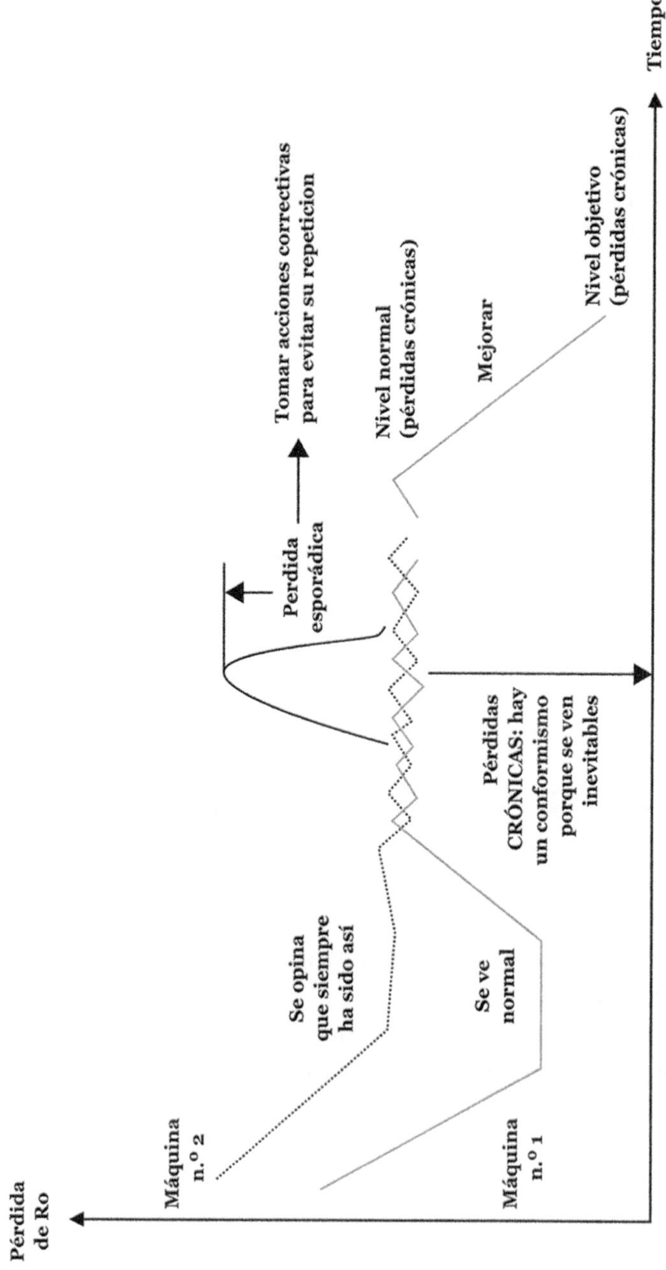
Pérdida de Ro
Tiempo
Máquina n.º 2
Máquina n.º 1
Se opina que siempre ha sido así
Se ve normal
Perdida esporádica
Tomar acciones correctivas para evitar su repeticion
Pérdidas CRÓNICAS: hay un conformismo porque se ven inevitables
Nivel normal (pérdidas crónicas)
Mejorar
Nivel objetivo (pérdidas crónicas)

Las pérdidas pueden ser las siguientes:

- Averías del sistema.
- Preparaciones y reglajes de todo tipo.
- Falta de piezas y otras incidencias de corta duración.
- Ritmo reducido por la diferencia entre las condiciones previstas y las reales (tiempos de ciclo, etc.).
- Defectos en el proceso (tanto internos como de proveedores de material procesado).
- Rendimiento reducido entre el comienzo de la producción y la estabilidad de esta tras un arranque, ajuste, reglaje y reparación (controles para asegurar calidad).

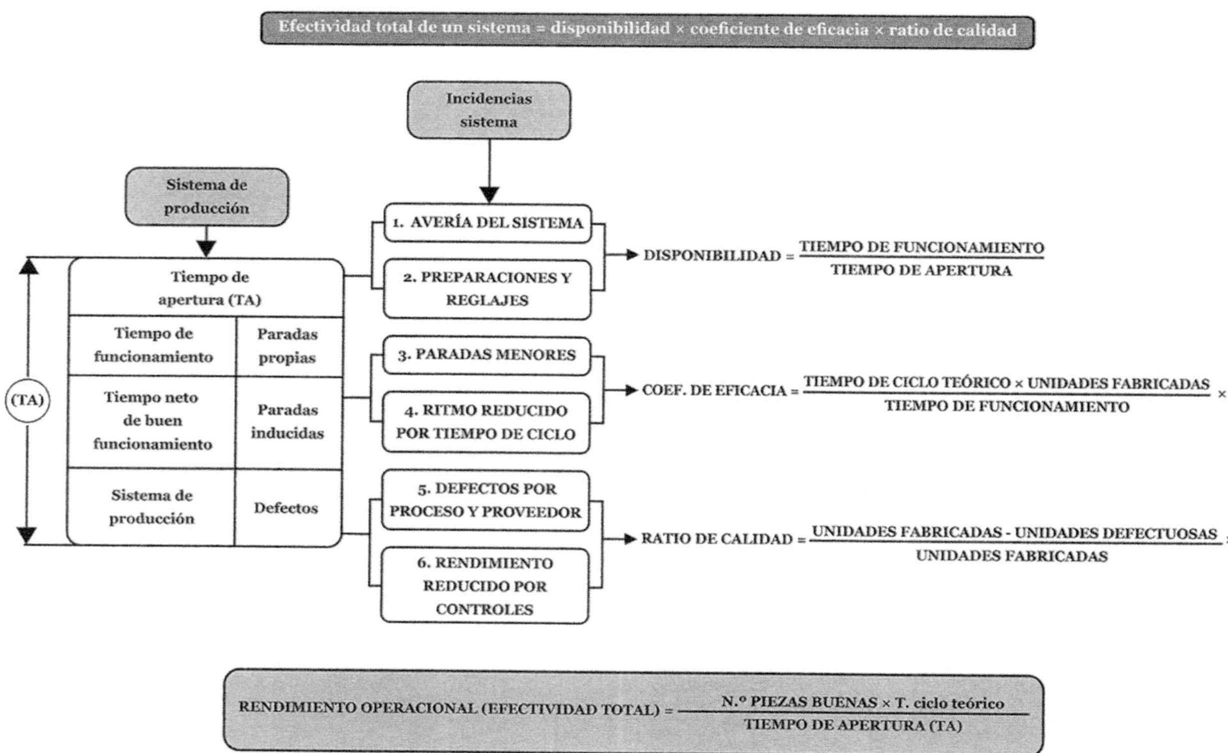

Efectividad total de un sistema = disponibilidad × coeficiente de eficacia × ratio de calidad
Incidencias sistema
Sistema de producción
Tiempo de apertura (TA)
Tiempo de funcionamiento
Paradas propias
Tiempo neto de buen funcionamiento
Paradas inducidas
Sistema de producción
Defectos
(TA)
1. AVERÍA DEL SISTEMA
2. PREPARACIONES Y REGLAJES
3. PARADAS MENORES
4. RITMO REDUCIDO POR TIEMPO DE CICLO
5. DEFECTOS POR PROCESO Y PROVEEDOR
6. RENDIMIENTO REDUCIDO POR CONTROLES
DISPONIBILIDAD = TIEMPO DE FUNCIONAMIENTO / TIEMPO DE APERTURA
COEF. DE EFICACIA = TIEMPO DE CICLO TEÓRICO × UNIDADES FABRICADAS / TIEMPO DE FUNCIONAMIENTO × 100
RATIO DE CALIDAD = UNIDADES FABRICADAS - UNIDADES DEFECTUOSAS / UNIDADES FABRICADAS × 100
RENDIMIENTO OPERACIONAL (EFECTIVIDAD TOTAL) = N.º PIEZAS BUENAS × T. ciclo teórico / TIEMPO DE APERTURA (TA)

NOTAS

El TPM consigue la efectividad del sistema combinando la disponibilidad, el coeficiente de eficiencia y la tasa de calidad. Esto se expresa en la siguiente fórmula:

Efectividad total (Ro)=
Dp × Coef. efic. × ratio calidad.

NECESIDADES PARA EL DESARROLLO DEL TPM

Las necesidades para desarrollar con éxito el TPM son las siguientes:

- Implantar nuevas organizaciones en las funciones de fabricación, mantenimiento y calidad para facilitar un desarrollo eficaz, tal y como ya he descrito.
- Desarrollar un sistema de mantenimiento preventivo para la vida de los equipos, bien estructurado y optimizando su efectividad de forma permanente.
- Promover la idea en la empresa de que el mantenimiento es «tarea de todos» y activar el trabajo bien hecho por medio de la motivación y la preparación individual.
- Potenciar los grupos de trabajo y dirigirlos hacia la participación en la mejora mediante sugerencias.

NOTAS

En el desarrollo del TPM es muy importante mantener el rigor en los siguientes aspectos:

- En la formalización permanente de las decisiones tomadas en los grupos de fiabilización.
- En la toma de datos y el seguimiento de los indicadores de costes y de progreso y sus resultados.
- En el ritmo y programación del proyecto, una vez definido un programa de trabajo concreto.
- En la realización de las tareas de automantenimiento y mantenimiento programado, para mantener los estándares y estados de referencia por parte de los operarios de fabricación y profesionales de mantenimiento.
- En atender y aplicar, si procede, con la mayor rapidez las sugerencias presentadas por la participación activa de toda la organización.
- En la innovación o aportes técnicos, realizando pequeñas inversiones que garanticen la solución de los problemas no cotidianos, y que ayuden a situar a los sistemas de producción en su estado de referencia de forma permanente.

En mi caso, una vez que mi empresa tomó la decisión de implantar el TPM como herramienta práctica para el desarrollo de su proyecto de empresa, los pasos o etapas intermedias básicas que se llevaron a cabo para su aplicación, fueron las siguientes:

NOTAS

1

Extender a todos los niveles del mantenimiento los conceptos teórico-prácticos de fiabilidad, mantenibilidad, disponibilidad y rendimiento operacional, para así disponer de un lenguaje común.

2

Promover el interés por estos conceptos entre toda la estructura de la empresa, en particular en el departamento de fabricación, extendiendo la idea de que el concepto de mantenimiento es global y se requiere la aportación de todos. Todas las áreas funcionales deben aportar algo al TPM; todos los niveles jerárquico deben aportar algo al TPM, pues el mantenimiento total es tarea de todos.

3

Crear grupos de trabajo de análisis de problemas, practicando métodos de resolución de problemas, identificando el embotellamiento en los procesos mediante simulaciones con sistemas informáticos.

NOTAS

4

Extender a todos los procesos (sobre todo en las líneas productivas) la aplicación automática de la toma de datos, si así es posible, para facilitar el seguimiento de incidencias de todo tipo (gracias a la GMAO, gestión de mantenimiento asistida por ordenador).

5

Ensayar la aplicación de las actividades TPM sobre un proceso piloto facilitador, creando sobre él nuevas organizaciones similares a las reseñadas anteriormente.

6

Extender la aplicación y desarrollo del TPM en toda la organización, buscando su sentido práctico y creando la estructura de pilotaje, basándose en sus principales actividades, en la que participarán técnicos expertos en las funciones de métodos, fabricación y mantenimiento, bien preparados para animar la acción con entusiasmo.

7

Informatizar la gestión y el control de los costes de mantenimiento y de la producción.

NOTAS

8

Optimizar la organización de la gestión de documentación técnica y de recambios llevándola al terreno, siempre que sea posible.

9

Desarrollar planes de formación específicos, necesarios para mejorar las competencias y habilidades a todos los niveles de la organización.

PROGRAMA DE DESARROLLO DEL TPM Y PRINCIPALES ACTIVIDADES

El programa y planificación para desarrollar un proyecto TPM en una industria debe ser el apropiado para el tipo de actividad, equipos de producción en cuanto a tipo y estado, así como acorde a los problemas que se desean evitar. Son necesarios unos cinco años para implantarlo y desarrollarlo en una empresa con cierta complejidad en su actividad y organización, y la llave del éxito está en el **rigor de su aplicación**.

El arranque y desarrollo del programa se hará más difícil y lento si antes no se ha preparado el camino en etapas previas similares a las descritas en el apartado anterior y que pueden durar de 6 a 12 meses.

Mi experiencia en cuanto al desarrollo del programa TPM se basó en las **12 etapas** aceptadas casi universalmente. Sin embargo, con las experiencias vividas lo hemos hecho evolucionar, haciéndolo coherente con el proyecto de empresa en calidad total y el plan de progreso anual desplegado desde la dirección. De conformidad con esto, partiendo de la metodología japonesa pero adaptándola a nuestro entorno, tras dichas experiencias vividas durante más de diez años en la dirección de proyectos de desarrollo y mejora del TPM, las etapas para desarrollar un proyecto de empresa en el contexto del *management* de la producción total (TPM) se muestran en la figura siguiente.

Las doce etapas de un programa TPM

	ETAPAS	CONTENIDOS
PREPARACIÓN	1. Decisión de la dirección de aplicar el TPM como proyecto de empresa	· Estrategia para presentar al Comité de Dirección · Revista de empresa
	2. Campaña de información–formación técnica	· Estrategia para presentar al Comité de Dirección · Revista de empresa
	3. Crear la estructura de animación y pilotaje del TPM	· Comisiones, animadores · Grupos de trabajo
	4. Diagnóstico de la situación de partida. Indicadores de progreso técnicos, organización	· Banco de datos de valores técnico-económicos · Encuestas de la organización
	5. Redacción de un plan tipo. Líneas de acción / objetivos	· Redacción global y detallada · Planificación
DESARROLLO	6. Lanzamiento	· Datos de partida / presentación del plan tipo · Aspectos formales · Desarrollo de las 5S
	7. Implantación de la mejora continua en los sistemas–procesos	· Análisis de disfuncionamientos · Maquinas que producen embotellamiento · Grupos de fiabilización
	8. Desarrollo del automantenimiento	· Gestión específica · Formación · Gamas / niveles
	9. Desarrollo del mantenimiento programado	· Mejora de la gestión y organización del mantenimiento programado · Gamas / niveles · Formación · Máquinas típicas · Grupos de fiabilización
OPTIMIZACIÓN	10. Formación del equipo humano en los métodos y experiencias del mantenimiento global	· Entrevistas / evaluación de competencias · Contrato de formación / cursos · Gestión de la polivalecia · Grupos de fiabilización
	11. Integrar el TPM en los sistemas de gestión, diseño y construcción de nuevos equipos	· Medida de la F/M/D · Participar en fases de un proyecto de equipo nuevo · Documentación técnica · Fiabilización · Máquinas típicas · Grupos de fiabilización
	12. Certificar la aplicación TPM	· Auditar-definir nuevos objetivos · Mejorar la formación

Si se examinan las 12 etapas del cuadro, se puede observar que existen seis actividades que aseguran el desarrollo del TPM a nivel práctico y para las que es necesario encontrar animadores entusiastas y eficaces de la acción si se desea tener éxito a la hora de aplicar el plan de TPM, preparando una estructura de pilotaje similar a la representada en la figura que se muestra a continuación:

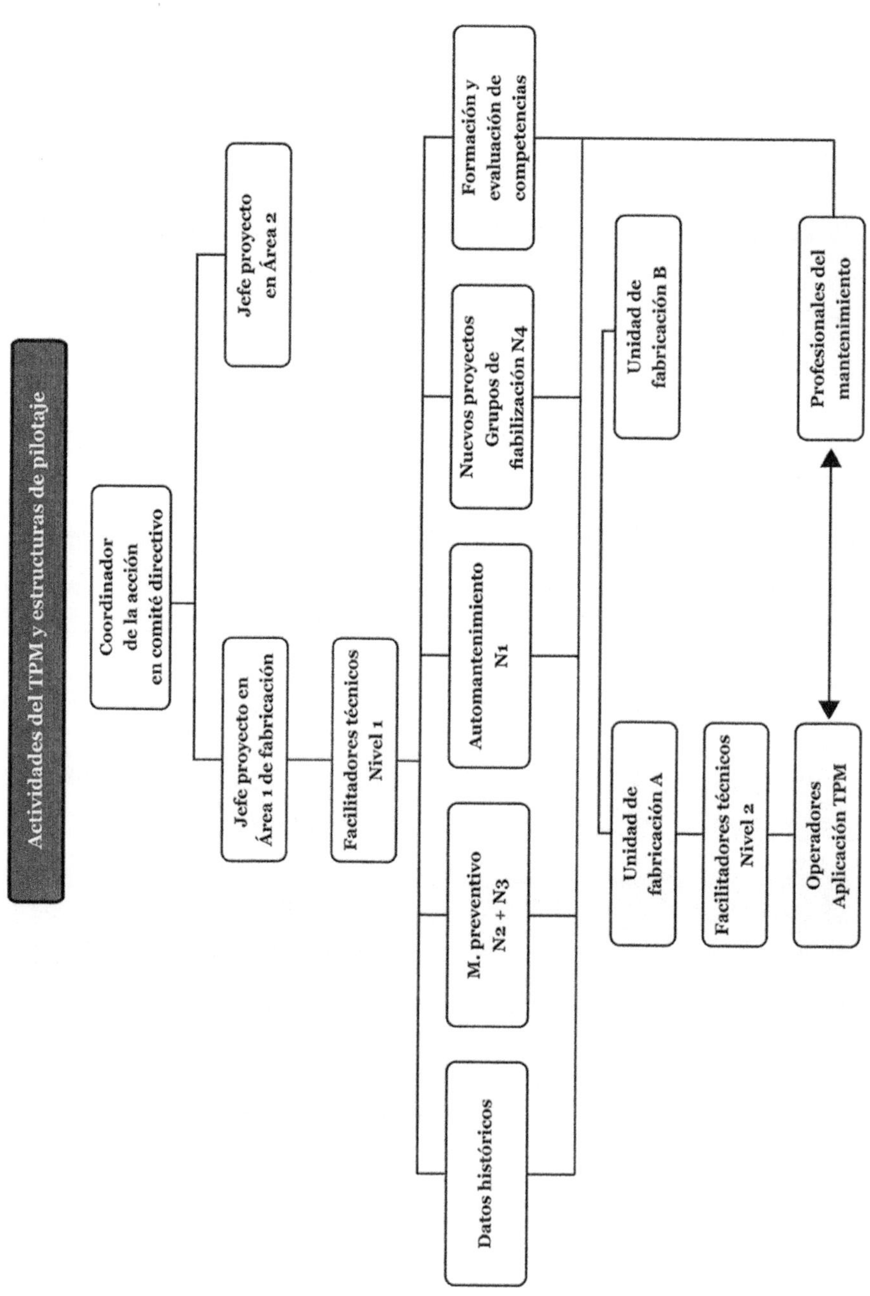
Actividades del TPM y estructuras de pilotaje
Coordinador de la acción en comité directivo
Jefe proyecto en Área 1 de fabricación
Jefe proyecto en Área 2
Facilitadores técnicos Nivel 1
Datos históricos
M. preventivo N2 + N3
Automantenimiento N1
Nuevos proyectos Grupos de fiabilización N4
Formación y evaluación de competencias
Unidad de fabricación A
Unidad de fabricación B
Facilitadores técnicos Nivel 2
Operadores Aplicación TPM
Profesionales del mantenimiento

Estas actividades hacen evolucionar la organización de la función mantenimiento, tal y como se representa en el cuadro siguiente, y son las siguientes:

Función	Mantenimiento de la calidad	Grupos de fiabilización	Automantenimiento	Mantenimiento programado y de mejora	Formación	Capitalizar experiencias para nuevos proyectos
Responsable	Técnicos de proceso y técnicos de mantenimiento	Técnicos de proceso	Operarios y animador	Técnicos de mantenimiento, profesionales y animador del proceso	Operarios profesionales y técnicos	Técnicos de proceso y técnicos de mantenimiento
CONTENIDO	Análisis del aseguramiento de estándares	Identificar las 6 grandes pérdidas	Ejecución y desarrollo en cinco etapas: 1 Limpieza y orden en el puesto (5S) 2 Limpieza, engrase y revisión del equipo 3 Asegurar el mantenimiento de estandares de limpieza, engrase y reapriete 4 Elaborar ganas y fichas de automantenimiento y formar 5 Poner a punto y mantener o mejorar el equipo	· Inspecciones periódicas · Mantenimiento programado · Estudios de mejoras · Gestión de recambios · Análisis de problemas y evitar su repetición · Control del programa	· Impulsar la formación para mejorar habilidades y competencias	· Identificar mejoras sobre: · La fiabilidad · La mantenibilidad de lo que existe
	Establecer parámetros de condiciones de equipos	Seguimiento de indicadores y establecer objetivos			· Identificar competencias necesarias para cada categoría · Realizar prácticas sobre el terreno de: –Planes de mantenimiento –Aprietes –Ajustes –Electricidad –Hidr./neumática –Equipos específicos	Capitalizar experiencias
	Listado de inspección	Análisis de los disfuncionamientos				Establecer especificaciones y exigencias en nuevos proyectos
	Análisis de problemas de las 5 M: · Habilidad operador · Especif. material · Calidad máquina · Proceso métodos	Ejecución de planes de acción				Recepción de nuevos equipos
		Búsqueda permanente del estado de referencia				Control de parámetros logísticos en el arranque en serie

NOTAS

1

Toma de datos históricos para capitalizar experiencias hacia nuevos proyectos de equipos

Es necesario disponer de un banco de datos en tiempo real para conocer, en cada equipo, todo tipo de disfunción a través de los indicadores desplegados en cada nivel, siendo los principales:

- La fiabilidad.
- La mantenibilidad.
- La disponibilidad.
- El rendimiento operativo.

Hay que obtener su evolución como resultado de la acción de una mejora continua, identificando las causas de las disfunciones.

2

Optimizar el plan de mantenimiento preventivo programado

El mantenimiento preventivo en su sentido global, en una actividad TPM, da lugar a:

- Prevención cotidiana elemental, sistemática y condicional, que realizan los operadores de fabricación en nivel 1 de la intervención.
- Diagnóstico sobre las inspecciones periódicas programadas que tienen que realizar los profesionales de los servicios de mantenimiento, en una primera etapa y, en una segunda etapa, los de fabricación. Esta intervención correspondería a los niveles 2 y 3.
- Mantenimiento preventivo no programado, de restauración, con intervenciones para corregir deficiencias encontradas en las inspecciones programadas que se hayan realizado.

Este plan debe ir acompañado de una optimización permanente de gamas[7] y de su seguimiento, para asegurarnos que se lleva a cabo.

NOTAS

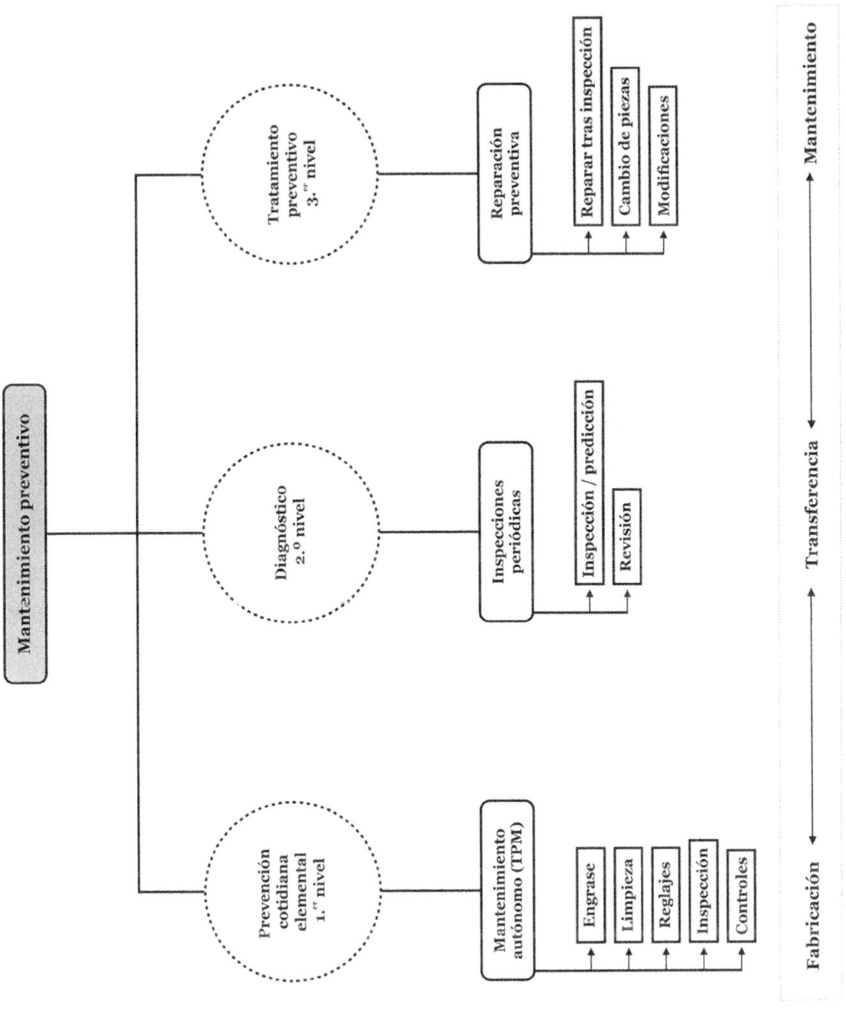

Mantenimiento preventivo

Prevención cotidiana elemental 1.er nivel
Mantenimiento autónomo (TPM)
Engrase
Limpieza
Reglajes
Inspección
Controles

Diagnóstico 2.º nivel
Inspecciones periódicas
Inspección / predicción
Revisión

Tratamiento preventivo 3.er nivel
Reparación preventiva
Reparar tras inspección
Cambio de piezas
Modificaciones

Fabricación ← → Transferencia ← → Mantenimiento

7. Una gama de mantenimiento es una agrupación de tareas que tienen un elemento común Así, existirá la gama del sistema eléctrico, del sistema de refrigeración, etc.

3

Automantenimiento

Esta actividad es básica en un programa TPM y consiste, como ya hemos visto, en asignar tareas elementales de mantenimiento, en su sentido global o lo más amplio posible, a los operarios de fabricación.

Para ello debemos de preparar el entorno de fabricación de acuerdo con un **plan estratégico** similar al ejemplo reflejado en la figura siguiente:

3

(continuación...)

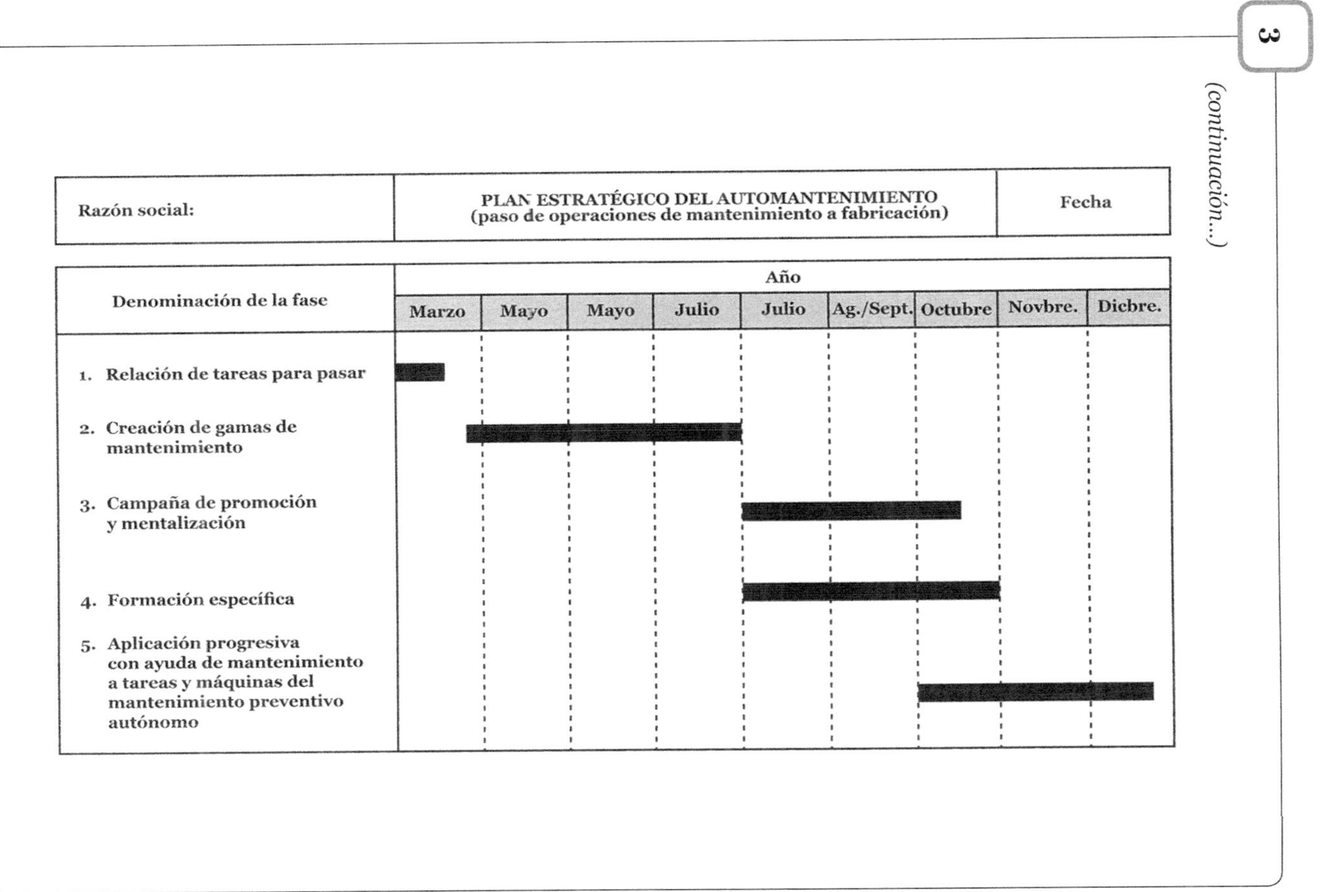

Razón social:	PLAN ESTRATÉGICO DEL AUTOMANTENIMIENTO (paso de operaciones de mantenimiento a fabricación)								Fecha
	Año								
Denominación de la fase	Marzo	Mayo	Mayo	Julio	Julio	Ag./Sept.	Octubre	Novbre.	Dichbre.
1. Relación de tareas para pasar									
2. Creación de gamas de mantenimiento									
3. Campaña de promoción y mentalización									
4. Formación específica									
5. Aplicación progresiva con ayuda de mantenimiento a tareas y máquinas del mantenimiento preventivo autónomo									

NOTAS

3

(continuación...)

- Identificación de las tareas que hay que trasladar al departamento de fabricación de forma progresiva.
- Creación de gamas de mantenimiento preventivo global de niveles 1, 2 y 3.
- Campaña de información y mentalización para los operarios de fabricación y profesionales de mantenimiento, así como para técnicos de procesos, calidad y mantenimiento, cuyo rol cambia de manera significativa.
- Formación específica en mantenimiento espontáneo y elemental.
- Creación de una ficha de automantenimiento en la que se reflejen las operaciones elementales que deben realizar los operarios de fabricación.
- Aplicación progresiva con ayuda de profesionales y técnicos de mantenimiento, procesos y calidad.
- Seguimiento y control de las actividades y tareas realizadas por los operarios, recogiendo todo tipo de informaciones y sugerencias con el fin de optimizar permanentemente las fichas y gamas.
- Creación de fichas de mantenimiento programado sobre las que se reflejan las operaciones planificadas que tienen que realizar los profesionales de mantenimiento.

NOTAS

4

Grupos de fiabilización y de participación en nuevos proyectos

Ya nos referiremos con cierto detalle a la preparación y animación de estos grupos de fiabilización. Vamos a decir, en este apartado, que la actividad TPM requiere crear una estructura técnica que represente a la fabricación y al mantenimiento en nuevos proyectos de equipos de producción, participando en las diferentes fases del ciclo de vida.

5

Formación y gestión de competencias

Esta es otra de las principales actividades del desarrollo del TPM. En este contexto, podemos avanzar algunas consideraciones como, por ejemplo, definir la formación como:

> Toda actividad orientada a mejorar la competencia de las personas en el desempeño de su función en su puesto de trabajo para que aumente la calidad de sus tareas.

Esto se debe a, como dice Kaoru Ishikawa[8], que la calidad comienza y termina con la formación.

8. Teórico de la administración de empresas japonés que conceptualizó el control total de calidad.

NOTAS

5

(continuación...)

En este caso, el proceso de un plan de formación debe basarse en:

- Adecuar nuestras actitudes personales hacia un nuevo mantenimiento industrial y una nueva cultura de empresa.
- Atender necesidades concretas de todos los empleados para lograr un perfeccionamiento profesional del puesto de trabajo.

Hoy en día, todo plan de formación debe elaborarse con el objetivo de mejorar y mantener el capital de competencias. Una empresa líder y cualificante no se limita a elaborar un buen plan de formación, sino que además lo aplica y lo mantiene en el puesto de trabajo. Todo lo demás sería un despilfarro.

Pero ¿en qué medida esta formación es eficaz? ¿Adquieren realmente los empleados las capacidades y habilidades necesarias para desempeñar sus tareas mejor y con más calidad? ¿Tras la formación teórica en las competencias que requiere cada puesto aseguramos que se adquiere el entrenamiento y la práctica de los conocimientos adquiridos?

Para responder a estas preguntas no hay nada mejor que efectuar encuestas y sondeos periódicos que nos permitan evaluar los resultados y opiniones sobre los planes de formación. De cualquier forma, es preciso tener en cuenta las siguientes aseveraciones sobre la formación:

- Las personas deben estar convencidas de la necesidad de formarse en el puesto para desempeñar nuevas tareas, destacando entre estas aquellas relacionadas con el mantenimiento y el dominio del proceso.

5

(continuación...)

- La formación es tanto más eficaz cuanto antes se aplica a la tarea diaria.
- Es necesario incorporar las capacidades individuales (aprendizajes) para implantar la mejora.
- Es imperativo crear un clima de aprendizaje sobre el terreno para que la persona se adapte a situaciones cambiantes.
- Debemos conseguir que cada empleado se sienta dueño del proceso de trabajo que se le haya asignado.

El análisis y gestión de competencias es un modelo de gestión de recursos humanos basado en el análisis de conductas observables y evaluables. Se puede definir la competencia, en el ámbito de la empresa, como:

> Algo específico que debe desarrollar un empleado y que puede evaluarse y observarse en el desempeño de la tarea y en sus resultados.

La implantación de una organización cualificante en continuo aprendizaje, donde debe destacar la animación y la autonomía en la gestión de los recursos humanos y el trabajo en grupo, junto con la polivalencia entre los miembros de las unidades de producción y de servicios prestatarios, nos lleva a modificar comportamientos y aptitudes tradicionales en todos los empleados con el fin de llegar a la excelencia en el saber hacer con autonomía y responsabilidad máximas.

NOTAS

NOTAS

5

(continuación...)

Para llegar a la polivalencia es necesario habituarse a analizar todo tipo de disfunción, organizar la movilidad de puestos preparando carreras profesionales individuales y habituarse todos al autoaprendizaje, adquiriendo nuevos conocimientos mediante la experiencia sobre el terreno.

6

Mantenimiento de la calidad

Supone asegurar los estándares de los procesos y sistemas productivos por medio de la inspección y del análisis de problemas sobre las 5M de los procesos. A esta actividad dedicaremos una amplia parte del capítulo 4.

El TPM en la gestión de la mejora

Una vez visto en qué consiste el TPM, estamos preparados para afirmar que implantarlo, siguiendo el desarrollo de sus 12 etapas, nos puede llevar a dirigir sobre el terreno un proyecto de empresa basado en la mejora continua hacia la excelencia en el mantenimiento industrial, pues nos permite:

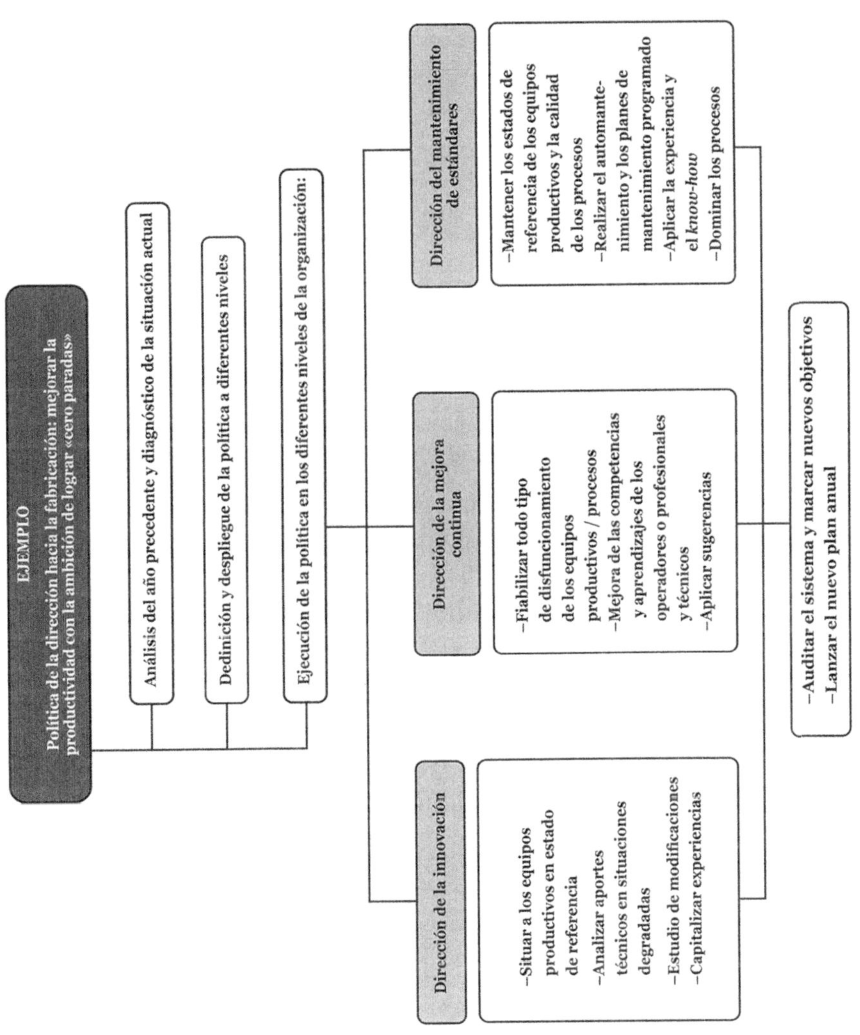
EJEMPLO
Política de la dirección hacia la fabricación: mejorar la productividad con la ambición de lograr «cero paradas»
Análisis del año precedente y diagnóstico de la situación actual
Dedinición y despliegue de la política a diferentes niveles
Ejecución de la política en los diferentes niveles de la organización:
Dirección de la innovación
–Situar a los equipos productivos en estado de referencia
–Analizar aportes técnicos en situaciones degradadas
–Estudio de modificaciones
–Capitalizar experiencias
Dirección de la mejora continua
–Fiabilizar todo tipo de disfuncionamiento de los equipos productivos / procesos
–Mejora de las competencias y aprendizajes de los operadores o profesionales y técnicos
–Aplicar sugerencias
Dirección del mantenimiento de estándares
–Mantener los estados de referencia de los equipos productivos y la calidad de los procesos
–Realizar el automantenimiento y los planes de mantenimiento programado
–Aplicar la experiencia y el *know-how*
–Dominar los procesos
–Auditar el sistema y marcar nuevos objetivos
–Lanzar el nuevo plan anual

- Decidir una política desde la dirección hacia los talleres (etapa 1) tras un diagnóstico de la situación en el período anterior (etapa 4).
- Elaborar un plan de mejora y desplegarlo hasta las unidades de producción y los profesionales y técnicos de mantenimiento (etapas 5 y 6).
- Ejecutar el plan con base en los tres ejes básicos de la mejora, que son los siguientes:
  - Innovación (etapa 11):
    - Situar los equipos en estado de referencia.
    - Analizar aportes técnicos en situaciones degradadas.
    - Estudiar modificaciones.
    - Capitalizar experiencias (etapa 11).
  - Mejora continua (etapas 7 y 10):
    - Fiabilizar todo tipo de disfunción de los equipos productivos (etapa 7).
    - Mejora de las competencias y aprendizajes de los operarios y técnicos (etapa 10).
    - Aplicar sugerencias.
  - Mantenimiento de estándares (etapas 8, 9 y 10):
    - Mantener los estados de referencia de los equipos productivos.
    - Realizar el automantenimiento (etapa 8).
    - Realizar los planes de mantenimiento programado (etapa 9).
    - Aplicar la experiencia y el saber hacer (etapa 10).
    - Dominar los procesos.
- Controlar y realizar seguimientos a través de auditorías en diferentes niveles desde la dirección (etapa 12).
- Lanzar un nuevo plan anual con nuevos objetivos (etapas 5 y 6).

NOTAS

Por tanto, podemos observar que el TPM es un proceso integrado en un ciclo PDCA:

P = planificar (etapas 1, 2, 3, 4, 5 y 6)
D = ejecutar (etapas 7, 8, 9 y 10)
C = controlar (etapa 12)
A = asegurar y mantener (etapas 8, 9 y 11)

Por último, es preciso volver a insistir en que el TPM es una herramienta práctica del *management* de la producción total que se integra en un nuevo mantenimiento industrial, y que es de gran ayuda para desarrollar sobre el terreno un proyecto de calidad total (TQM), pues facilita el desarrollo continuo del mantenimiento de la calidad en su sentido global.

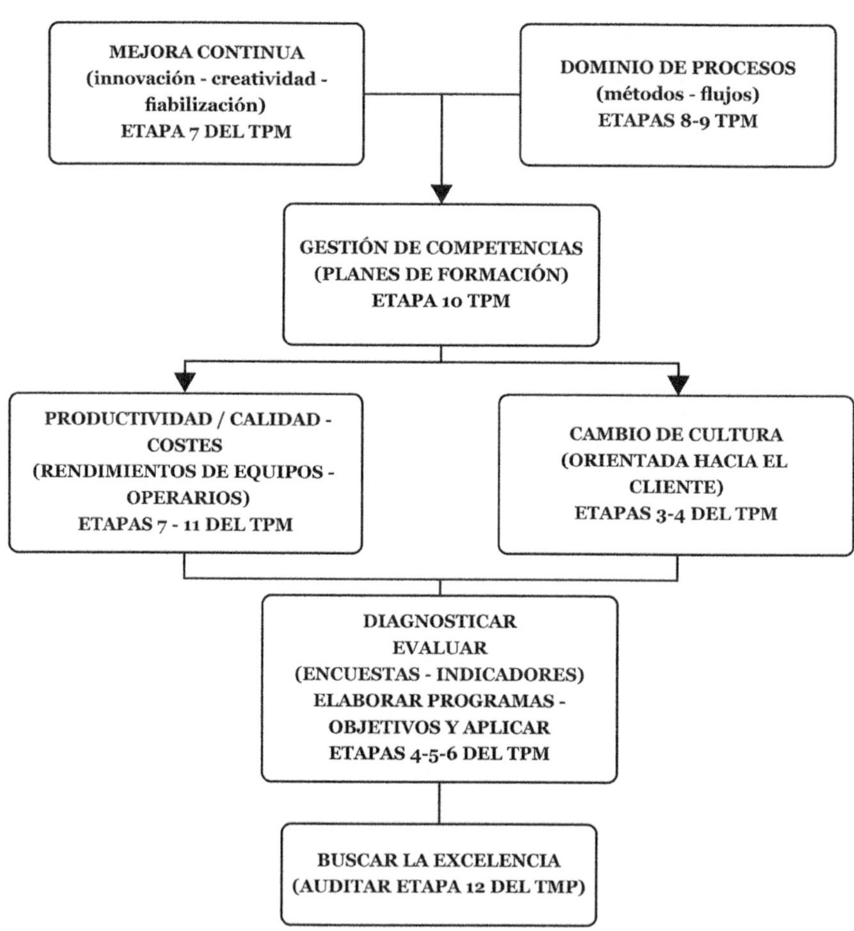
MEJORA CONTINUA
(innovación - creatividad - fiabilización)
ETAPA 7 DEL TPM
DOMINIO DE PROCESOS
(métodos - flujos)
ETAPAS 8-9 TPM
GESTIÓN DE COMPETENCIAS
(PLANES DE FORMACIÓN)
ETAPA 10 TPM
PRODUCTIVIDAD / CALIDAD - COSTES
(RENDIMIENTOS DE EQUIPOS - OPERARIOS)
ETAPAS 7 - 11 DEL TPM
CAMBIO DE CULTURA
(ORIENTADA HACIA EL CLIENTE)
ETAPAS 3-4 DEL TPM
DIAGNOSTICAR
EVALUAR
(ENCUESTAS - INDICADORES)
ELABORAR PROGRAMAS - OBJETIVOS Y APLICAR
ETAPAS 4-5-6 DEL TPM
BUSCAR LA EXCELENCIA
(AUDITAR ETAPA 12 DEL TMP)

FASE I: PROCESO DE DESARROLLO DE UN PROYECTO TPM (*MANAGEMENT* DE LA PRODUCCIÓN TOTAL)

Esta fase comprende el desarrollo de las etapas 1 a la 6 del programa presentado y que se vuelve a representar en la figura adjunta.

A continuación se va a proceder a describir cada etapa con sus objetivos y unos comentarios, extraídos de mi experiencia, que pueden facilitar el éxito en su desarrollo, animación y aplicación práctica.

Las doce etapas de un programa TPM

	ETAPAS	CONTENIDOS
PREPARACIÓN	1. Decisión de la dirección de aplicar el TPM como proyecto de empresa	· Estrategia para presentar al Comité de Dirección · Revista de empresa
	2. Campaña de información–formación técnica	· Estrategia para presentar al Comité de Dirección · Revista de empresa
	3. Crear la estructura de animación y pilotaje del TPM	· Comisiones, animadores · Grupos de trabajo
	4. Diagnóstico de la situación de partida. Indicadores de progreso técnicos, organización	· Banco de datos de valores técnico-económicos · Encuestas de la organización
	5. Redacción de un plan tipo. Líneas de acción / objetivos	· Redacción global y detallada · Planificación
DESARROLLO	6. Lanzamiento	· Datos de partida / presentación del plan tipo · Aspectos formales · Desarrollo de las 5S
	7. Implantación de la mejora continua en los sistemas–procesos	· Análisis de disfuncionamientos · Maquinas que producen embotellamiento · Grupos de fiabilización
	8. Desarrollo del automantenimiento	· Gestión específica · Formación · Gamas / niveles
	9. Desarrollo del mantenimiento programado	· Mejora de la gestión y organización del mantenimiento programado · Gamas / niveles · Formación · Máquinas típicas · Grupos de fiabilización
OPTIMIZACIÓN	10. Formación del equipo humano en los métodos y experiencias del mantenimiento global	· Entrevistas / evaluación de competencias · Contrato de formación / cursos · Gestión de la polivalecia · Grupos de fiabilización
	11. Integrar el TPM en los sistemas de gestión, diseño y construcción de nuevos equipos	· Medida de la F/M/D · Participar en fases de un proyecto de equipo nuevo · Documentación técnica · Fiabilización · Máquinas típicas · Grupos de fiabilización
	12. Certificar la aplicación TPM	· Auditar-definir nuevos objetivos · Mejorar la formación

ETAPA 1: DECIDIR SOBRE LA DIRECCIÓN

Es la etapa más importante de todo el proyecto, pues se trata de cómo construirlo desde el Comité de Dirección y con qué estrategia. Si no se prepara esta etapa de manera similar a la que se va a describir a continuación, es muy posible que salga mal el desarrollo total del proyecto.

El objetivo de esta etapa es lograr que el Comité de Dirección de la compañía sea:

- Promotor del espíritu y del proyecto de empresa en el TPM.
- Miembro activo de la puesta en marcha sobre el terreno.

Para ello el Comité de Dirección debe:

- Determinar la estrategia y los objetivos del desarrollo del TPM.
- Publicar el compromiso por medio de una carta personalizada o de la revista interna.

NOTAS

(continuación...)

› Esta estrategia debe ser coherente con el proyecto de empresa en calidad total, si existe, y con los planes de progreso, así como con la estrategia del mantenimiento que puede ser la siguiente:

> Practicar la prevención en todas las fases del ciclo de vida de los sistemas de producción con el fin de conseguir dominar los procesos y minimizar los costes de su explotación.

A su vez, esta estrategia se debe apoyar en:

› Una ambición, como por ejemplo: ir hacia «cero paradas».
› Unos valores, como por ejemplo:
  - Decidir juntos correctamente y fabricar bien al primer intento y al mínimo coste.
  - Descubrir los problemas antes de que aparezcan.
› Un modo de progresar, como por ejemplo:
  - Compromiso de analizar las pérdidas de rendimiento operacional en los grupos de fiabilización.
  - Mejorar las competencias para asegurar el mantenimiento de la calidad y los estándares (automantenimiento y mantenimiento programado).

NOTAS

(continuación...)

- Unos objetivos, que pueden ser cualitativos y cuantitativos, como por ejemplo:
  - Implicar a toda la estructura de la empresa en el TPM.
  - Implicar profundamente a la línea jerárquica designando un comité de pilotaje y aplicación acorde con este objetivo.
  - Aplicar el TPM sobre todos los activos y funciones de la compañía.
  - Disminuir el número de paradas en más del 50 %.
  - Mejorar el rendimiento operacional de los procesos un 30 %, acercándose a valores óptimos previamente identificados.
  - Disminuir los costes de explotación en un 25 %.

La estrategia debe tener unos ejes directores, un pilotaje y un seguimiento con ayuda de un tablero de indicadores en los diferentes niveles de responsabilidad, de tal manera que comprometa a todos y tal estrategia sea compartida.

Las unidades de producción y los servicios prestatarios o de apoyo a la fabricación deben de disponer de un espacio de información y comunicación del proyecto de desarrollo del TPM en cada proceso, taller o sector, así como un espacio general con los siguientes documentos:

- El que menciona la decisión de la directiva de construir y desarrollar un proyecto de empresa en TPM.
- La forma de pilotaje general y la de cada taller o sector.
- La estrategia y el despliegue de los objetivos generales y el tablero de seguimiento de objetivos a través de indicadores apropiados a cada nivel.
- El calendario de reuniones del seguimiento y animación del proyecto.

Así pues, los actores de esta etapa son los miembros del Comité de Dirección de la compañía, quienes se responsabilizarán de:

- Construir un proyecto de empresa en TPM dentro de un contexto de calidad total, si ello es posible.
- Identificar una meta incluyendo, en el enfoque, el rendimiento operativo de las instalaciones productivas como factor de productividad de la empresa, precisando lo que se espera del desarrollo del proyecto y sus objetivos parciales.
- Controlar el avance del TPM en la empresa a través del despliegue de la estrategia, meta y objetivos parciales.
- Designar al piloto que va a desarrollar el proyecto. Elegir, a ser posible a un miembro del Comité Directivo y prever la estructura de pilotaje y de aplicación del TPM.

(continuación...)

- Asignar recursos humanos y financieros para facilitar el desarrollo del proyecto.

El compromiso de la dirección deberá ser:

- Formalizado por escrito.
- Transmitido.
- Publicado si fuera posible y necesario por el tamaño de la empresa, en revistas internas, etc.

Cómo construir el proyecto de empresa, su estrategia y despliegue

Generalidades

El proyecto de empresa va a incidir de manera especial en el campo de la cultura de la organización a través de un cambio de:

- Procedimientos o normas de actuación.
- Valores o estilo de integración de las personas a través de unos comportamientos concretos.
- Estrategias, con una visión o meta que se deba alcanzar.

Dicho proyecto es en sí mismo, en su desarrollo, un proceso de cambio de cultura y debe seguir este camino:

Visión o imagen a largo plazo

VISIÓN - Ideología AMBICIÓN

Valores y normas de conducta

Modo de progresar

META: OBJETIVO CENTRAL a largo plazo

Ejes estratégicos: política de la dirección - plan trienal

Despliegue de la política plan anual

Planes de acción por la MEJORA CONTINUA

MISIÓN O FIN

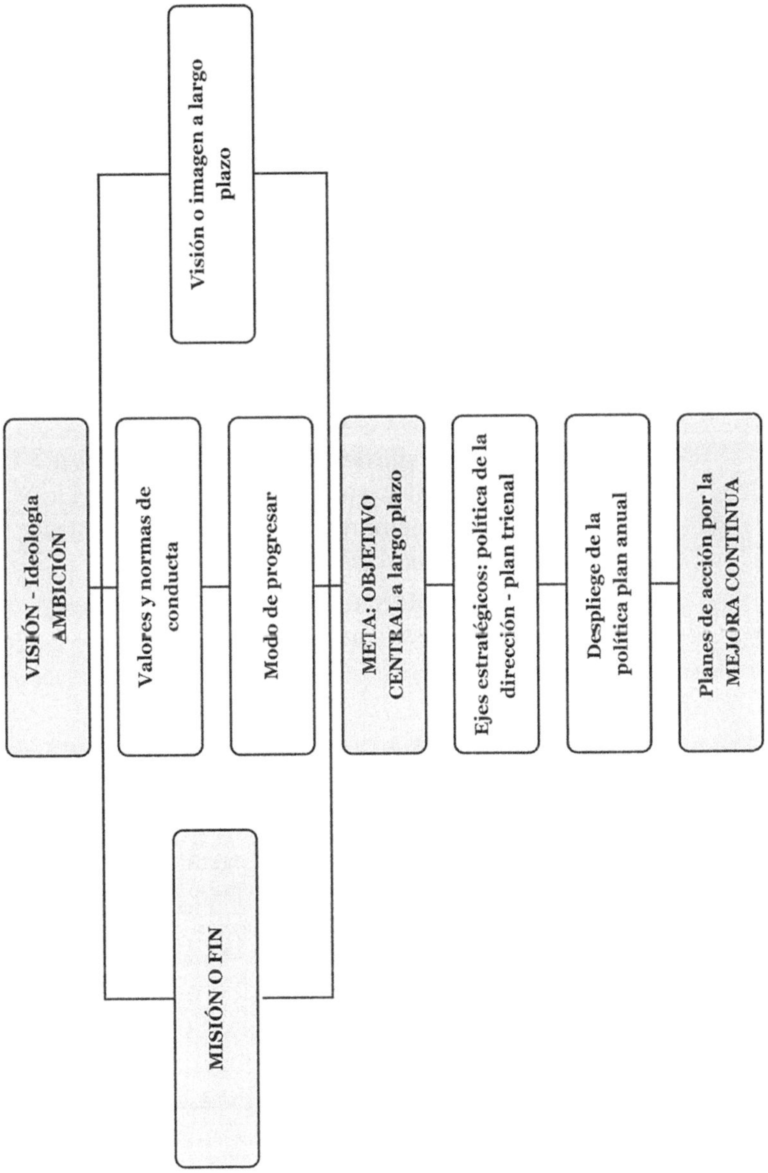

- Fijar la **misión**, es decir, el fin o razón de ser de la empresa, su dedicación para sobrevivir.
- Definir la **ambición**, diseñando lo que se quiere ser en el futuro, visionando una meta que alcanzar por medio de unos objetivos parciales.
- Identificar unos **valores** que se incorporarán a los comportamientos de la organización.
- Establecer una **política** desde la dirección, basada en una estrategia, y desplegarla a partir de unas orientaciones.
- Elaborar **planes a corto plazo** identificados por actividades cotidianas, aplicando sobre ellas la mejora continua (planes anuales).
- Confeccionar **planes a medio-largo plazo** (planes trienales, quinquenales) en torno a ejes vitales para la empresa, desarrollando en ellos proyectos transversales.
- Crear un **pilotaje** del proyecto mediante su animación, seguimiento y control.

Es así como el proyecto de empresa se identifica como un proceso de cambio, que parte desde una cultura que se quiere abandonar hacia una nueva cultura acorde con las estrategias definidas desde el departamento directivo y la ambición y meta que se quieran alcanzar.

Definición del cambio

Es preciso analizar, en primer lugar, qué debe entenderse por cambio. En general, el cambio es el paso de una situación actual a una situación deseada. Podemos, por tanto, dar la siguiente definición:

NOTAS

El cambio es una ruptura de un posicionamiento o *statu quo* con arreglo al cual se sitúa un individuo o una organización.

Es decir, para cualquier organización el cambio supone abandonar el posicionamiento respecto a determinados comportamientos y procedimientos para adquirir otros que permitan adaptarse a la situación deseada.

Una campaña de promoción y lanzamiento de un proyecto TPM en cualquier organización puede mencionar esa necesidad de cambio de comportamientos. Ejemplo del eje central de una campaña de este tipo puede ser este eslogan:

«Hacia un nuevo comportamiento: evita las paradas practicando la prevención y el rigor en tus tareas».

El cambio es el gran reto de cualquier directivo inmerso en él, por lo que su función principal va a consistir en maniobrar y sacar el máximo rendimiento en el proceso para beneficio de toda la organización.

Como consecuencia de lo dicho hasta aquí, la misión principal de los responsables de la empresa va a consistir en **elegir el modelo de cambio** con base en la implantación de una cultura de la innovación, creando un modelo de organización guiado por la excelencia mediante un proyecto de empresa líder con visión de futuro.

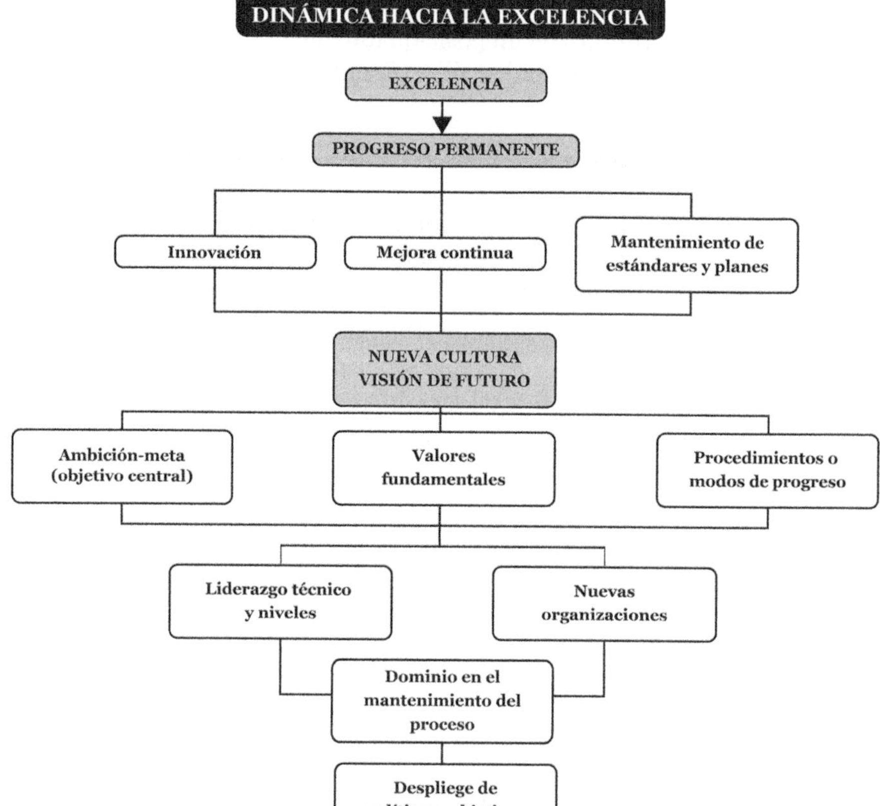

La estrategia debe estar **orientada hacia el cliente**, teniendo en cuenta aspectos tales como:

- Implantar una nueva cultura de empresa basada en la prevención y la participación en la mejora continua, tomando como base los principios de la calidad total.
- Aplicar una formación permanente en todos los niveles de la organización.

(continuación...)

- Extender la creatividad a través de un sistema individual/grupal de sugerencias y de la participación en grupos de fiabilización para la mejora continua.
- Conseguir la motivación e implicación de todos los niveles de la organización en el proyecto de empresa.

NOTAS

Dinámica hacia la excelencia

Definir claramente la cultura deseada

Este es un punto de vital importancia, ya que condicionará todas las acciones posteriores. Vivir una cultura exige que todo el mundo se enfrente de forma activa con los problemas potenciales y cotidianos. Cuando todo el mundo viva una cultura, el cambio se generalizará, transformando a los veteranos de la empresa y dando fuerza a los que se incorporan.

A veces, simplemente, cambiar el ambiente de los talleres y oficinas mediante el orden y la limpieza puede ayudar a reforzar un cambio cultural. El TPM es una de esas herramientas que hace cambiar la imagen de la empresa, pudiendo llegar a ser un objeto de relaciones públicas.

El TPM es el poso que va dejando el trabajo diario en equipo para lograr una nueva cultura.

En un proyecto TPM, la estrategia de la nueva cultura vendrá marcada por la prevención, poniendo en marcha las siguientes acciones:

- Disminuir los fallos y paradas tendiendo a cero.
- Evitar la aparición de modos de fallos:
  - Mantener el estado de referencia y los estándares de los equipos, aplicando el rigor en las tareas.
  - Detectar fallos, defectos y problemas potenciales y sus causas por el análisis PM (5M).
  - Mejorar, tomando medidas urgentes.
- Aumentar la calidad de las inspecciones mediante el aprendizaje y el perfeccionamiento.

Asimismo, es necesario implicar en el proyecto a los directivos y mandos, siendo este punto vital, dado que si no se logra la adhesión de todos o de la mayoría de los que toman decisiones cotidianas en la empresa, difícilmente se avanzará en el cambio deseado.

Es, pues, necesario conocer la realidad compartida y solo avanzar con esa realidad. Pero no basta con decir a nuestros colaboradores (y estos, a los empleados) que una nueva cultura es buena para el cliente. Para conseguir que todos

los empleados participen y se adhieran al proyecto, tienen que ver claro que la nueva cultura y los nuevos valores son buenos también para ellos.

Hay que efectuar revisiones periódicas del proyecto en los diferentes escalones de la organización (mínimo, mensualmente) y medir el progreso a través de indicadores, encuestas, etc. En la figura que se muestra abajo se recoge un ejemplo de tablero de indicadores para seguir la evolución de resultados en un proyecto de este tipo. En estas revisiones es conveniente recordar la evolución organizacional y la animación que debe sostener el proyecto.

INDICADORES DE SEGUIMIENTO DEL PROYECTO TPM

INDICADORES		MEDIA		RESULTADOS MENSUALES											OBJET-2025
		2023	2024	ENE	FEB	MAR	ABR	MAY	JUN	JU-AG	SEP	OCT	NOV	DIC	
Dominio de procesos y equipos	–N.º de paradas/1 000 piezas N.º de paradas 1 000/piezas/máquina Tasa de realización mtto. prev. programado –N.º de averías/1 000 piezas Índice de auditorías N0-N1														
Reducción costes	Coste total de mantenimiento (acumulado) % costes correctivo/total (media) Coste mtto. correctivo (acumul. en M-euros) % de coste mantenimiento/valor activos														
Mejora continua	–Rendimiento operacional (medio) –Horas de mtto. preventivo programado N.º de problemas tratados % de problemas resueltos														
Implicación y animación RR.HH.	N.º reuniones comité TPM N.º intervenciones correctivas MOD N.º intervenciones mtto. programado MOD N.º intervenciones correctivas mantenimiento														

Introducir los conceptos de misión, visión o ambición central, meta y valores de un proyecto de empresa

Estos conceptos conforman un nuevo proyecto de empresa y es preciso analizarlos con detalle.

Peter Drucker ya señaló que definir la misión y la ambición u objetivo central en una compañía es una cuestión difícil y arriesgada, pero es lo único que va a permitir a la empresa:

- Desarrollar estrategias.
- Definir una política.
- Establecer objetivos.
- Buscar la adhesión de los empleados y concentrar los esfuerzos de todos.
- Ponerse a trabajar y medir el progreso.

Así, comenzamos las definiciones por la **misión**, que podemos describir como:

> Conjunto de funciones o tareas básicas que es necesario desempeñar para ejecutar y desarrollar un proyecto de empresa. Es el fin o razón fundamental de supervivencia de una empresa.

NOTAS

Estas tareas suelen ser estables en el tiempo e implican una movilización coordinada de medios. Junto con la visión de futuro nos van a permitir establecer planes y objetivos con una meta.

Un fin o misión de una empresa no tiene por qué ser exclusivo, pudiendo, por lo tanto, ser coincidente o similar con otras empresas. Solamente debemos tener en cuenta que debe ser una guía que inspire durante años a la organización. Así, como ejemplo, un fabricante de motores de automóvil define su misión de esta forma:

> Producir piezas y motores de combustión interna conforme a los más altos niveles de calidad, al coste óptimo y en el momento requerido por el cliente, con el fin de obtener su satisfacción total y permanente, así como la de todo el personal de la compañía.

Es posible que esta sea una definición demasiado extensa, pero es muy completa. Como complemento a esta misión, y en el contexto del TPM, el fabricante de automóviles señala que va a desarrollar las tecnologías implantadas para mantener y dominar los procesos productivos y conseguir el progreso permanente. Finaliza indicando que si cumple con esta misión, va a permitir a la empresa consolidar su presencia en el mercado obteniendo beneficios para sus accionistas.

Volvo Cars Europe Industry, en su proyecto de TPM de empresa a fines de la década de los noventa del siglo pasado, al que denominó VEC- TEAM, señala como misión:

NOTAS

> Producir a la demanda del mercado y lograr la cooperación en el desarrollo de productos y procesos.

La compañía ZEXEL CORP, fabricante de componentes de automoción, señala en su proyecto TPM como misión:

> Obtener productos de alta calidad por la mejora de la fiabilidad y el mantenimiento de los equipos.

Visión o ambición de futuro

Las empresas con proyectos que tienden hacia la excelencia, asentados sobre una meta con visión de futuro, se caracterizan por crear una cultura fuerte en torno a sus valores e ideología central. Ya hemos señalado que vivir esta cultura en el desarrollo del TPM exige que todo el mundo se enfrente de forma activa con los problemas potenciales cotidianos, sean del tipo que sean.

Debe definirse la **visión** como:

> Una idea de fuerza o ambición que expresa el deseo de alcanzar una situación futura que mejore la realidad actual en ciertos aspectos relevantes y vitales para la empresa.

La idea clave es:

Deseo auténtico e ilusión de todos los empleados.

Existen algunos ejemplos y observaciones al respecto. UBISA, empresa industrial española, integrada en el grupo Bekaert y que fue galardonada con el premio europeo a la calidad, describe su ambición o camino hacia el futuro en estos términos:

- Aprender todos continuamente formas nuevas y mejores de hacer las cosas y participar activamente en ponerlas en práctica sin demora.
- Descubrir y eliminar decididamente cualquier forma de despilfarro en los procesos y operaciones.
- Conseguir así que los productos que se entregan a los clientes, internos o externos, satisfagan plenamente y de manera económica sus necesidades.

Esta ideología o ambición central de UBISA se completa con esta frase, llena de esperanza:

NOTAS

> Creemos que esta es la mejor forma de asegurar nuestro futuro y de contribuir a nuestro desarrollo personal, al desarrollo del grupo Bekaert, de nuestros clientes y proveedores, y de la sociedad en su conjunto.

Una visión de futuro de la empresa se persigue constantemente, pero puede que no se alcance nunca de forma plena. Es conveniente que la ambición no se exprese en términos de productos, servicios o mercados. Por ejemplo: la ambición de Disney no es «crear dibujos animados para los niños» sino «ser los mejores en la creación de dibujos por utilizar la imaginación para llevar la felicidad a millones de personas».

La compañía japonesa Mitsubishi Motors Corporation, en su proyecto Challenge-50 y para desarrollar un programa TPM, asume como visión lo siguiente:

> Caminar hacia el futuro con un espíritu de lucha y un espíritu sin fronteras con una estrategia que pasa por aplicar el TPM luchando contra todo tipo de despilfarro a fin de reducir costes.

En un contexto de TPM la ideología o ambición puede ser:

NOTAS

Cambiar la visión o manera de pensar acerca de los equipos y sistemas de producción, de tal manera que se acepte que:

- Las seis grandes pérdidas de rendimiento de los sistemas productivos son producidas por el equipo de trabajo, por lo que hay que evitarlas, denunciarlas y documentarlas. Un problema se detecta cuando aparece, pero la ambición debe ser descubrirlo antes de que se produzca.
- Existen condiciones y deficiencias que pueden provocar de forma inminente un fallo. El objetivo debería ser convencerse de que es posible identificarlas y analizarlas.
- Es preciso habituarse al siguiente ciclo para evitar deterioros progresivos:
  - Deseo interno de mantener la limpieza de los equipos.
  - Deseo de mantenerlos engrasados.
  - Deseo de cambiar los comportamientos y tocar para observar ruidos, vibraciones y temperaturas.

Zexel Corp señala como visión o ambición en su proyecto TPM:

Enfocar las actividades en la mejora de las instalaciones productivas integrándolas en el programa de calidad total.

Los valores centrales o fundamentales

NOTAS

Si buscamos en el diccionario la definición de **valor**, encontramos la siguiente expresión:

> Principio ideal que sirve de referencia a los miembros de una colectividad para basar sus juicios o criterios y fijar su conducta.

A esta definición añadiría que valor es aquello por lo que algo es digno de interés, de ahí la importancia que debemos dar a la identificación colectiva de unos valores.

Las empresas con proyectos en calidad total hacia la excelencia y con visión de futuro se mueven, en general, dentro de un marco que abarca entre cuatro y seis valores centrales, inmutables, sin tener en cuenta los cambios que pueda haber en el entorno externo.

Estos valores van a ser los dogmas esenciales y duraderos de una organización, y que no se refieren nunca a los resultados financieros o a acciones a corto plazo.

A continuación se indican los valores adoptados por algunas empresas:

NOTAS

1

Philips

M. Vóhringer, jefe de desarrollo de producto, comienza haciéndose la siguiente pregunta para presentar algunos valores de la compañía: «¿cómo mejorar lo perfecto?», y añade que si no te lo preguntas, nunca lo sabrás. Para Philips la perfección es inalcanzable, pues el ser humano siempre intenta hacerlo mejor para hacer la vida mejor. Por eso algunos de sus valores son:

- Convertir el entretenimiento en la experiencia más emocionante.
- Explorar el potencial de la televisión como herramienta de información y comunicación.
- Estar dispuestos siempre a alcanzar la perfección absoluta.
- Conceder importancia a la nitidez de las imágenes de la televisión.

Valores y ambición son aplicables a cualquier actividad o negocio, por lo que toda empresa debe establecerlos cuanto antes, siendo esto esencial para poner en marcha un proyecto de empresa en calidad total hacia la excelencia. La ejecución de la estrategia se puede desarrollar a través del TPM, identificando en él una serie de valores.

NOTAS

2

Mitsubishi Motors Corporation

En su proyecto Challenge-50 ejecuta su estrategia TPM acompañada de los siguientes valores:

- Ser una fábrica de automóviles reforzada por medio de la innovación de los empleados sobre los equipos de producción, aspirando a los cinco ceros en las cifras de facturación para conseguir los objetivos de la compañía.
- Fomentar la habilidad de los empleados para mantener los equipos.
- Perseguir la efectividad global o productividad máxima de la empresa.
- No permitir que los equipos fallen o se averíen.

3

Volvo Cars Europe

En su proyecto TPM denominado VEC-TEAM señala como valores:

- Practicar la ética en el negocio y en lo social.
- Trabajar en equipo, tomando como elementos base en este contexto a la persona y al cliente.

NOTAS

Si ya se dispone de una ideología, una ambición y de unos valores y se desea afrontar un cambio por medio de un proyecto de empresa, se debe estar dispuesto a cambiar todo de forma acelerada.

La animación para el progreso

Esta animación permite, manteniendo viva la ideología, efectuar el cambio a través del progreso.

La **animación** es la fuerza impulsora para el cambio basada en una autoexigencia que permite analizar, descubrir y mejorar, por lo que conduce al trabajo bien hecho como impulso profundo en cada individuo. Es imprescindible que la animación sea permanente y a todos los niveles, basándose en que siempre se pueden hacer las cosas mejor, que siempre se puede avanzar, que siempre hay nuevas posibilidades para progresar.

La animación del progreso continuo se ha de construir sobre tres ejes:

- Dirigir a las personas para movilizarlas e implicarlas.
- Hacer evolucionar a las organizaciones para fomentar un clima de responsabilidad.
- Dominar y hacer progresar todos los procesos.

NOTAS

Mitsubishi Motors en su proyecto TPM, dentro del programa Challenge-50, centra la animación para progresar en los siguientes aspectos:

- Crear un entorno con empleados motivados para trabajar en un ambiente donde coexistan la responsabilidad y la libertad en la manera de llevar a cabo las tareas.
- Es posible llegar a cifras de facturación con cinco ceros cambiando el pensamiento y los comportamientos de la persona.
- Participar todos en la mejora continua llevando al siguiente nivel las relaciones entre funciones y entre secciones.
- Decidimos correctamente y producimos bien.

La compañía Zexel Corp. anota, en su proyecto TPM, los siguientes aspectos para impulsar la animación hacia el progreso:

- Desarrollar los recursos humanos para que sean capaces de enfrentarse con eficacia a la maquinaria más sofisticada.
- Esperar que todos, desde la dirección hasta los operarios, participen para conseguir la máxima eficiencia del equipo productivo.

NOTAS

Estos tres elementos: ideología, ambición/valores y animación para el progreso tienen que institucionalizarse en la empresa, concretando las intenciones en hechos. Los tres se complementan con la meta u objetivo central del proyecto y este, a su vez, con una identificación de los objetivos y, como consecuencia, en un despliegue adecuado de los mismos.

Meta: objetivo central del proyecto

Lo más importante no es si se posee o no una **ideología central** aceptable, sino que el proyecto de empresa tenga una meta que sirva de guía e inspiración a todos los empleados. Cuando esto es así, se influye de manera clara en el comportamiento de las personas y en su ilusión por el proyecto de empresa, incluso en los casos en que antes no se hayan defendido estos puntos de vista.

> La **meta** es un poderoso mecanismo para estimular el progreso ya que, desde el principio, fija objetivos en el tiempo. Es, por tanto, un mecanismo tangible, estimulante, ambicioso y compromete a toda la organización.

Es conveniente disponer de un eje central de trabajo para avanzar en la meta que se ha establecido, progresando en todos los campos que se relacionan con dicho eje, y elegir una herramienta de progreso que facilite la consecución del objetivo propuesto.

NOTAS

Cuando esta meta ya se ha conseguido, hay que marcarse una nueva más ambiciosa.

Las empresas excelentes, con visión de futuro, poseen, en general, metas que hacen que sea un orgullo para todos avanzar hacia su logro, así como también poseen confianza en sí mismas.

A continuación es preciso señalar algunas ideas para definir metas:

- Tienen que ser unas metas claras, es decir, que requieran la mínima explicación.
- Se necesitará mucho esfuerzo interno y suerte externa, como por ejemplo, la existencia de una fuerte demanda del mercado.
- Deben ser ambiciosas, que estimulen el progreso.
- Deben dar la posibilidad de cambiar cuando ya se han alcanzado.
- Tienen que ser coherentes con la ideología central.

Las empresas líderes tienden a ser exigentes tanto en términos de resultados como de objetivos, así como respecto a la coherencia permanente con su ideología.

NOTAS

Conocen, por tanto, las ideas básicas para progresar:

Hacer algo, aceptar errores, dar pasos pequeños, dar autonomía, progresar de forma continua y todo ello sin olvidar la ideología central.

Este tipo de empresas tienen en cuenta el corto plazo (acciones cotidianas de mejora) y el medio-largo plazo a través de la meta fijada. Trabajan hacia esta meta pero, asimismo, hacen frente a las exigencias y problemas del día a día.

Veamos algunos ejemplos de objetivos, comenzando con el de la compañía filial de motores Renault en España, que, dentro de su proyecto líder, identificó una meta con un objetivo central:

Lograr ser líderes en su sector con un ratio de productividad de treinta empleados para fabricar cien motores/día en un plazo de cinco años.

Con base en esta meta se identificaron ejes de progreso y unos objetivos de mejora de los procesos.

NOTAS

ENFOQUE DE LA META-OBJETIVO CENTRAL

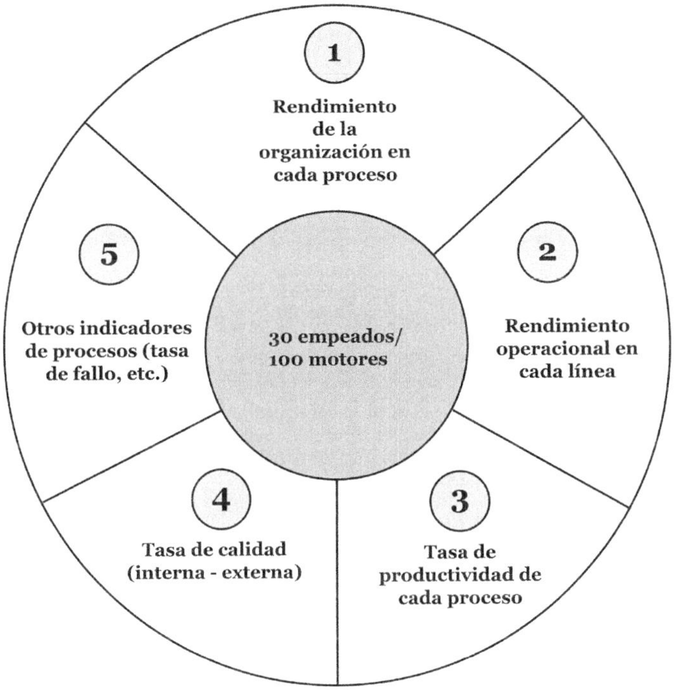

30 empeados/
100 motores

1
Rendimiento
de la
organización en
cada proceso

2
Rendimiento
operacional en
cada línea

3
Tasa de
productividad de
cada proceso

4
Tasa de calidad
(interna - externa)

5
Otros indicadores
de procesos (tasa
de fallo, etc.)

Para desarrollar un proyecto TPM coherente con el proyecto de empresa en calidad total, esta compañía tomó como eje central de progreso el rendimiento operativo de los procesos.

OBJETIVOS ALREDEDOR DEL RENDIMIENTO OPERACIONAL DEL PROCESO

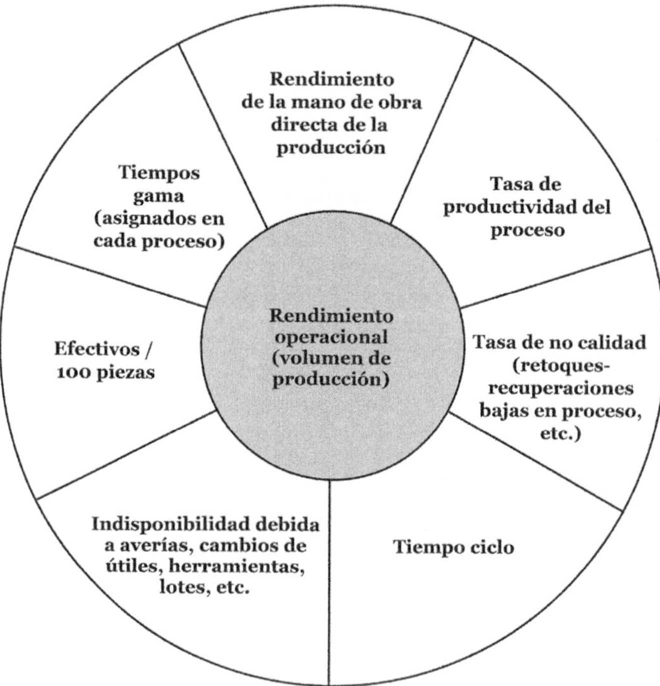

Los objetivos parciales elegidos alrededor de la meta fueron los siguientes:

- Mejora de la eficacia de la organización, evaluando su rendimiento por medio de eliminar tareas sin valor añadido.
- Mejora de los métodos aplicados en los procesos, mejorando los tiempos de valor añadido.
- Mejora del tiempo de funcionamiento de las instalaciones productivas por la vía de la mejora de:
  - Los tiempos ciclo de cada máquina o equipo productivo.

(continuación...)

- Los tiempos de parada y de intervención debido a averías de los equipos productivos.
- Los tiempos de intervención frecuencial, como cambios de ráfagas, útiles, herramientas, etc.
- La calidad de los procesos, actuando con rigor en la prevención de cada operación y mejorando la calidad concertada con los proveedores y el análisis de los problemas con los clientes.

NOTAS

Como ejes de mejora de los procesos, como se ha visto representado en dos figuras anteriores, se identificaron los siguientes:

- Mejora del rendimiento de la organización en cada proceso básico.
- Mejora del rendimiento operativo de las líneas de producción.
- Mejora de la tasa de productividad en cada proceso.
- Mejora de la tasa de calidad.
- Mejora de la tasa de fallos y mejora de otros indicadores de procesos.

Como resumen de esta primera etapa, abajo se muestra un ejemplo de un proyecto de TPM como interrelación del mantenimiento total en las diferentes fases de un proyecto de empresa en calidad total.

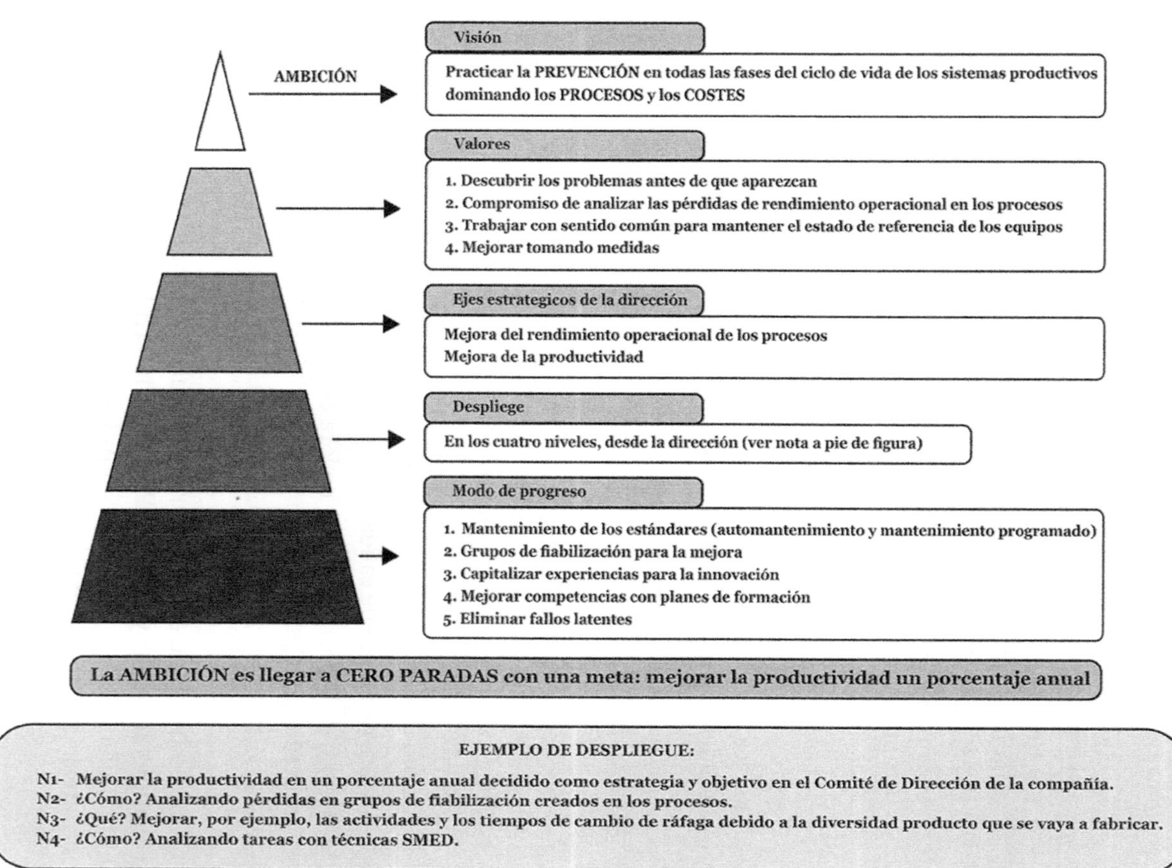
Visión
AMBICIÓN
Practicar la PREVENCIÓN en todas las fases del ciclo de vida de los sistemas productivos dominando los PROCESOS y los COSTES
Valores
1. Descubrir los problemas antes de que aparezcan
2. Compromiso de analizar las pérdidas de rendimiento operacional en los procesos
3. Trabajar con sentido común para mantener el estado de referencia de los equipos
4. Mejorar tomando medidas
Ejes estrategicos de la dirección
Mejora del rendimiento operacional de los procesos
Mejora de la productividad
Despliege
En los cuatro niveles, desde la dirección (ver nota a pie de figura)
Modo de progreso
1. Mantenimiento de los estándares (automantenimiento y mantenimiento programado)
2. Grupos de fiabilización para la mejora
3. Capitalizar experiencias para la innovación
4. Mejorar competencias con planes de formación
5. Eliminar fallos latentes
La AMBICIÓN es llegar a CERO PARADAS con una meta: mejorar la productividad un porcentaje anual
EJEMPLO DE DESPLIEGUE:
N1- Mejorar la productividad en un porcentaje anual decidido como estrategia y objetivo en el Comité de Dirección de la compañía.
N2- ¿Cómo? Analizando pérdidas en grupos de fiabilización creados en los procesos.
N3- ¿Qué? Mejorar, por ejemplo, las actividades y los tiempos de cambio de ráfaga debido a la diversidad producto que se vaya a fabricar.
N4- ¿Cómo? Analizando tareas con técnicas SMED.

NOTAS

En este ejemplo se toma como ideología o ambición cambiar la visión y la manera de pensar acerca de los equipos y sistemas productivos, no permitiendo que fallen. En el ejemplo aparecen los siguientes valores:

- Descubrir los problemas antes de que aparezcan.
- El compromiso de analizar continuamente las pérdidas del rendimiento operativo.
- Trabajar tanto con sentido común como con los cinco sentidos para mantener el estado de referencia de los equipos.
- Mejorar tomando medidas urgentes.
- Decidir juntos correctamente y producir bien.

Como ejes estratégicos de la dirección se citan:

- Mejora del rendimiento operacional de los procesos.
- Mejora de la productividad.

El despliegue de esta política y su meta se puede realizar en los cuatro niveles de la organización. Por ejemplo:

- N1 (Comité de Dirección): mejorar la productividad en un porcentaje anual.

(continuación...)

- N2 (responsables de áreas): ¿Cómo? Analizando pérdidas de Ro en grupos de fiabilización.
- N3 (responsables de procesos): ¿Qué? Mejorar, por ejemplo, tiempos de cambios de ráfagas.
- N4 (responsables de unidades de producción y servicios prestatarios): ¿Cómo? Analizando tareas con técnicas SMED.[9]

En cuanto al modo de progresar, se puede abordar de forma similar a lo que aparece en este ejemplo:

- Con el mantenimiento de estándares por la aplicación eficaz del automantenimiento.
- Con los grupos de fiabilización, para eliminar disfunciones y mejorar.
- Capitalizando experiencias para la innovación y mejora de los procesos y de los sistemas productivos.
- Mejorando las competencias con planes adecuados de formación y autoaprendizaje por las experiencias.
- Eliminando fallos latentes (físicos y psicológicos).

9. Acrónimo de *Single-Minute Exchange of Die*.

ETAPA 2: INFORMACIÓN Y FORMACIÓN A TODA LA ESTRUCTURA DE LA EMPRESA

NOTAS

El objetivo de esta etapa es el de **obtener la adhesión** de toda la organización al proyecto TPM en los términos siguientes:

- De acuerdo con el plan y la estrategia establecidos por el Comité de Dirección.
- Hacer de cada mando y técnico de la empresa un miembro activo de la puesta en marcha del programa TPM, ayudando a la formación y animación del proyecto sobre el terreno.

La adhesión de los mandos al proyecto TPM se obtendrá por:

- La **información** sobre el contenido y las ventajas del plan de TPM que haya decidido la dirección.
- La **formación** de toda la organización mediante un seminario en el que, comenzando con los perfiles de mayor responsabilidad, se desarrolle el contenido general del TPM como un método de trabajo y las especificidades de la empresa contenidas en el plan de la dirección.

La animación de esta formación está garantizada por:

- Los propios miembros o algún miembro del Comité de Dirección de la empresa, acompañados por el que será el piloto o responsable del proyecto.
- Por animadores técnicos especializados que estarán formando parte de la célula de pilotaje que se formalizará en la siguiente etapa.

Así pues, se trata en esta etapa de lograr, en una sesión de dos a cuatro horas, los siguientes objetivos:

- **Facilitar la información general del proyecto** a los perfiles de mayor responsabilidad y perfiles técnicos de la compañía con ayuda, por ejemplo, de un manual preparado al efecto y que posteriormente se extenderá a toda la organización.
- **Buscar la adhesión** de la nueva estrategia entre los mandos y técnicos animadores.
- **Identificar la manera de transmitir la estrategia** a todos los niveles y áreas de la empresa para dar una visión general de las diferentes etapas del TPM con ayuda del manual antes reseñado.
- **Formar** a los mandos y técnicos-animadores en la gestión de un proyecto TPM.

NOTAS

(continuación...)

- **Elaborar un plan de comunicación** del proyecto a todos los niveles de la organización, con ayuda de pósteres, trípticos de bolsillo, etc., pues es imprescindible comunicar el proyecto de la empresa a todos los empleados y recoger opiniones de ellos. No hay que olvidar que la adhesión al proyecto de forma compartida se sitúa por encima de cualquier otra consideración.

  Consecuentemente, el **lenguaje** que se debe utilizar en esta etapa debe ser asimilable por todos los miembros de la empresa. Por ello, se impartirá la formación detallada sobre el proyecto y el proceso TPM exclusivamente a los miembros de las células de pilotaje y aplicación y también para los mandos intermedios, mientras que, para los profesionales, administrativos y operarios, podremos utilizar seminarios cortos con apoyo de mensajes y cómics que configuran un proyecto TPM.
- Cuidar mucho el despliegue del **plan de comunicación** del proyecto, llevándolo a cabo a través de los mayores responsables de la organización, pues podrían partir de ideales muy dispares y, de ese modo, se podría distorsionar la comunicación. De ahí que sea necesaria una formación homogénea y una información directa, sin protagonismos exclusivos por parte de los directivos que la representan, y tampoco sin necesidad de que sean los mandos directos del colectivo al que se debe informar.

NOTAS

Por lo tanto, hasta este momento, todos los miembros de la organización deberían conocer cuál es la orientación **cualitativa** que se pretende conseguir, así como la **cuantitativa**, gracias a la meta y el despliegue de objetivos parciales por cada nivel de la organización, tal y como se ha señalado en la etapa 1.

Así pues, como síntesis, podemos decir que esta etapa puede desarrollarse para el conjunto de la empresa en forma de una reunión de información orientada a mandos y técnicos con una duración entre dos y cuatro horas, animada por el jefe del proyecto TPM recientemente nombrado por la dirección (etapa 1).

El objetivo de esta **sesión plenaria** será, por lo tanto, el de sensibilizar a todos los participantes con respecto a las nociones del TPM y concienciarles de que deben participar todos por el bien del desarrollo y continuidad de la acción.

Posteriormente y a nivel de mandos de taller, se puede extender un plan de formación más específico, de tres días de duración, con los siguientes objetivos:

- El aprendizaje del método TPM.
- Dar las herramientas de comunicación pedagógica para que puedan informar y formar ellos mismos a sus colaboradores.
- Crear el espíritu del TPM en el marco de la calidad total y en el contexto de un proyecto de empresa.
- Permitir, como conclusión de las jornadas, que se aclaren todas las dudas que se puedan tener y que puedan bloquear el proceso.

NOTAS

Este plan de formación puede ser desarrollado por los animadores TPM de la célula de pilotaje creada en la etapa 1 y que será formalizada en la etapa 3.

Finalmente, en esta segunda etapa creemos que puede ser interesante no solo informar del proyecto, sino a la vez **formar a todos** los profesionales y miembros de las unidades de producción por dos razones:

- Para evitar crear un vacío del conocimiento del proyecto TPM entre los mandos y sus colaboradores.
- Para desmitificar lo antes posible el TPM entre las personas del taller.

Dada la cantidad de participantes, este proceso de información y formación de operarios, profesionales y administrativos, debe ser **planificado** y se puede extender en cinco sesiones, de dos horas de duración por sesión, con los siguientes objetivos:

- Crear el espíritu del TPM entre este colectivo y dar a conocer el método.
- Dar a conocer el lenguaje que se debe utilizar (indicadores técnicos).
- Informar del método de medida de dichos indicadores.

(continuación...)

- Dar a conocer, de forma general, las tareas de automantenimiento y mantenimiento programado que los operadores y profesionales van a asumir.
- Informar de un método de resolución de problemas en el grupo de trabajo (por ejemplo el ciclo PDCA en sus diferentes niveles de aplicación).
- Se completa esta formación con prácticas en tareas específicas en el puesto de cada operario, incluyendo el plan de las 5S.

ETAPA 3: DESIGNAR Y PONER EN MARCHA LA ESTRUCTURA DE PILOTAJE Y APLICACIÓN DEL PROYECTO TPM

El objetivo de esta etapa será definir y poner en marcha una organización y normas de funcionamiento formalizadas que permitan el pilotaje permanente de todo el desarrollo e implantación del TPM.

Esta organización o estructura de pilotaje deberá incluir al menos:

- Un **comité de pilotaje** sobre el terreno, animado por el piloto o responsable del proyecto TPM en la empresa.
- Una **célula que anime** la aplicación del proyecto por áreas de trabajo (por ejemplo: nave de mecanizado, departamento, taller, etc.), constituida por miembros permanentes y que estén dinamizados por el responsable del proyecto en el área respectiva.
- El comité de pilotaje garantizará una **estabilidad y continuidad** de las acciones emprendidas con el fin de acumular y transmitir las experiencias que se hayan adquirido.

Creación de una célula o estructura de pilotaje

En esta etapa deben realizarse las siguientes acciones:

- Definir en la compañía, en cada departamento y en cada taller, la organización y pilotaje del TPM elegidos para su desarrollo y aplicación (véase un modelo en la figura representada abajo y el modelo de Volvo en su proyecto VEC-TEAM, en la figura que sigue a la anterior).
- Publicar, en los espacios de comunicación TPM creados al efecto en cada proceso, taller o sector, las estructuras de pilotaje y aplicación, así como el calendario de reuniones.
- Elaborar y publicar la organización de cada taller donde aparezcan los organigramas y formas de pilotar y animar la mejora continua y a la fiabilización.

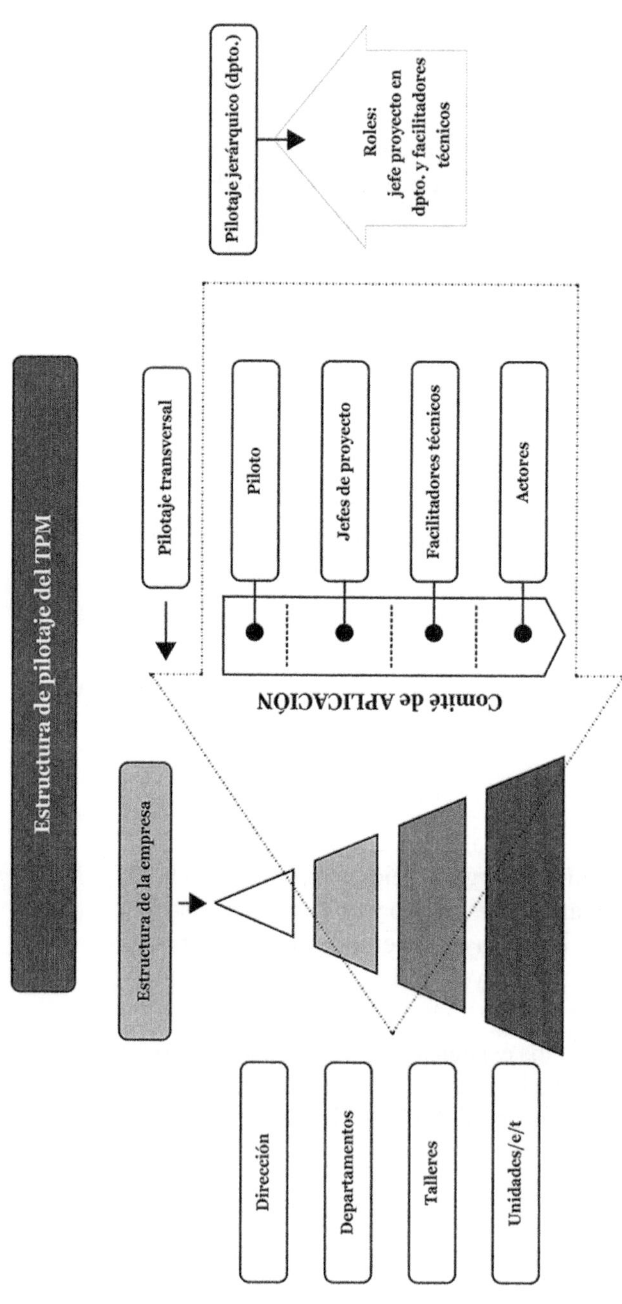
Estructura de pilotaje del TPM
Estructura de la empresa
Dirección
Departamentos
Talleres
Unidades/e/t
Pilotaje transversal
Piloto
Jefes de proyecto
Facilitadores técnicos
Actores
Comité de APLICACIÓN
Pilotaje jerárquico (dpto.)
Roles:
jefe proyecto en
dpto. y facilitadores
técnicos

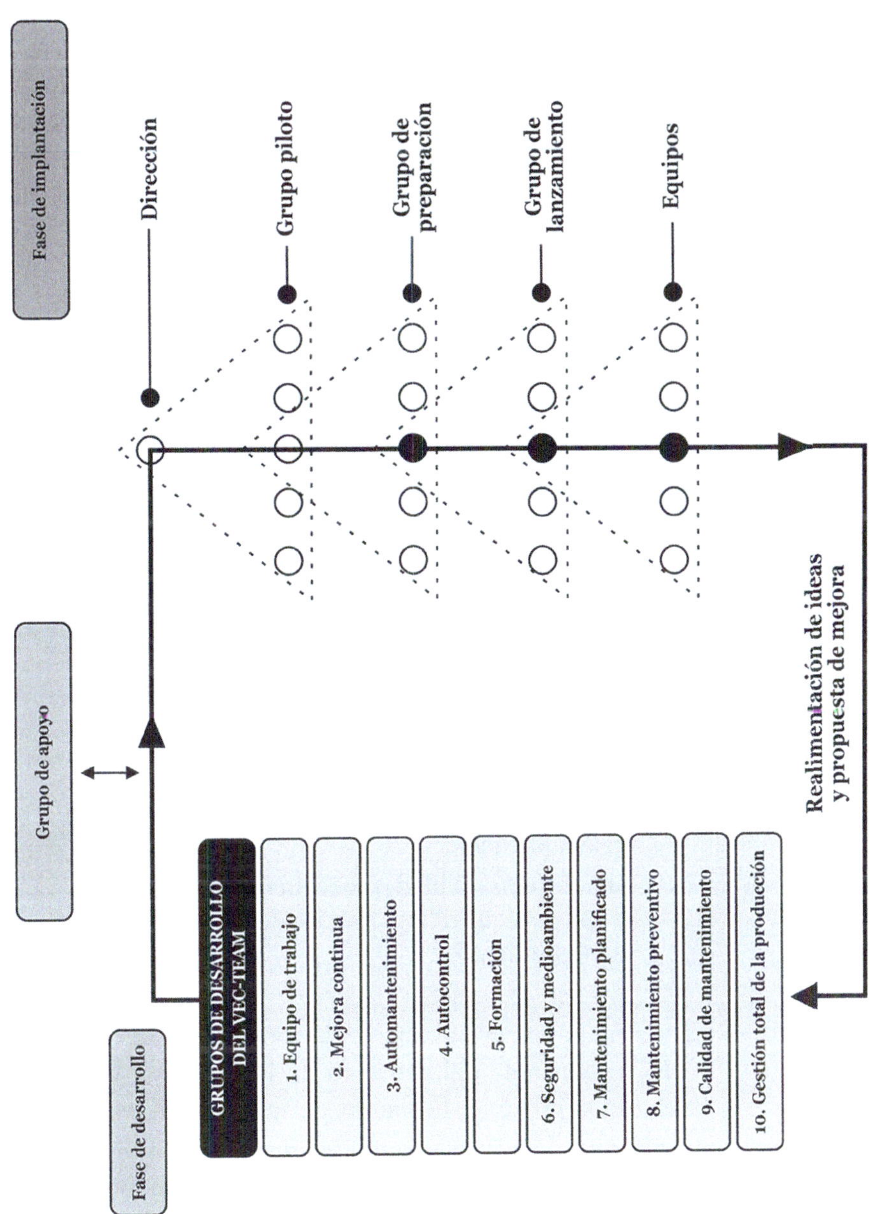
Fase de implantación
Dirección
Grupo piloto
Grupo de preparación
Grupo de lanzamiento
Equipos
Grupo de apoyo
Realimentación de ideas y propuesta de mejora
Fase de desarrollo
GRUPOS DE DESARROLLO DEL VEC-TEAM
1. Equipo de trabajo
2. Mejora continua
3. Automantenimiento
4. Autocontrol
5. Formación
6. Seguridad y medioambiente
7. Mantenimiento planificado
8. Mantenimiento preventivo
9. Calidad de mantenimiento
10. Gestión total de la producción

Cuando se trate de una empresa de grandes dimensiones, es muy importante que esta célula esté formada por varias personas que puedan dedicarse, en la práctica, al pilotaje y dinamización de cada una de las seis principales actividades del TPM. El piloto o responsable del proyecto TPM en la empresa coordinará estas actividades, y asumirá el desarrollo de las etapas de preparación del proyecto (etapas 2, 3, 4, 5 y 6) directamente y por delegación de la dirección.

Estos perfiles se elegirán no solamente por sus competencias técnicas, sino también en función de su capacidad para dinamizar equipos y personas. Pueden encontrarse entre los agentes técnicos de fabricación y mantenimiento que tengan suficiente experiencia en la empresa y, a ser posible, de mediana edad.

Este tipo de función debe integrarse en un esquema de progreso individual. Una animación y desarrollo con éxito de este tipo de proyectos debe dar lugar a reconocimientos tales como:

- Una preparación para puestos de responsabilidad en la fabricación.
- Una responsabilidad o coordinación de un grupo de técnicos en servicios de fabricación y mantenimiento.

El responsable del proyecto en la empresa, y en cada área, debe proceder al menos de la escala de mandos de producción (fabricación, métodos y mantenimiento), en el máximo nivel de la jerarquía del taller, y también debe ser reconocido y tener prestigio en el sector donde trabaja. Además, debe tener cualidades personales tales como la

NOTAS

de ser riguroso en el trabajo, tener carácter dialogante, ser animador de personas, técnico, etc.

Definición de la función de la célula

La célula de animación, pilotaje y aplicación, junto con la jerarquía, es la garantía del desarrollo del proyecto TPM y de su continuidad. Asegura las siguientes tareas:

- Informa y difunde el método en toda la organización.
- Extiende y valida las informaciones de resultados y los indicadores del TPM.
- Valida y difunde todos los documentos escritos relativos al método y publicaciones que traten del TPM.
- Elabora planes de formación y de perfeccionamiento y redacción de sus soportes.
- Da criterios para avanzar en cada etapa y en cada taller.
- Orienta, diseña y da seguimiento a un tablero de indicadores técnicos de cada taller, para su control y correcto desarrollo.
- Define contenidos generales de mantenimiento preventivo sistemático en sus diferentes niveles.
- Anima, da seguimiento de los niveles de intervención del mantenimiento preventivo sistemático.

Anima grupos de fiabilización, extendiendo la aplicación del ciclo PDCA para estructurar y resolver los problemas.

En una próxima etapa será quien enlace con los animadores del TPM de segundo nivel creados en cada taller. Estos asumen el rol de animador y piloto en dichos talleres junto con otra serie de tareas.

Es conveniente tener una **reunión mensual** de los diferentes animadores de fábrica, de taller, el jefe proyecto TPM, etc., para asegurar la homogeneidad de las acciones y solucionar los problemas que se presenten. Asimismo, conviene que el Comité Directivo se reúna **cada dos meses** como mínimo con dichos actores para recibir información de la marcha del proyecto TPM y para validar o tomar decisiones sobre las acciones presentadas. En la figura siguiente se muestra un ejemplo de planificación de reuniones para hacer el seguimiento del proyecto.

Fecha: enero 2025

Planificación del pilotaje del TPM

Reuniones/ fechas	Enero	Febrero	Marzo	Abril	Mayo	Julio	Julio	Sept.	Oct.	Nov.	Dic.
CD				4.ª sem.		4.ª sem.		4.ª sem.		4.ª sem.	
Comité de pilotaje y aplicación	4.ª sem. (martes)	4.ª sem. (martes)	4.ª sem. (martes)	4.ª sem. (martes)	4.ª sem. (martes)	4.ª sem. (martes)	4.ª sem. (martes)	4.ª sem. (martes)	4.ª sem. (martes)	4.ª sem. (martes)	4.ª sem. (martes)
Jefes dptos. con jefes de proyecto	3.ª sem.		3.ª sem.		3.ª sem.		3.ª sem.		3.ª sem.		3.ª sem.
Jefes de proyecto área con facilitadores y con los jefes de unidad	Todas las semanas para seguimiento de acciones de auditorias + automantenimiento + formación										
Jefes UT con operarios	Mínimo una vez al mes en las reuniones UT con un punto del orden del día sobre TPM										

NOTAS

Las características de un *management* para este tipo de función pueden ser las siguientes:

- Aptitudes generales:
  - Capacidad real de trabajar en grupo y de integrarse.
  - Capacidad de animar reuniones de trabajo para resolver problemas y de información y formación práctica.
  - Capacidad para presentar en una reunión un estado del avance del proyecto, resultados, síntesis, etc.
  - Ser capaz de integrarse en un equipo de proyecto con una autonomía mínima y una aceptación de criterios de referencia de equipo.
- Características prácticas:
  - Los proyectos se desarrollan en el terreno, por lo que hay una necesidad de trabajar en las líneas de fabricación y no en las oficinas.
  - Los proyectos necesitan un escalonamiento en el tiempo, por lo que hay que asegurar una dedicación de uno a tres años seguidos, sin desfallecer.

Programa de formación de la célula de pilotaje

El programa para formar a los miembros de la célula de pilotaje, aplicación y animación del TPM puede abarcar los siguientes apartados y debería desarrollarse en unos veinte días:

NOTAS

- **Metodología 1 (2 jornadas):**
  - La posición del TPM en el marco de la calidad total.
  - El método TPM a través de sus doce etapas.
  - La medida de indicadores del TPM.
  - La función del animador del TPM.
- **Práctica 1 (3 jornadas):**
  - Elección de un lugar piloto.
  - Análisis del sistema de medida de indicadores adaptado al lugar, así como de las ideas, técnicas y organización de dicho lugar piloto.
  - Lanzamiento de medidas de indicadores, así como ordenar su seguimiento a través de figuras o diagramas.
- **Metodología 2 (3 jornadas):**
  - Análisis del sistema de medida y sus indicadores y de las dificultades que se hayan encontrado.
  - Introducción a los métodos de resolución de problemas en los grupos de fiabilización.
  - El binomio mantenimiento-TPM.
  - Metodología para poner en marcha el automantenimiento.
  - Programas y gamas de automantenimiento.
- **Práctica 2 (3 jornadas):**
  - Identificar y evaluar las prácticas de mantenimiento sobre el lugar elegido como piloto.
  - Análisis de los problemas encontrados para elaborar un posible cambio de organización.
  - Identificar y evaluar problemas de las máquinas del lugar piloto para adaptarlas a su estado de referencia.
  - Elaborar un plan de puesta a punto técnica y evaluar su coste.

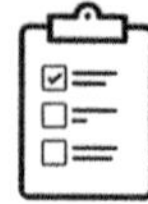

(continuación...)

› **Metodología 3 (3 jornadas):**

- Plan de formación de formadores y del *management*:
- Trabajo en equipo.
- Resolución de problemas.
- Liderazgo, etc.

› **Práctica 3 (4 jornadas):**

- Definición del programa de mantenimiento autónomo en nivel-1+2 de intervención sobre el lugar definido como piloto.
- Definición de las gamas de mantenimiento autónomo en nivel-1+2 de intervención.
- Definir el programa TPM del lugar piloto, expresando los costes y las ganancias en los indicadores previstos.

› **Sesión de síntesis conjunta (1-2 jornadas):**

- Exposición del proyecto por los miembros animadores de la célula de pilotaje.
- Presentación del programa y un contrato sobre cómo aplicarlo consensuado con los responsables del lugar elegido como piloto. A continuación se deberá generalizar la animación en la empresa identificando animadores de segundo nivel.

ETAPA 4: DIAGNÓSTICO DE LA SITUACIÓN O ESTADO DE LOS LUGARES

El objetivo de esta etapa es evaluar los puntos que se exponen a continuación mediante el reconocimiento, sobre el terreno, dentro de cada área de trabajo o taller:

- La situación del nivel de *performances* o características técnicas de los sistemas de producción.
- La organización del mantenimiento y de la explotación de los sistemas de producción.
- La amplitud y naturaleza del potencial de mejora tanto técnico-económico como organizacional.

Este diagnóstico debe:

- Describir una situación de partida en su totalidad.
- Permitir extraer del programa central (por ejemplo, el rendimiento operativo) opciones o apartados que permitan establecer un plan de acción detallado.
- El plan de acción global será pilotado y elaborado por el jefe del proyecto TPM y validado por la dirección.

Esta etapa es **fundamental** en el desarrollo del TPM y en la eficacia de los planes. Es conveniente trabajarla en dos fases mediante un diagnóstico.

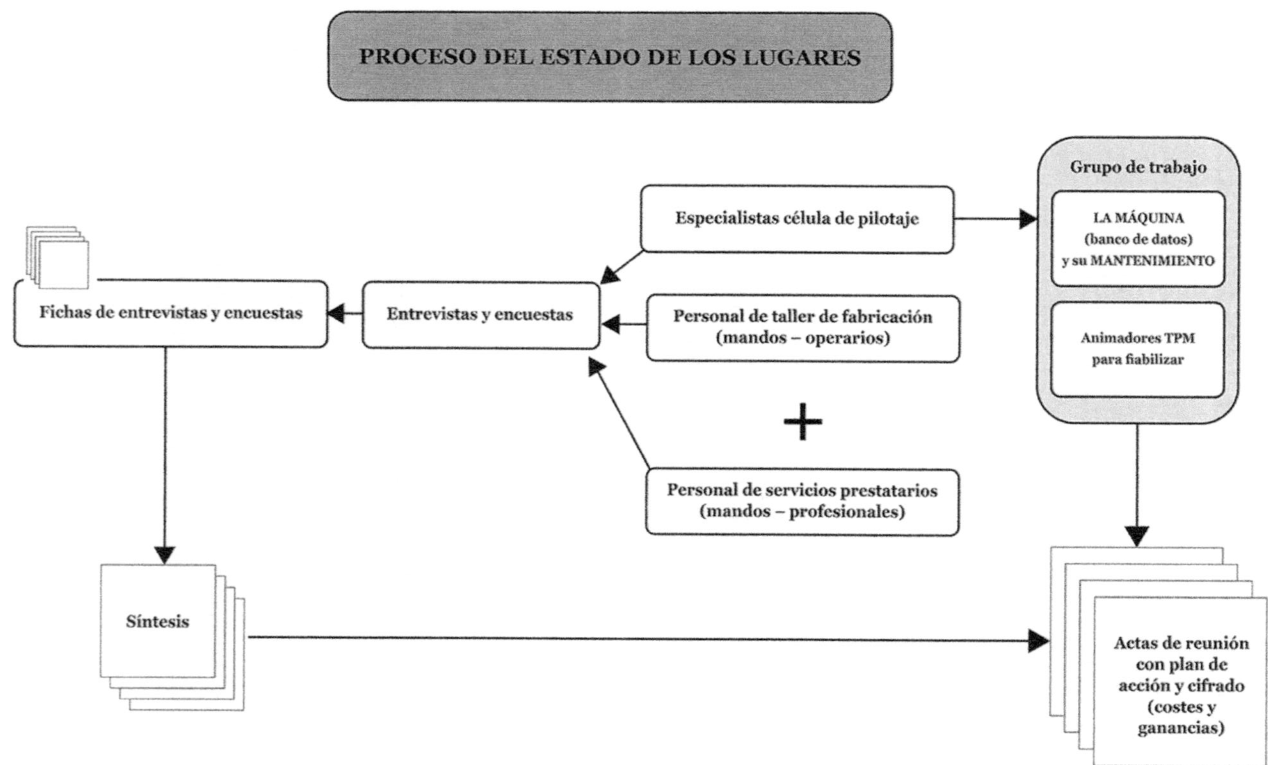
PROCESO DEL ESTADO DE LOS LUGARES
Grupo de trabajo
LA MÁQUINA
(banco de datos)
y su MANTENIMIENTO
Animadores TPM
para fiabilizar
Especialistas célula de pilotaje
Personal de taller de fabricación
(mandos – operarios)
+
Personal de servicios prestatarios
(mandos – profesionales)
Entrevistas y encuestas
Fichas de entrevistas y encuestas
Síntesis
Actas de reunión
con plan de
acción y cifrado
(costes y
ganancias)

Primera fase: el estado «técnico» de los lugares

NOTAS

Se puede profundizar en este apartado por medio de:

- **Un método de seguimiento de las paradas**
  Este sistema debe incorporar indicadores técnicos, de tal modo que un estado de los lugares cifrado facilitará, máquina a máquina, las causas de parada en número y en tiempo, permitiendo apreciar el tiempo real de funcionamiento de las instalaciones productivas. Es necesario recoger datos durante entre tres y cuatro meses para que la medida sea significativa.
- **Auditorías del mantenimiento**
  Se llevarán a cabo por medio de una recogida de datos que detalle los tiempos de intervención del mantenimiento en casos de avería. De estos datos podrá salir una nueva organización del mantenimiento con diferentes niveles de intervención. En la figura siguiente se puede ver un ejemplo de niveles de intervención aceptados en una empresa dedicada al mecanizado de piezas de automoción sobre líneas automatizadas.

PRIMER NIVEL TPM:
AUTOMANTENIMIENTO

- 1.ª intervención ante una incidencia (supervisa comportamiento de máquinas).
- Cambios y reglajes de herramientas - útiles
- Colabora con especialistas de mantenimiento
- Cuida y maneja la instalación y su entorno
- Realiza 1.er nivel de mantenimiento programado

SEGUNDO NIVEL TPM:
ESPECIALISTAS

- Especialistas electromecánicos
- Especialistas automatismos
- Primer diagnóstico y reparación
- Colabora con mantenimiento central
- Realiza 2.º nivel de mantenimiento programado

TERCER NIVEL TPM:
PROFESIONALES DEL MANTENIMIENTO

- Mantenimiento condicional
- Mantenimiento programado-nivel 3
- Intervención en la reparación de averías complejas
- Realiza propuestas de mejoras de máquinas

CUARTO NIVEL TPM:
TÉCNICOS DE MANTENIMIENTO

- Participa en nuevos proyectos de equipos
- Participa en la recepción y puesta en marcha
- Asegura el funcionamiento continuo
- Estudia mejoras y modificaciones
- Estudia y optimiza gamas de mantto. preventivo
- Control del mantenimiento contratado

QUINTO NIVEL TPM:
MANTENIMIENTO CONTRATADO

- Contrato de asistencia con fabricantes de equipos especiales y de alta tecnología
- Contrato de mantenimiento con empresas exteriores especializadas como ayuda a los niveles 3+4
- Contratos de formación específica

NOTAS

Segunda fase: el estado «organizacional» de los lugares

El desarrollo del TPM y el buen funcionamiento de los sistemas solo se aseguran con un análisis en profundidad de la organización y funcionamiento del departamento de fabricación. Para ello se precisa cierta información que se puede obtener mediante entrevistas individuales y encuestas anónimas.

Estas consultas deben realizarse a partir de preguntas-tipo que giren siempre alrededor de la cuestión:

¿Qué tipo de disfunción destaca usted en su tarea habitual? ¿Y en lo que le rodea?

La entrevista o encuesta puede durar aproximadamente una hora y siempre tendrá lugar de forma voluntaria. En ella deberían participar, a ser posible, los diferentes niveles de responsabilidad en el proceso de la fabricación.

Se puede adjuntar a cada disfunción una nota que represente la importancia de la misma con el fin de poder jerarquizar después los problemas que se vayan a tratar (un ejemplo de baremo sería: 1 = malo, 2 = aceptable, 3 = medio, 4 = bueno).

Este proceso se puede extender a los servicios que ayudan a la fabricación (mantenimiento, calidad, métodos, etc.), desde el punto de vista de mejorar las disfunciones de la fabricación tal y como los ven estos servicios prestatarios y viceversa.

En el **anexo I** se recogen los resultados de una encuesta organizacional y en la figura siguiente se ofrece un modelo de ficha de consulta sobre los aspectos técnicos en el puesto de trabajo de cada empleado. Las observaciones pueden resumirse en un modelo similar al que le sigue después.

RAZÓN SOCIAL:	ESTADO DE LOS PUESTOS DE TRABAJO OPINIONES DE OPERARIOS/ PROFECIONALES/TÉCNICOS	FECHA:

PUESTO DE TRABAJO	LÍNEA	OPERARIO ☐ PROFESIONAL ☐ TÉCNICO ☐

Indique los principales problemas que observa en su puesto de trabajo y que dan lugar a disfuncionamientos en las máquinas y a alargar las intervenciones. **Indique las ideas que tenga para mejorar su puesto de trabajo en los siguientes aspectos:** **–Calidad** **–Averías** **–Cambios de htas.** **–Falta de medios**	**AVERÍAS MÁS FRECUENTES E IMPORTANTES** **ASPECTOS DE MEJORA**
	PROBLEMAS DE CALIDAD MÁS FRECUENTES **ASPECTOS DE MEJORA**
	PROBLEMAS OBSERVADOS EN CAMBIOS DE HERRAMIENTAS Y CONTROLES **ASPECTOS DE MEJORA** **FALTA DE MEDIOS (documentación, recambios, formación, limpieza, etc.)**

	ETAPA 4: DIAGNÓSTICO DEL ESTADO DE SITUACIÓN	FACTORÍA: ÁREA: DEPARTAMENTO:

BIENES DE EQUIPO ANALIZADOS	OBSERVACIONES
Desenrrolladora doble y carro de carga	
1. Restos de etiquetas y placas en el suelo 2. Reglas de medida desenrrolladora rotas 3. Exceso de aceite en el suelo 4. Protecciones lado carro de carga golpeadas y sin pintura 5. Aceite en el suelo de bancada mandrinos 6. Pupitre de mando con pintura en mal estado 7. Cilindros hidráulicos de desenrrolladora con pintura en mal estado	
Grupo de lavado e introducción	
1. Rodillos escurridores 1 y 2 con restos de grasa 2. Rodillos cepilladora doble con restos de grasa 3. Pintura deteriorada en rodillos grupo de lavado 4. Adecuar cristales capota zona de lavado 5. Fuelle deteriorado de guía chapa rodillo de introducción 6. Cubo de plástico en mesa de introducción 7. Tijera para cortar fleje bobina apoyada en mesa de introducción 8. Fuga de aceite en grupo hidráulico 9. Rodillo desnervador sin reductor 10. Manómetros con cristal roto 11. Protecciones de mangueras eléctricas dobladas 12. Mangueras eléctricas fuera de sus protectores 13. Mangueras eléctricas sib protección por el suelo 14. Tubería neumátiva flexible de forma provisional 15. Depósito de lavado con huecos sin tapar 16. Grupo de refrigeración sin pintar 17. Pintura de tubería neumática en mal estado 18. Restos de flejes debajo del grupo de introducción 19. Armario eléctrico equipo de filtrado suelto	*Colocar papelera* *Tiene cubo para recoger el aceite* *Pendiente de repuesto*
Rodillos tractores	
1. Mucho aceite en el exterior de la línea 2 .Restos de grasa en los rodillos 3. Aceite en el suelo, lado de motor 4. Aceite por muro de foso bucle	
Rodillos cíclicos y prensa	
1. Mucho aceite en el exterior 2. Restos de grasa en los rodillos de alimentación 3. Apoyo motor alimentador sin pintar 4. Frente de prensa y posterior con trapos 5. Mal estado de pintura en suelo de mesas móviles 6. Suelo deteriorado lado mesas móviles y pillar 3F 7. Aceite por muro de foso bucle lado rodillos cíclicos 8. Aceite por laterales de prensa 9. Cables sueltos en puesto número 3 de prensa 10. Mangueras eléctricas sin prensaestopas en motores alimentador	*Salta al exterior cuando gira los rodillos cíclicos* *Operador se resbala al guiar la chapa* V.º B.º/jefe serv./depto.: Fdo.: Fecha: / /

Fechas de P.A.D.:	15/01/25	/ /	/ /	/ /	/ /	/ /	/ /	/ /	/ /	/ /	/ /

Conducir las actividades del diagnóstico empleando indicadores

NOTAS

Está claro que si se conoce una meta o destino y se planifica en la dirección y en el tiempo, se puede controlar y organizar todos los comportamientos de la empresa y de los procesos por medio del uso de sistemas retroactivos de información.

Para asegurar un trabajo en equipo debemos crear y definir unos indicadores que midan resultados y procesos en relación con unos objetivos(figura siguiente). Estos deben ser precisos y cuantificados con base en la experiencia y la tasa de aprendizaje de la organización.

INDICADORES DE RESULTADOS Y PROCESOS

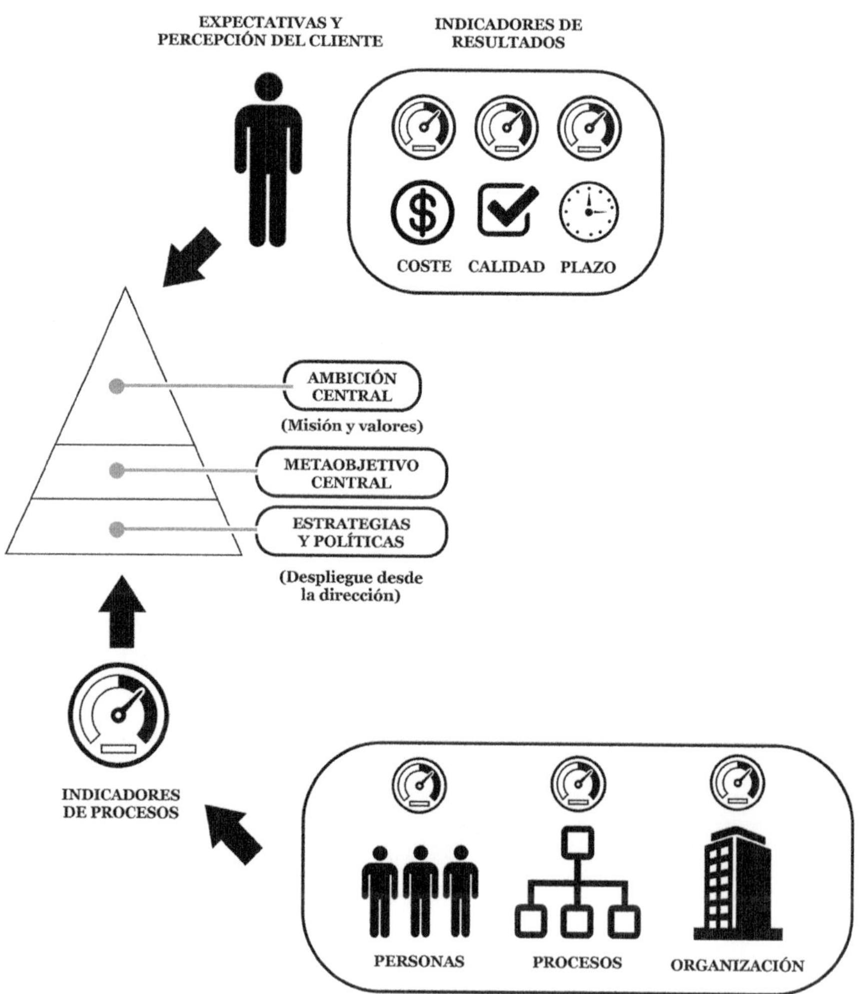

Como definición de **indicador** se puede dar la siguiente:

> Un indicador es un parámetro numérico que facilita la información sobre un factor crítico identificado en la organización, en los procesos o en las personas, respecto a las expectativas o percepción de los clientes en cuanto a coste, calidad y plazos.

Una vez identificados los indicadores en función de las actividades que se van a tratar en cada nivel para alcanzar los objetivos asignados, se pueden dividir en los cuatro grandes bloques de acción de la calidad total:

- Indicadores de calidad para medir el **cumplimiento** de las especificaciones del proceso, producto o servicio, de cara a satisfacer las expectativas del cliente.
- Indicadores de plazos para medir aspectos de la **productividad** de los procesos, el grado de servicio proporcionado al cliente por la cumplimentación de programas, niveles de *stocks*, rendimiento de las instalaciones productivas, tiempo medio de parada, tiempo medio de intervención, etc.
- Indicadores de costes para medir el **consumo** de los recursos en cada proceso, el rendimiento de la organización, el coste de obtención de calidad, el coste de mantenimiento, etc.
- Indicadores de animación y **motivación** de los empleados para medir aspectos relacionados con el clima social, como pueden ser los niveles de participación en las sugerencias, las horas de formación por empleado, los accidentes de trabajo, etc.

Como ya se ha mencionado, es conveniente disponer de un tablero en cada nivel del despliegue de objetivos y, por tanto, en cada unidad de proceso, que facilite el seguimiento de los resultados que se hayan alcanzado en períodos determinados. En la primera figura de abajo se muestra un ejemplo de un tablero de evolución de indicadores a nivel de responsables de áreas y procesos para el seguimiento de un proyecto TPM, el cual viene desplegándose desde el nivel 1 de la dirección (en la segunda figura se puede apreciar un modelo de despliegue en el nivel 3 de responsables de área).

INDICADORES DE SEGUIMIENTO DEL PROYECTO TPM

INDICADORES		MEDIA		RESULTADOS MENSUALES											OBJET.-2025
		2023	2024	ENE.	FEB.	MAR.	ABR.	MAYO	JUN.	JU./AG.	SEP.	OCT.	NOV.	DIC.	
Dominio de procesos y equipos	—N.º de paradas/1 000 piezas N.º de paradas 1 000/piezas/máquina Tasa de realización mtto. prev. programado —N.º de averías/1 000 piezas Índice de auditorías N0-N1														
Reducción costes	Coste total de mantenimiento (acumulado) % Costes correctivo/total (media) Coste mantto. correct. (acumul. en M-euros.) % de coste mantenimiento/valor activos														
Mejora continua	—Rendimiento operacional (medio) —Horas de mtto. preventivo programado N.º de problemas tratados % de problemas resueltos														
Implicación y dinamización de RR.HH.	N.º reuniones Comité TPM N.º intervenciones correctivas MOD N.º intervenciones mtto. programado MOD N.º intervenciones correctivas mantenimiento														

		LÍNEAS DE ACCIÓN																		
		Reducir costos globales			Dominio de procesos y de equipos				Gestión RR.HH.					Mejora continua						
Etapa afectada		Estudio y optimización de gamas y bonos	Reactividad a corrección anomalías - mejoras y aplicación de sugerencias	Operaciones ProBE	Auditar No y N1	Identificar puestos y competencias	Seguimiento de disfuncionamiento en LUP	Evitar paradas y minimizar su efecto por rigor en estándares y mtto. preventivo	Lanzamiento de bonos a taller de fabricación y planificar paradas semanalmente	Adhesión y rigor en los operarios	Seguimiento y pilotaje del TPM	Cumplimentar el cuestionario de disfuncionamientos	Animar sugerencias	Fiabilizar con prioridad a cuellos de botella	Realización acción SMED	Mejorar explotación SMED	Capitalizar mejoras y sugerencias oportunas	Plan de formación optimizado	Evaluación de competencias y plan de mejora	RESULTADO
9	Aplicar mantenimiento preventivo program.	X	X	X	X		X	X	X				X	X			X	X		Tasa de realización = 100 % IS >75 %
8	Aplicar el automantenimiento	X	X	X	X		X	X		X			X	X			X	X		Índice satisfacción auditorías N1=7,5
7	Análisis de NO-Ro		X	X			X	X				X	X	X	X	X	X			Ro medio F. motores 80,3
4-5	Diagnóstico del estado de los lugares			X		X	X	X				X		X		X			X	100 % puestos analizados
11	Capitalización experiencias en nuevos proyectos			X			X						X				X			>3 por línea
1,2,3	Implicación de la línea jerárquica y actores		X	X		X	X	X	X	X	X	X	X			X		X	X	Barómetro PAP ind. realidad = import. = 3,7
10	Formación en competencias					X										X		X	X	% Polivalencia = 60 %
		PMP optimizados >75%	Reducción coste de mtto. correctivo total > 10 %	Número de reuniones 7 = S/plan por línea	IS>7,5	100 % plantilla	% de problemas pendientes <10 % y 0 % con + 3 meses	N.º de paradas / 1 000 p = 3612 Tiempo medio paradas 6 min	N.º de bonos cumplimentados recibidos = 1	Disminución del número paradas / 1 000 p = 20 %	Número de reuniones = 1 mes	100 % actores	>6 por año	N.º de paradas / 1 000 p = 3612 Tiempo medio paradas 6 min	S/ plan reducción tiempo parada <6 min	Núm. de paradas no documentadas <15 %	>3 por línea	N.º horas / personas / año = 53	100 % plantilla	
		INDICADORES DE PROCESO																		

Algunas consideraciones sobre indicadores

NOTAS

Las **características** de un indicador son las siguientes:

- Ha de ser importante, es decir, referido a un aspecto significativo.
- Debe ser claro, medible y fácil de obtener.
- Tiene que ser fiable y lo menos subjetivo posible.
- Se han de implantar tantos indicadores cuantos sean necesarios para mantener una visión clara de la situación de la actividad o tarea que se va a controlar.

La **integración de indicadores** en los diferentes niveles de la organización de una compañía tiene las siguientes ventajas:

- Proporciona visibilidad e información por arrojar valores y tendencias.
- Facilita la prevención y el tratamiento de la mejora para lograr objetivos.
- Ayuda al *benchmarking*.
- Son motivadores si se utilizan adecuadamente.

Para que toda la organización disponga de un mismo vocabulario es conveniente tener **un glosario de indicadores** que comprenda su definición, objetivo, modo de cálculo, etc., como en el ejemplo de abajo.

TÍTULO DEL INDICADOR: ***Extensión del mantenimiento preventivo***

ABREVIATURA: ***C4***

OBJETIVO Y CONTENIDO TÉCNICO:

- Medir el volumen de trabajo de la organización del mantenimiento al aplicar el mtto. preventivo.

UNIDAD DE MEDIDA: *Adimensional (%)*

MODO DE CÁLCULO:

$$\frac{\text{Suma de horas de mtto. programado cargadas a la línea}}{\text{(Suma de h de mtto programado + suma de H.M.C.) cargadas a línea}}$$

Ejemplo:

En una línea de mecanizado se cargan a mtt. programado = 1 000 h de intervención sobre un total de 2 000

$$\text{La E.P.} = \frac{1\,000}{2\,000} = 50\ \%$$

PERÍMETRO DE LA MEDIDA:

- Organización empleada en la realización de las tareas de mantenimiento.

OBSERVACIONES:

- Indicador «C4» de la norma de indicadores de resultados de línea de producción.

RESPONSABLE DE LA INFORMACIóN

Servicio técnico

En el **anexo V** se muestran algunos ejemplos de indicadores organizacionales de gran utilidad para el seguimiento de la eficacia en productividad de un proyecto TPM.

NOTAS

Principios básicos de la fase de medición

Es muy importante disponer de un **banco de datos** de todo tipo de disfunción en un proceso (como puede apreciarse en el modelo de lista única de problemas en la figura siguiente) y de un sistema informático que facilite, en tiempo real, las paradas de los sistemas de producción y, por tanto, directamente, la evolución de los indicadores técnicos.

LISTA ÚNICA DE PROBLEMAS

N.º	OP.	FUNC.	TIPO	DESCRIPCIÓN PROBLEMA	F/D	F/R F/P	RESPONSABLE	
1344	130D	130D	FMD	Modificar planos de buses de control TI 612.	2/01		SAN	E
1345	140D	FAB	FMD	Máxima atención a limpieza puestos de fresado.	2/01	28/01	GAL	
1346	140D	FAB	FMD	Máxima atención a limpieza puestos de fresado.	2/01	20/01	SAN	
1347	140D	FAB	FMD	Máxima atención a limpieza puestos de fresado.	2/01	27/01	MA	
1348	130D	MET	OTR	Modificar ficha técnica adaptando el TI 612 al bruto. Pasante/no pasante	2/01		COR	E
1349	120TB	MET	OTR	Mecanizar 200 tapas para modelo K4M día 3/1/2025. Identificar.	2/01	3/01	PA	
1350	160D	FAB	OTR	Mecanizar 30 piezas MAPU hasta op. 180D inclusive. Una vez mecanizadas volver el mecanizado del TI 414 a punteado y llamado.	2/01	3/01	GAL	
1351	160E	MAT	FMD	Gestionar con Siemens defecto de pérdida de programa.	3/01	25/02	L.B.	
1352	150D	FAB	FMD	Máxima atención a limpieza puestos de fresado.	3/01	28/01	GA	
1353	150D	FAB	FMD	Máxima atención a limpieza puestos de fresado.	3/01	20/01	SAN	
1354	150D	FAB	FMD	Máxima atención a limpieza puestos de fresado.	3/01	28/01	MA	
1355	160D	FAB	OTR	Validar modos de funcionamiento.	3/01	5/02	CA	
1356	Pz161	MAT	FMD	Pérdida de programa.	7/01	8/01	L.B.	
1357	160	MAT	FMD	Observar fallos de retraso inicio ciclo husillos 3 y 4.	8/01	13/01	L.B.	
1358	170E	MAT	FMD	Puesta en servicio sistema precalentamiento cuba de agua.	8/01	9/01	L.B.	
1359	0	MET	FMD	Recepción del correcto funcionamiento de pantallas AIF en toda la línea.	8/01		BE	E
1360	150D	CGO	HER	Árbol de palier central con defecto de reglaje. Atención al montado de plaquitas. Debe ser verificado el ángulo de incidencia.	8/01	5/02	AM	
1361	130TB	MAT	OTR	Lunes día 13/01 se meterá con taladrina de red.	8/01	20/01	ME	
1362	0	FAB	OTR	Pedir taquillas personales para UETC.	8/01		C.A.	E
1363	170E	MAT	FMD	Verificar precalentamiento este fin de semana.	9/01	13/01	L.B.	
1364	170E	FAB	FMD	El viernes día 03/01/25 no quitar seccionador en turno de noche.	9/01	13/01	SAN	
1365	170E	MAT	FMD	Comunicar a responsable Sra. Herrera la limpieza cada tres semanas.	9/01	13/01	ME	
1366	130D	MAT	FMD	Modificar planos de guías según notas adjuntas. Referencias:W23483138; W234831837;W234831839.	9/01	13/01	ME	
1367	120D	CGO	HER	Montar contratuerca autoblocante para evitar desplazamiento axial del árbol (hacer extensible al resto de árboles).	9/01	13/01	AM	
1368	120D	CGO	HER	Revisión general de amarre placas y cartuchos.	9/01	13/01	AM	

TIPO

OTR= Otros
CAL= Calidad
HER=Herramientas
FMD= Fiabilidad- mantenibilidad
LUG= LUG
CAP= Capitalización
PRB= Probe
V5= Validación 5
BE= Estudios
SEG= Seguridad
MA= Medio ambiente

LÍNEA CABECERA

FUNC= Función
F/D= Fecha denuncia
F/P= Fecha prevista
F/R= Fecha realización

FUNCIÓN

MET= Métodos
FAB= Fabricación
CAL= Calidad
CGO= Centro reglaje
MAT= Mantenimiento
BRIG= Brigadas
MR= Miguel Ros
FDP G&L= Gidins
GH= Gehring
RA= Renault automation
LB= LAM-BI
MEC= Mecalix
SIT= Sietam
AG= Agullo
OMS= Omsat
EKI=Ekin

Este banco va a ofrecer las siguientes **ventajas**:

NOTAS

- Proporcionar a cada nivel afectado una formación e información de la explotación del sistema de medida.
- Establecer, en principio, la salida de datos con una frecuencia semanal y posteriormente, mensual.
- Establecer reuniones pluridisciplinarias dirigidas a estudiar y solucionar los problemas que se presenten con la explotación del sistema de medida.
- Identificar al animador de las reuniones.
- Conseguir una disciplina en la explotación del sistema para el retorno de información y datos técnicos. Es necesario conseguir una toma de datos fiable donde estén bien definidos los tiempos de estado.
- Respetar los horarios de toma de datos que se hayan establecido previamente.
- Es necesario crear un programa informático soporte para el control de los indicadores elegidos y directamente relacionados con el rendimiento operativo de las líneas de producción (figura siguiente).

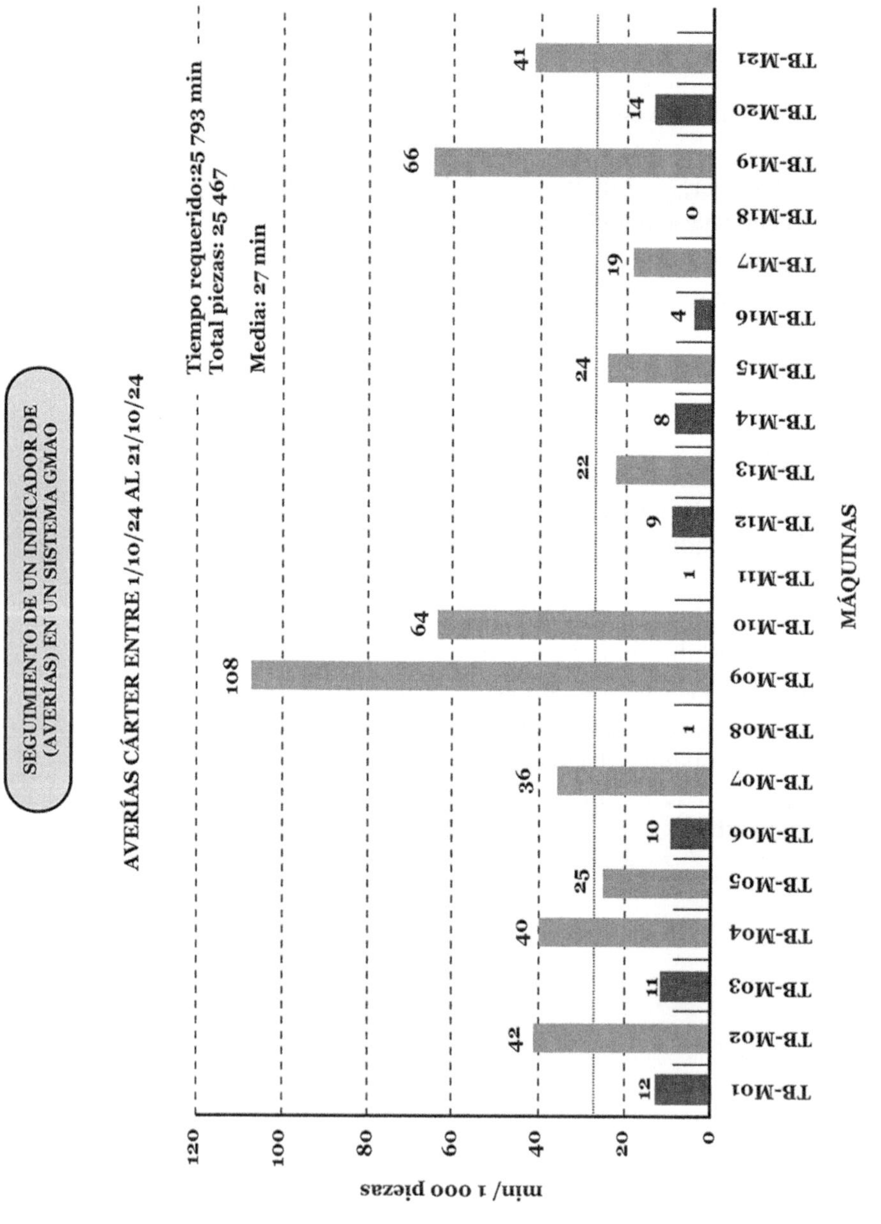

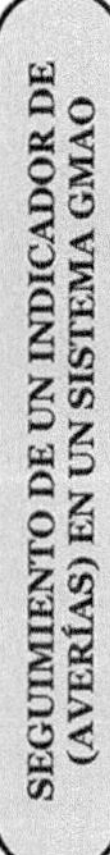

AVERÍAS CÁRTER ENTRE 1/10/24 AL 21/10/24

Tiempo requerido:25 793 min
Total piezas: 25 467

Media: 27 min

min/ 1 000 piezas

Máquina	min/1 000 piezas
TB-M01	12
TB-M02	42
TB-M03	11
TB-M04	40
TB-M05	25
TB-M06	10
TB-M07	36
TB-M08	1
TB-M09	108
TB-M10	64
TB-M11	1
TB-M12	9
TB-M13	22
TB-M14	8
TB-M15	24
TB-M16	4
TB-M17	19
TB-M18	0
TB-M19	66
TB-M20	14
TB-M21	41

MÁQUINAS

ETAPA 5: ELABORACIÓN DEL PROGRAMA DEL PROYECTO TPM

NOTAS

El objetivo de esta etapa es formalizar un primer plan de trabajo detallado en los aspectos técnicos, económicos y organizacionales, con un compromiso de desarrollo en el tiempo por parte de la célula de pilotaje de cada área o taller al que afecte.

El programa de la célula de pilotaje

Partiendo de las disfunciones técnicas y organizacionales que se identificaron en la etapa 4, es necesario asignar una acción y un responsable a cada tipo de problema, así como una carga de trabajo, calendario y, si es posible, un coste.

Programa

		Recursos estimados necesarios - previsiones						Seguimiento				
Temas	Acción	Organización	Carga	Indicadores		Planif. prev. sem.		Trabajo encom.		Planif. real		Indicadores realizados
			D/S	Actual	Objetivo	Comienzo	Fin	MOE	Materia	Comienzo	Fin	

NOTAS

Los programas se deben organizar alrededor del rendimiento operativo de cada línea de producción. Anteriormente se señaló esta expresión:

$$Ro = Do \times Rv \times Te$$

Partiendo de ella, se identificarían los elementos de esta expresión tanto en los aspectos de la organización como en la influencia sobre los indicadores técnicos de los medios de producción:

OBJETIVOS ALREDEDOR DEL RENDIMIENTO OPERACIONAL DEL PROCESO

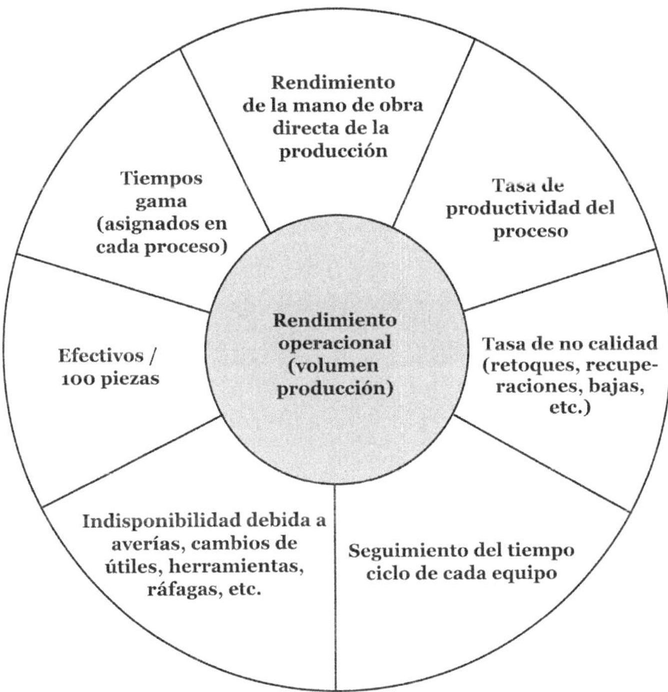

Asimismo, este programa debe contemplar acciones de progreso que sean transversales en todos los talleres, como por ejemplo:

- Planes de formación y de gestión de competencias.
- Planes de animación y comunicación.
- Gestión de almacenes y flujos.
- Acciones sobre disfunciones de los servicios prestatarios.

Debe quedar muy claro que «cada animador del proyecto TPM en un proceso o taller debe ser responsable directo del seguimiento y avance de las acciones que aparecen en el programa del taller a su cargo».

Línea: CÁRTER DE CILINDROS — **Fecha: 28/05/2025**

N.º	FECHA	N.º LUE/K/P	OP N.º	MAQ.	ACCIÓN Y MOTIVO	INDICADOR	GANANCIA INDICADOR	INVERSIÓN M de €	RENTABILIDAD	PLAZO	RESPONSABLE	SEGUIMIENTO	OBSERVACIONES
1	1-1-2024		107D	PT-002	Optimizar mecánica playa de carga y pórtico para mejora fiabilidad. Optimizar CNC y PLC, sustituir accionamientos y motores de ejes para racionalizar automatismos y recambios	Fiabilidad Dp		16,60		Agosto-2025	Vaticón	ADPI	Muy necesario
2	1-1-2024		120D	TB-01	Eliminar descargamento montando en su lugar un puestoautogiratorio en el transfer para completar fiabilización de máquina							BP	Es necesario
3	1-1-2024		160D	TB-05	Sustituir multiplicadores hidroneumáticos por centrales hidraúlicas	Calidad						BP	Es necesario
4	1-1-2024		110E	TB-23	Optimizar sistema alimentación casquillos para fiabilizar las paradas	Fiabilidad Mantenibilidad						BP	Petición de oferta y EDR
5	1-1-2024		180D	TB-07	Eliminar descargamento montando en su lugar un puesto autogiratorio en el transfer para completar fiabilización de máquina	Fiabilidad						BP	Necesario
6	12-11-2024		190E	CR-242 CR-243	Sustituir automatización neumática por P.L.C	Fiabilidad				Agosto-2025	Vaticón	SMC	Muy necesario
7	7-3-2025			CR-241	Acondicionamiento de área. Eliminación de *stock* superior camino de rodillos de 3 pisos salida TB. 12B	Fiabilidad Mantenibilidad				Agosto-2025	Vaticón	SMC	Necesario
8	7-3-2025			TB-9	Fiabilización de control integrado del ancho de palier central	Fiabilidad				Agosto-2025	Vaticón	Vaticón	
9	7-3-2025			TB-20	Incluir en línea módulo de control de estanque idad de bolas	Calidad				Agosto-2025	Vaticón	Vaticón	
10	1-1-2024		130	ME-333	Completar dotación de nuevos portaherramientas de cambio rápido unidad 071H. Solo existe un juego	Dp		3,00		Realización S22	Hernando	Vaticón	Muy necesario
11	7-3-2025		120E	TB-24	Retirar pulmón de tapas y preparar dispositivo para gestionar diversidad de tapa n.º 1	Fiabilidad				Agosto-2025	Vaticón	ADPI	Necesario

Redacción definitiva del programa

Es imprescindible elaborar el programa con una adhesión total de la línea jerárquica del taller o línea de producción que estén afectados. Este programa será específico para cada proceso y debe abordar, en particular:

- El **objetivo** del rendimiento operativo del proceso o línea de producción.
- El **calendario** para aplicar las acciones y obtener los objetivos previstos.
- Los **medios** de animación y pilotaje.
- Las **necesidades** de ayuda de los servicios prestatarios externos al proceso.
- La **evaluación** global de los costes de puesta a nivel o en estado de referencia de los equipos/instalaciones (la figura mostrada arriba).
- Un **balance** provisional global, cualitativo y cuantitativo.

La **organización participativa**, para lograr la adhesión que ya se ha reseñado, puede ser la siguiente:

NOTAS

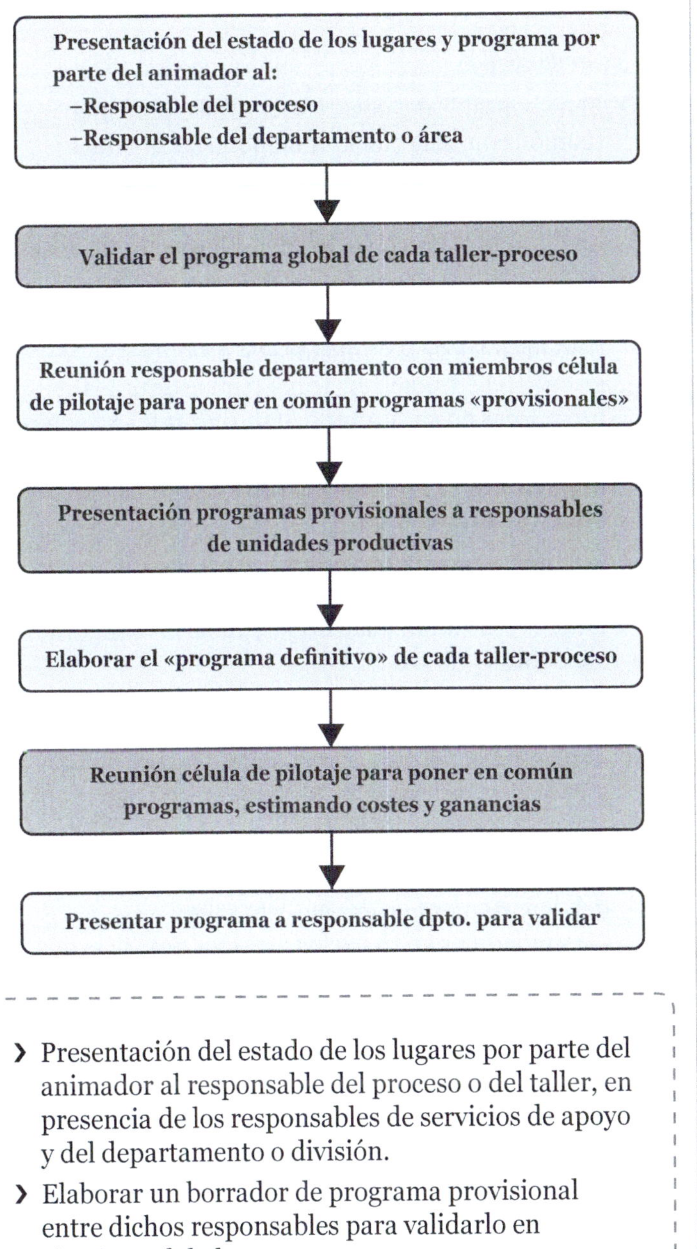

- Presentación del estado de los lugares por parte del animador al responsable del proceso o del taller, en presencia de los responsables de servicios de apoyo y del departamento o división.
- Elaborar un borrador de programa provisional entre dichos responsables para validarlo en términos globales.

(continuación...)

- El responsable del departamento efectuará una reunión conjunta con los miembros de la célula de pilotaje para poner en común y asegurar la coherencia de todos los programas provisionales de los diferentes procesos, talleres o líneas productivas.
- Presentación por el animador del estado de los lugares y de los programas provisionales a los responsables de las unidades de producción en sesión de trabajo en grupo para asumir los programas en su conjunto, jerarquizar las acciones y elegir la forma de trabajo y responder a las inquietudes y observaciones de los jefes de las unidades productivas.
- Con todas las observaciones y los planes de acción, construir el programa definitivo de cada taller (véase un modelo de programa en la figura siguiente).
- Poner en común, en una sesión conjunta de la célula de pilotaje, todos los programas, para que sean coherentes de acuerdo con las instrucciones del responsable del departamento o división y con sus planes provisionales.
- Presentar un programa definitivo al responsable del departamento para que este valide –evaluándolos en todos los aspectos posibles– los costes asociados y las ganancias que se obtendrán, bien en productividad, rendimientos, etc.
- Presentar el programa a la dirección de la planta, identificando los costes asociados y las ganancias posibles en términos de rendimiento operativo de cada proceso y de productividad de forma global, así como el potencial de ganancia sobre los costes de mantenimiento y de explotación de los sistemas productivos.

Recursos estimados necesarios-previsiones								Seguimiento				
Temas	Acción	Organización	Carga D/S	Indicadores		Planif. prev. sem.		Trabajo encomen.		Planif. real		Indicadores realizados
				Actual	Objetivo	Comienzo	Fin	MOE	Materia	Comienzo	Fin	
Etapa 7	Espacio TPM/Visualizar	Facilitador CU	8									
	Puesta a nivel del hidráulico de la prensa	1 AT mantto. 1 padre técnico		Consumo aceite	Consumo aceite/10			3 días prensa parada				
	y puesta a nivel del calentamiento fluido	1 AT mantto.		Nb defect.	0							
Análisis y eliminación de las causas mayores de disfuncionamiento según el estado del lugar	Defecto de la prensa	Facilitador 1 AT mantto. 1 AT fabricación 1 CU 1 profes. mtto.	2 h/s	Nb 10d	Nb 2d							
	Dossieres máquinas. Creación y puesta al día nomenclaturas, esquemas, dossieres micro gestión prensa. Creación y puesta al día procedimientos (conductas).	1 AT mantto. 1 AT métodos	40 h		Dossier al día							
	Optimización del cambio de fabricación Video Escritura de gamas Formación de operarios para el cambio de fabricación	Facilitador 1 AT mantto. 1 profes. utillaje 1 P2 fabricación	5h/q			16 sem.						

ETAPA 6: LANZAMIENTO OFICIAL DEL PROGRAMA TPM EN LOS PROCESOS, TALLERES Y SERVICIOS DE APOYO

El objetivo de esta etapa será el de informar a todo el personal de la planta del contenido y las formas de aplicar el proyecto TPM en cada proceso o sector que se haya delimitado.

Hasta esta etapa se ha explicado «lo que se debe hacer». A partir de esta etapa «se va a hacer ya de verdad». Por lo tanto, esta etapa marca el final de las reflexiones preparatorias, oficializando el comienzo de la verdadera aplicación del proyecto TPM sobre el terreno. Esta etapa se basa en explicar:

- La finalidad del programa que se va a desarrollar.
- Cómo van a aplicarse las acciones previstas.
- Cómo debe adherirse y comprometerse cada uno con esas acciones.

Durante el desarrollo de las etapas anteriores, el TPM era un asunto dirigido por los animadores de la célula de pilotaje y los mandos de fabricación y de mantenimiento. No obstante, es necesario hacer ver que el programa TPM debe ser un asunto de todos, por lo que todo el personal de la empresa debe verse afectado. Por ello es esencial poner en marcha **un plan de comunicación** alrededor de dicho programa. Esta comunicación debe dirigirse particularmente al personal del primer nivel (operarios de fabricación y profesionales de mantenimiento).

Este plan de comunicación estará asegurado por la línea jerárquica asistida por el piloto y los miembros de la célula de pilotaje (véase la figura siguiente) y puede tener unas tres horas de duración, con el siguiente contenido:

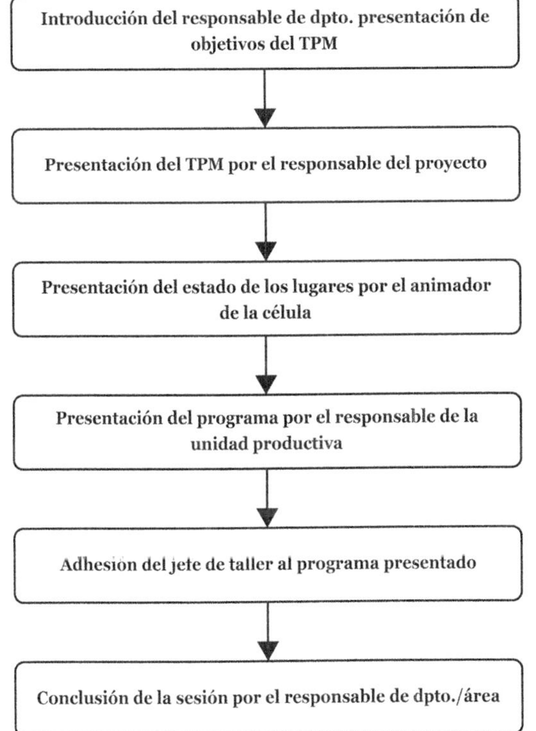

 NOTAS

- Intervención del responsable del departamento o división sobre los objetivos globales de la puesta en marcha del TPM en la empresa y en el departamento.
- Presentación, por el responsable del proyecto, de las fases y etapas del TPM, destacando el rendimiento operativo y todo lo que gira a su alrededor.
- Presentación, por el animador TPM, del estado de los lugares. Destaca la síntesis de entrevistas, encuestas sobre la organización y los valores obtenidos en el rendimiento operativo, identificando y jerarquizando las seis grandes pérdidas en cada proceso, y señalando los planes de acción.
- Presentación del programa por el responsable de la unidad de producción afectada, destacando la ayuda en los planes de acción que se vaya a recibir, la cual se habrá negociado con los servicios técnicos prestatarios o de apoyo.
- Adhesión del responsable del proceso o taller al programa, presentando las acciones técnicas que sea preciso realizar para la puesta en «estado de referencia» de las máquinas que conforman el taller o línea de producción.
- Conclusión del responsable del departamento con un apartado de preguntas y respuestas para todos los asistentes a la sesión.

El programa que se haya presentado deberá formalizarse sistemáticamente, así como actualizarse si fuera necesario. La firma de los principales actores responsables del proceso, área o departamento, definirá su compromiso. Asimismo, el comité de pilotaje, apoyado por la dirección, vigilará el buen desarrollo de este programa.

FASE II: APLICACIÓN DEL PROGRAMA REALIZADO

INTRODUCCIÓN A LA FASE II

NOTAS

Esta fase corresponde a las etapas 7, 8 y 9 y su objetivo común, como se ha señalado varias veces, es:

Obtener cero paradas, cero averías, cero defectos y cero accidentes.

Incluso este objetivo puede ser la meta u objetivo central del proyecto en algunas empresas que persigan un «nuevo comportamiento» en las personas hacia los equipos de producción.

Como definición de lo que es una avería o fallo se puede dar la siguiente:

Una avería o fallo es la pérdida de la función asignada a un componente o conjunto de un equipo de producción.

En este entorno, la avería o parada, sea por fallo o por accidente, significa que la persona es la causante de la misma.

Cuando se habla de «la persona» se está haciendo referencia a que no es uno, sino que son varios los posibles causantes del problema (operario, profesional, técnico, etc.). Por lo tanto, si el pensamiento y el comportamiento de cada una de esas personas cambiase para evitar el fallo, entonces sí sería viable el objetivo de «cero fallos».

Toda avería es una punta de iceberg, por lo que hay que conocer por qué quedan ocultos los fallos latentes (desgastes, holguras, vibraciones, etc.), anticipándose a que ocurra el fallo, gracias a la prevención y al rigor, cambiando el enfoque clásico de la resignación («los equipos se averían, ¡es inevitable!») por otro proactivo, según el cual «no permitiremos que los equipos fallen o se averíen».

Medidas para obtener «cero fallos y cero averías»

Las cinco medidas que nos pueden conducir a cero fallos serían:

1

Preparar las condiciones básicas de inicio o de referencia para cada equipo o sistema de producción:

- Limpieza.
- Reaprietes y ajustes.
- Engrase.
- Estándares de lubricación y limpieza.

2

Actuar con rigor para mantener las condiciones de uso:

- No sobrepasar los valores límites de carga, capacidad, etc.
- Respetar estándares del proceso (normas y procedimientos).

NOTAS

3

Restaurar los deterioros con rapidez:

- Aplicar normas de inspección diaria para chequear posibles deterioros y restaurarlos, si aparecen, con rapidez.
- Respetar las normas de control y sustitución de elementos o componentes.
- Aplicar con rigor los métodos de medición y predicción de fallos y defectos.
- Aplicar correctamente los métodos de reparación.
- Utilizar componentes estandarizados.
- Definir herramientas e instrumentos para un mantenimiento eficaz y rápido.
- Establecer normas de almacenamiento y distribución de piezas de recambio.

4

Mejorar los puntos débiles con medidas:

- Mejora de materiales y componentes.
- Modificaciones, etc.

NOTAS

5

Aumentar la capacidad técnica de los empleados (etapa 10, capítulo 5):

- Prevenir los fallos humanos.
- Normalizar y enseñar métodos de regulación, reglaje y reparación.
- Prevenir los fallos de reparación con métodos de análisis de causas de fallos.
- Medidas destinadas a facilitar el diagnóstico.

A continuación se pasa a desarrollar los criterios de aplicación de las etapas 7, 8 y 9 de un proyecto TPM. En cuanto a la etapa 10, se postpone para la fase III, que se verá en el capítulo 5.

ETAPA 7: IMPLANTAR LA MEJORA CONTINUA PARA LOGRAR LA MÁXIMA EFICACIA DEL SISTEMA PRODUCTIVO

El objetivo de esta etapa es poner en marcha métodos y sistemas que permitan el análisis de problemas en grupos de fiabilización, con el fin de:

- Eliminar las principales causas de disfunción de los sistemas de producción.
- Efectuar con rapidez ganancias de rendimiento operacional en dichos sistemas.

(continuación...)

- Mejorar los costes de explotación y mantenimiento de los sistemas productivos.
- Obtener la mayor adhesión posible de las personas al proyecto TPM por las realizaciones concretas que se hagan.

APLICAR SOBRE EL TERRENO UN PLAN DE PROGRESO CONTINUO A TRAVÉS DE LAS ACTIVIDADES DE LOS GRUPOS DE FIABILIZACIÓN Y DE MEJORA

Así pues, a partir de esta etapa ya se podría aplicar sobre el terreno una estrategia de progreso como una acción de **mejora continua** sobre los procesos, perfeccionando el rendimiento operativo de los sistemas y los costes de su mantenimiento y explotación.

Una de las condiciones necesarias para desarrollar con éxito una estrategia de progreso desde la dirección hasta las unidades de producción y servicios de apoyo es **dominar la incertidumbre**, para lo que es preciso:

- Fiabilizar todo tipo de disfunción relacionada con las seis grandes pérdidas de rendimiento de los equipos, como por ejemplo: problemas de aprovisionamientos, de sistemas informáticos de gestión, etc., siendo necesario crear **grupos de fiabilización** en todas las áreas y procesos de la empresa.
- Clarificar todo tipo de relaciones transversales para poder responsabilizarse cada uno de los planes de acción de mejora que se han de poner en marcha.

El campo de acción de un proceso de mejora continua contempla esencialmente diferentes análisis de los motivos de disfunciones en los procesos básicos. Así pues, la única forma de asegurar y mejorar una posición competitiva es aplicar en la compañía la mejora continua.

La dinámica de la mejora continua

En general, en la dinámica tradicional, la dirección, los responsables de funciones o áreas, responsables de procesos y de unidades de producción, con todos sus profesionales y operadores, se dedicaban de forma desigual a la innovación en los procesos y al mantenimiento de referencia de dichos procesos:

NOTAS

- El **progreso por innovación** estaba relacionado con los grandes avances técnicos y las inversiones en tecnologías y equipos. Se trataba de una tarea que debían desarrollar principalmente los directivos, técnicos y responsables de áreas de ingeniería de planta y de métodos de trabajo.
- El **mantenimiento de referencia** correspondía a las actividades dirigidas a mantener los estándares técnicos, de administración, de logística, etc. Bajo sus funciones de mantenimiento, la dirección y responsables de área se ocupaban de que todos los operarios, profesionales y administrativos de la compañía pudieran seguir los estándares fijados, para lo que establecían políticas, normas, procedimientos, etc. En cada proceso, el trabajo de un empleado está basado en conseguir los estándares fijados.

Sin embargo, en la dinámica del **progreso permanente** aparece como tarea central, y con la misma intensidad para todos los niveles de la organización, el mantenimiento de la **mejora continua** (figura siguiente). Esta última comprende todas las actividades dirigidas a mejorar los estándares y a eliminar las disfunciones en los procesos, y se transforma en un saber-hacer (*know-how*) convencional por el aprendizaje a través de la experiencia, y por una percepción personalizada de contribuir al progreso permanente a través de la mejora. Así, un operario comienza a ser más eficaz en su trabajo cuando empieza a pensar cómo mejorarlo a través de esfuerzos individuales (o de grupo) para optimizar las actividades y tareas de los procesos y reducir, de ese modo, todo tipo de despilfarro.

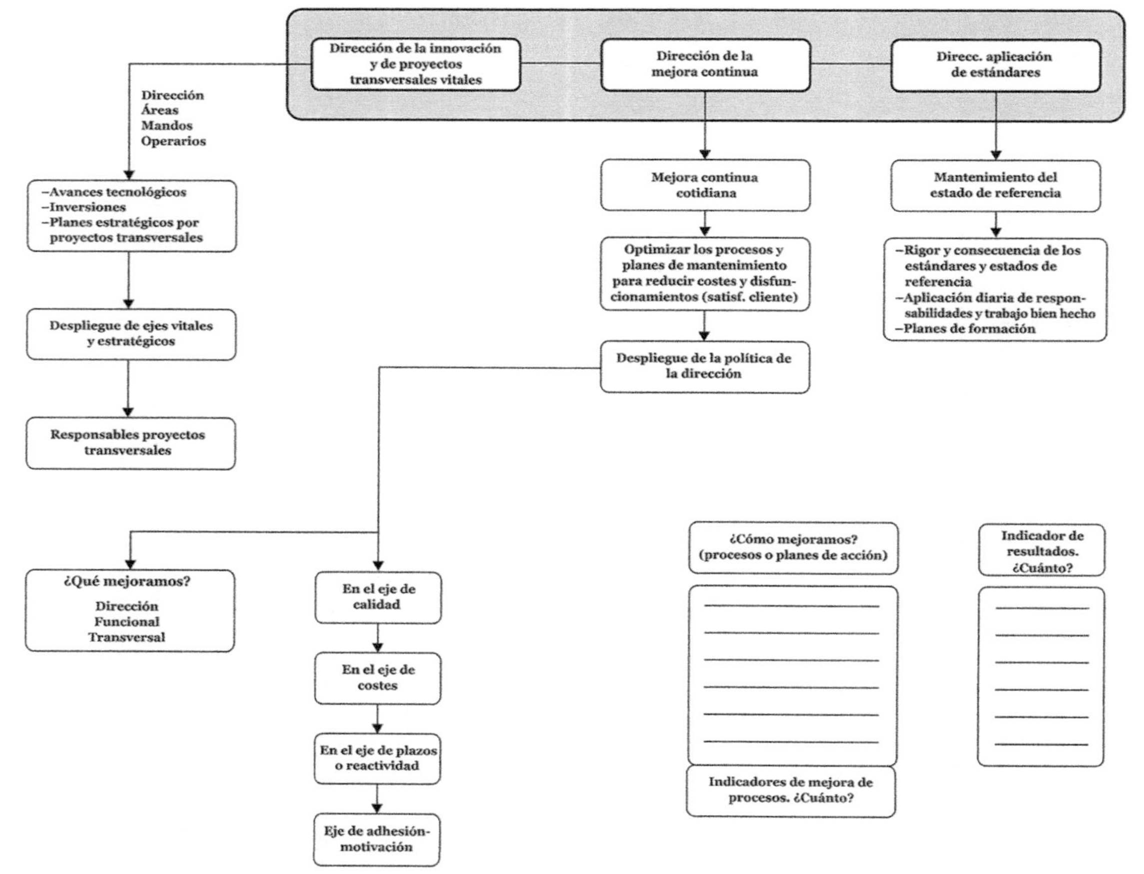
Dirección de la innovación y de proyectos transversales vitales
Dirección de la mejora continua
Direcc. aplicación de estándares
Dirección
Áreas
Mandos
Operarios
–Avances tecnológicos
–Inversiones
–Planes estratégicos por proyectos transversales
Despliegue de ejes vitales y estratégicos
Responsables proyectos transversales
Mejora continua cotidiana
Optimizar los procesos y planes de mantenimiento para reducir costes y disfuncionamientos (satisf. cliente)
Despliegue de la política de la dirección
Mantenimiento del estado de referencia
–Rigor y consecuencia de los estándares y estados de referencia
–Aplicación diaria de responsabilidades y trabajo bien hecho
–Planes de formación
¿Qué mejoramos?
Dirección
Funcional
Transversal
En el eje de calidad
En el eje de costes
En el eje de plazos o reactividad
Eje de adhesión-motivación
¿Cómo mejoramos? (procesos o planes de acción)
Indicadores de mejora de procesos. ¿Cuánto?
Indicador de resultados. ¿Cuánto?

NOTAS

En esta dinámica, la dirección de la empresa despliega la estrategia y la política de mejora en el contexto del proyecto, como se ve en la figura anterior, identificando(en el campo de la innovación) planes estratégicos que puedan desarrollarse en proyectos transversales como el TPM, con el fin de optimizar la organización, los costes, etc., además de las inversiones para mejorar procesos.

Por último, en el campo del **mantenimiento de estándares**, el directivo se ocupará de controlar y asegurar los estándares logrados a través de la mejora y extenderá en la organización el rigor en la consecución de dichos estándares y la responsabilidad en el trabajo bien hecho.

De esta forma, la tarea de la dirección va a estar enfocada, sobre todo, en los tres campos siguientes, como se ve en la figura de arriba:

- Dirección de la mejora continua **cotidiana** para optimizar procesos y sistemas, progresando en los cuatro ejes fundamentales: calidad, costes, plazos y personas.
- Gestión del **mantenimiento de referencia** de los *performances* y estándares obtenidos respecto a los equipos y procesos, así como en el funcionamiento de la empresa.

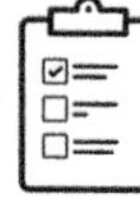

(continuación...)

- Organizar la empresa por proyectos transversales para optimizar ejes estratégicos vitales para la compañía, en cuyo progreso hay que avanzar. El TPM es uno de esos proyectos transversales que va a facilitar la aplicación sobre el terreno de esta **estrategia**, en el que destacan las actividades de los grupos de mejora y las sugerencias individuales y de grupo.

En la figura siguiente se muestra un ejemplo de eje estratégico vital para una compañía: mejorar la productividad un 12 % de mínimo anual partiendo de las orientaciones de la dirección general para mejorar los costes (escucha del cliente) y poder aumentar la penetración en el mercado.

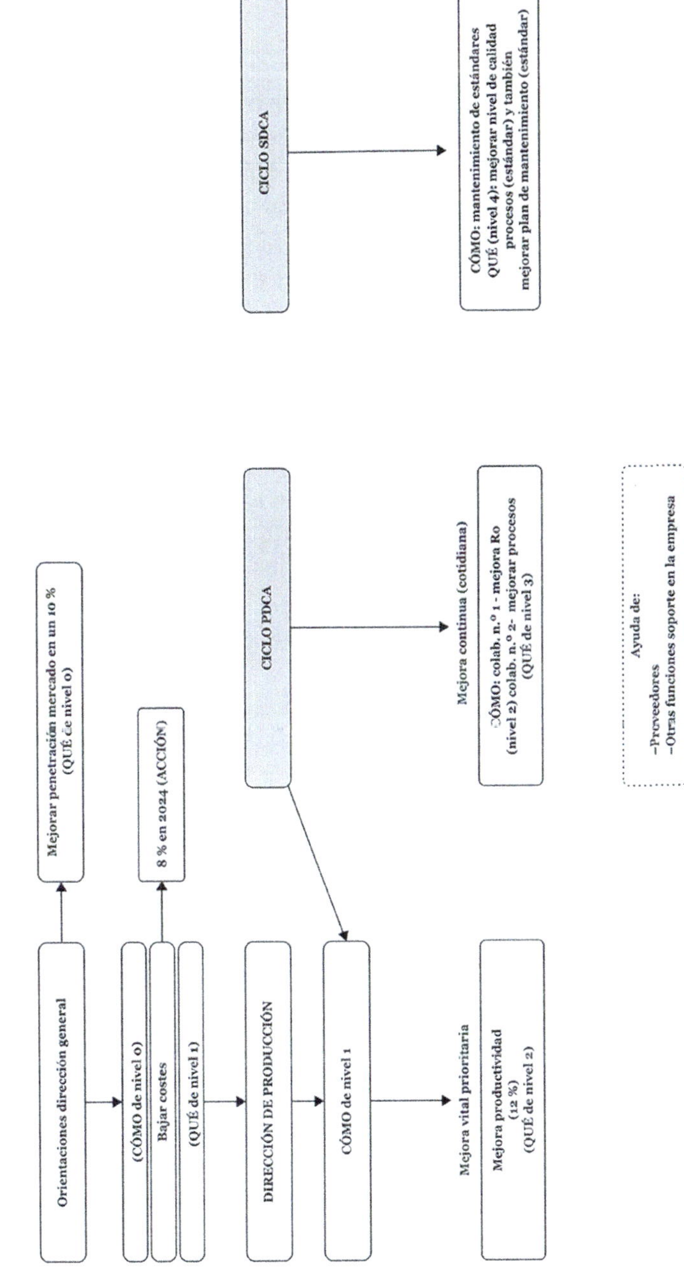
Escucha del cliente:
¿Qué dice el cliente?: precio del producto elevado
¿Cómo se manifiesta? : bajada de penetración en el mercado
Mejorar penetración mercado en un 10 %
(QUÉ de nivel 0)
8 % en 2024 (ACCIÓN)
Orientaciones dirección general
(CÓMO de nivel 0)
Bajar costes
(QUÉ de nivel 1)
DIRECCIÓN DE PRODUCCIÓN
CÓMO de nivel 1
Mejora vital prioritaria
Mejora productividad
(12 %)
(QUÉ de nivel 2)
CICLO PDCA
Mejora continua (cotidiana)
CÓMO: colab. n.º 1 - mejora Ro
(nivel 2) colab. n.º 2- mejorar procesos
(QUÉ de nivel 3)
Ayuda de:
–Proveedores
–Otras funciones soporte en la empresa
CICLO SDCA
CÓMO: mantenimiento de estándares
QUÉ (nivel 4): mejorar nivel de calidad
procesos (estándar) y también
mejorar plan de mantenimiento (estándar)

NOTAS

¿Cómo podemos asumir en el Comité de Dirección este eje estratégico?

Dicho comité debería decidir el desarrollo este proyecto transversal en la reunión anual en la que se diseñe el despliegue de objetivos. A él asistirán los responsables de las áreas productivas y de los servicios de apoyo, junto con el director de la compañía, y deberán partir del diagnóstico de la situación actual y llevar a cabo un debate mediante *brainstorming* y jerarquización de ideas.

Para hacerlo posible reagrupan todas las ideas, por ejemplo, sobre los cuatro ejes que aparecen en el figura siguiente y acometen el plan basándose en los tres ejes siguientes que vienen a continuación (figura posterior), con los recursos del presupuesto anual y el plan de inversiones previsto exclusivamente para las actividades de mejora:

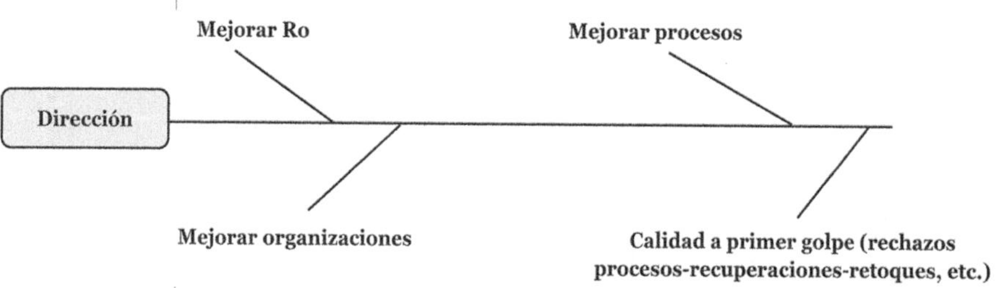

- **Primer eje**: mejora de las capacidades actuales de las líneas productivas (valores del rendimiento operativo) a través de la optimización del proyecto TPM en los próximos cinco años.
- **Segundo eje**: mejora del rendimiento de la organización (eficiencia en los efectivos disponibles y asignados a cada proceso).
- **Tercer eje**: mejora de los tiempos gama asignados a cada proceso.

Nombrado un jefe de proyecto, se forma el grupo o comité de pilotaje del proyecto en cada eje que, en la primera reunión y a través de un *brainstorming*, identifica los posibles campos de acción para lograr el objetivo.

DIRECCIÓN

EJE estratégico anual: mejorar la productividad un 10 % en 2024

Recursos:
–Presupuesto anual
–Plan de inversiones

Capacidades actuales de las líneas (rendimiento operacional)

Rendimiento de la organización (efectivos disponibles)

Tiempos asignados en gama a cada proceso

Identificar cuello botella en cada línea o proceso

Para cuello botella jerarquizar:
–Avería
–Cambios de útiles y herramientas
–Tiempos ciclo
–Tasa de calidad

Formar grupo transversal de fiabilización

Establecer plan de mejora continua

NO

Efectuar control y seguimiento

Objetivo alcanzado

SÍ

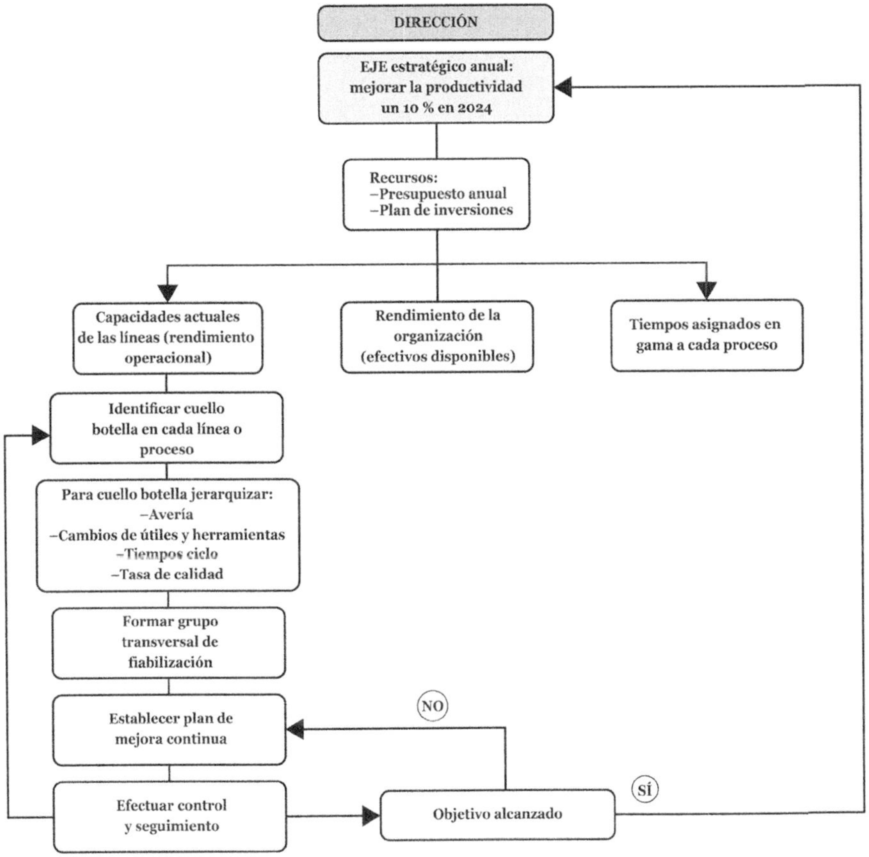

En la figura que se muestra a continuación, por último, se ha elegido el despliegue transversal desde el nivel 2 de la función mantenimiento:

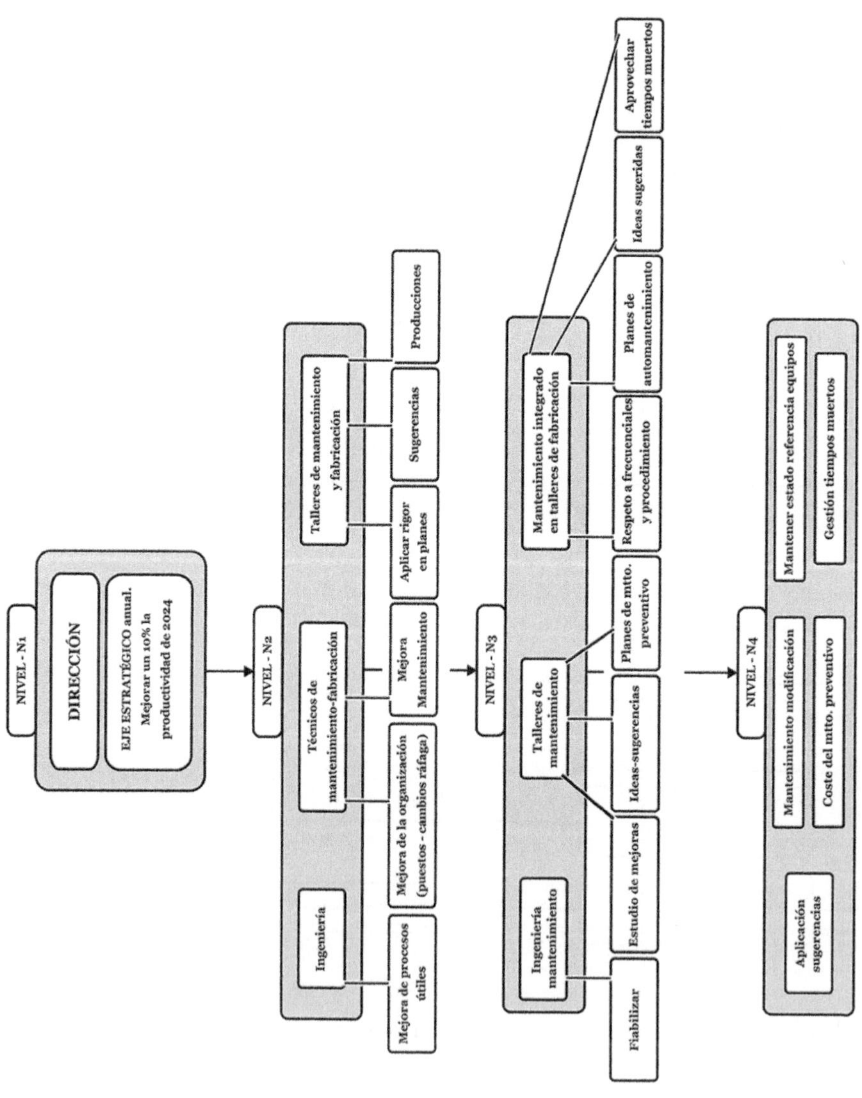
NIVEL - N1
DIRECCIÓN
EJE ESTRATÉGICO anual. Mejorar un 10% la productividad de 2024
NIVEL - N2
Ingeniería
Técnicos de mantenimiento-fabricación
Talleres de mantenimiento y fabricación
Mejora de procesos útiles
Mejora de la organización (puestos - cambios ráfaga)
Mejora Mantenimiento
Aplicar rigor en planes
Sugerencias
Producciones
NIVEL - N3
Ingeniería mantenimiento
Talleres de mantenimiento
Mantenimiento integrado en talleres de fabricación
Fiabilizar
Estudio de mejoras
Ideas-sugerencias
Planes de mtto. preventivo
Respeto a frecuenciales y procedimiento
Planes de automantenimiento
Ideas sugeridas
Aprovechar tiempos muertos
NIVEL - N4
Aplicación sugerencias
Mantenimiento modificación
Coste del mtto. preventivo
Mantener estado referencia equipos
Gestión tiempos muertos

NOTAS

ANÁLISIS DE PROBLEMAS Y DISFUNCIONES

Algunas consideraciones para el análisis de problemas en grupos de mejora

En primer lugar definamos que es un **problema**:

> Un problema es una desviación, prevista o constatada, entre una situación real y una situación normal o deseada, que corresponde al estado inicial o de referencia.

La resolución de problemas tiene una lógica de pensamiento, que es la siguiente:

1 Observar

El problema, en primer lugar, debe ser observado físicamente, lo que quiere decir que debe enfocarse acorde a términos teóricos, pues todos los fenómenos pueden explicarse teóricamente. Por ejemplo: el freno de mi coche no funciona correctamente.

2 Comprender

Al efectuar un análisis físico, se razona para comprender el problema, haciéndose preciso tener una visión del sistema en conjunto y responder a las preguntas siguientes:

NOTAS

- ¿Cuál es la misión o función del conjunto?
- ¿Cuáles son las condiciones necesarias y suficientes relacionadas con el fenómeno o problema del que se va a tratar?
- ¿Cuál es la variación de la medida en cantidad, aspecto, etc.?

Pero ¿qué debe entenderse por **condiciones necesarias**?

Las condiciones necesarias son aquellas sin las cuales el equipo no funciona.

Estas condiciones son muy importantes. Por ejemplo:

- El coche no frena correctamente por falta de líquido en el sistema de frenado.
- El cabezal portapiezas de una rectificadora dispone solamente de una correa de arrastre en lugar de las tres especificadas y necesarias.

Por otro lado, son **condiciones suficientes**:

Las deseables para que el equipo siga funcionando.

Estas condiciones son las que más deberían observarse, pues provocan constantemente pequeñas paradas por defectos, roturas de herramientas, reglajes o medidas, etc. Por ejemplo:

- En un cabezal portapiezas, las tres correas trapezoidales deben cumplir las siguientes condiciones suficientes:
  - Hay que reemplazarlas todas a la vez.
  - La tensión ha de ser uniforme en todas ellas.
  - Deben estar exentas de grietas y aceites.
  - Debe haber una correcta alineación entre el motor y el reductor.
- En mi coche, el líquido de frenos no debe bajar del **nivel mínimo** marcado en el recipiente.

3 Actuar

Para actuar hay que descubrir, en las fases de observación y comprensión, las causas posibles del problema por métodos deductivos en el análisis de su concepción.

Origen del análisis de problemas en grupo

La sistematización del análisis de problemas en grupo se basa en eliminar ciertos hábitos o comportamientos de la persona cuando trabaja de forma aislada. Estos hábitos, en general, son los siguientes:

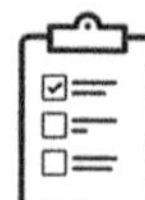

- No existe el hábito de utilizar el análisis teórico para resolver problemas, de forma que estos se mantienen como crónicos.
- Las causas importantes que tienen relación con el problema terminan desapareciendo.
- En muchas ocasiones se destacan causas que no tienen que ver con el problema, lo que alarga sus consecuencias y hace que se pierda el tiempo en planes de acción inútiles.
- En otras ocasiones no se conoce la estructura, mecanismo, función y composición de las piezas que tienen relación con el problema.
- No se conoce el proceso de fabricación en su totalidad y, por tanto, las causas fundamentales que originan el problema pueden atribuirse a una parte incorrecta del proceso.
- El análisis de las causas es insuficiente o la forma de abordarlas es muy superficial.
- En ocasiones el análisis está basado solo en las causas principales, y se tienen en cuenta solamente las que tienen mayor influencia en el problema. Se da un sesgo que desprecia las causas a las que se les presupone poca influencia.

Causas de los problemas crónicos

Si se observa la figura de abajo se puede apreciar que para reducir las paradas esporádicas o aleatorias «al nivel normal», se deben emprender acciones correctivas que eviten que se repita la causa del problema.

Sin embargo, para reducir las paradas crónicas hasta un «nivel límite objetivo», es necesario tomar medidas inno-

vadoras (mejorar), pues de lo contrario se verán las paradas como inevitables, con una cierta actitud conformista ante el problema. Estas medidas son las acciones verdaderamente importantes para reducir las pérdidas del rendimiento operativo de los sistemas, y sobre ellas deberán analizarse los problemas haciendo uso de grupos de fiabilización.

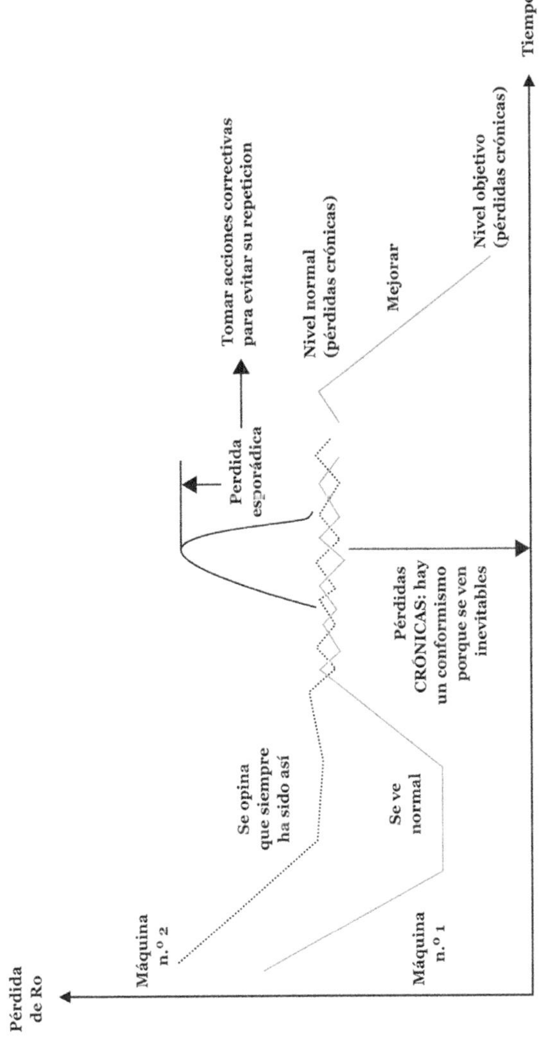

NOTAS

En la mayoría de los casos de problemas crónicos, la relación causa-efecto es difícil de determinar, ya que las causas suelen ser múltiples y, además, se combinan. Esto implica que, a pesar de tomar medidas, solucionar el problema puede resultar difícil.

En el caso de las causas múltiples, aunque exista un único problema, pueden darse numerosos factores que desencadenen tales causas y que, por si fuera poco, varíen según las circunstancias. Por lo tanto, desde el punto de vista de la prevención, no se puede olvidar que es necesario aplicar medidas correctivas a cada factor sospechoso de dar lugar a una causa de fallo, buscando de este modo mantener los equipos funcionando en condiciones normales.

En el caso de que se den causas combinadas, se superponen una serie de factores que, juntos, dan lugar al fallo. De esta manera, para cada aspecto que pueda considerarse una causa se deberá aplicarle una medida correctiva que busque solucionar el problema.

Al desarrollar esta etapa 7 del TPM se debe concentrar la atención, en:

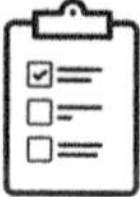

- Los fallos que provocan **paradas de larga duración**, que, en general, son aleatorios.

NOTAS

(continuación...)

- A continuación se deben tratar las **paradas de media y corta duración pero crónicas**, que surgen por el conformismo del operario cuando realiza su tarea diaria (polvo, suciedad, holguras, desgastes, virutas, óxidos, deformaciones, etc.).

Las paradas crónicas surgen por no tratar las paradas cortas causadas por pequeños problemas que están relacionados con el «control del conocimiento» (o la capacidad de actuar reflexivamente ante un fenómeno o problema físicamente conocido) ya que todas las paradas por fallos, defectos o averías se explican con leyes físicas simples.

En caso de descubrir un problema, hay que habituarse a juzgarlo de una manera precisa con los cinco sentidos (causa-efecto) y actuar reflexivamente. Por ejemplo, será difícil descubrir problemas si se hace un lavado automático de un coche. Sin embargo, si el lavado se hace personalmente, se descubrirá, mediante el contacto y la vista, rayaduras, óxido en la chapa, desgaste irregular en los neumáticos, etc.

Así, tras analizar físicamente el problema, hay que aislar cada condición que pueda causar el problema, explorando todas las posibles causas y contemplando el proceso de forma global si el problema fuese complejo.

Una pérdida de rendimiento operativo por parada crónica puede verse abandonada a su suerte porque:

- La causa se conoce y se dan las siguientes circunstancias:
  - Ya se han tomado medidas: no hubo éxito, no hay indicios de mejora, lo que produce la sensación de que falta apoyo mutuo entre las personas con distintas funciones.
  - Es imposible tomar medidas por falta de tiempo: y entonces se toman medidas improvisadas sobre la marcha.
  - No se toman medidas por falta de conocimientos o de competencias: en este caso, no se percibe la dimensión real de las paradas crónicas.
- La causa no se conoce.

Este último caso se comprende mejor con un ejemplo de un grupo de trabajo que analizaría problemas crónicos donde la causa se desconoce. El problema que trataría el grupo podría ser «la calidad en el mecanizado del bloque de motor sobre la cara de apoyo de culata», donde aparecen unas marcas en el fresado en acabado junto a los denominados taladros 503, 505 y 512.

Tras varias intervenciones y análisis, no se ha podido determinar ninguna relación causa-efecto, y el defecto se produce:

- De forma esporádica pero frecuentemente.
- Aparece y desaparece, en muchas ocasiones, sin intervención alguna.
- En cualquier estado de uso de la herramienta de fresar en la fase de acabado.

(continuación...)

- Con la máquina en frío o después de varias horas de funcionamiento.

Dadas las características del defecto, el grupo decide utilizar un método de ensayo y error. El grupo comienza a eliminar sucesivamente las posibles causas teniendo en cuenta los siguientes antecedentes para facilitar el diagnóstico:

- En el mes de noviembre de 2024, los técnicos de mantenimiento verificaron las holguras de la brocha o eje de fresado sin que se observaran desviaciones de su estado de referencia, y reemplazaron solamente los tornillos de la tapa del paquete de rodamientos.
- Tras esta verificación, al persistir el problema, se instaló una válvula reductora de presión en el circuito de bridaje de pieza para prevenir sus posibles deformaciones.
- Como el problema persistía, en la parada de la producción de las Navidades de 2024 el servicio de mantenimiento intervino en la caja de avances de la unidad de fresado. En concreto, eliminó algunas holguras existentes fuera de especificación en algunos ejes de arrastre de la cinemática de la caja, y cambió tres piñones satélites con sus correspondientes rodamientos por tener algunos dientes dañados.
- En esta misma fecha se verificó la holgura axial del conjunto tuerca-husillo de la unidad de fresado, apreciando que estaba dentro de la especificación.
- Al continuar el problema, en enero de 2025 se controló la rectitud de la regla superior de apoyo del bridaje de pieza, cambiándola por pasar de 0,2 mm, lo que mejoró el paralelismo de la cara fresada pero no la planicidad.

(continuación...)

- Se mecanizaron piezas con diferentes platos de fresar de forma continua y se cambiaron antes de su desgaste, subiendo y bajando presiones de bridaje a 80 y 50 bares respectivamente, cuando la referencia era de 65 bares. No se observaron variaciones en el problema crónico, por lo que el grupo decide solicitar a la dirección de diseño del producto un cambio en las tolerancias de planitud y paralelismo de la cara fresada hasta dar con una solución al problema.

Este es un ejemplo de un mala conducción del grupo de trabajo, pues va pensando sobre la marcha en las diferentes causas posibles del problema, abordando las causas estimadas que parecen más verosímiles pero siempre pensando en cada una de las operaciones afectadas y no en el proceso global de mecanizado del bloque de motor. Posteriormente y con un análisis físico total del problema, se decide dejar menos creces en la operación de desbaste, pasando a fresar en la operación de acabado en la que se producía el problema con unas creces que van de 1,6 mm a 0,8 mm, con lo que desapareció el problema de calidad.

GRUPOS DE FIABILIZACIÓN

Si analizamos las acciones tomadas en el eje de mejora del rendimiento operativo de los procesos productivos, la más importante es eliminar todo tipo de parada y disminuir los tiempos de intervención. Ello es posible por el desempeño de un grupo de fiabilización, caracterizado por ser un grupo multifuncional, formado por representantes

de todas las funciones involucradas en un proceso: fabricación, mantenimiento, técnicos de procesos (calidad, logística, ingeniería, etc.). En él se pueden mezclar varios niveles jerárquicos, incluyendo a los operarios del departamento de fabricación si fuera necesario.

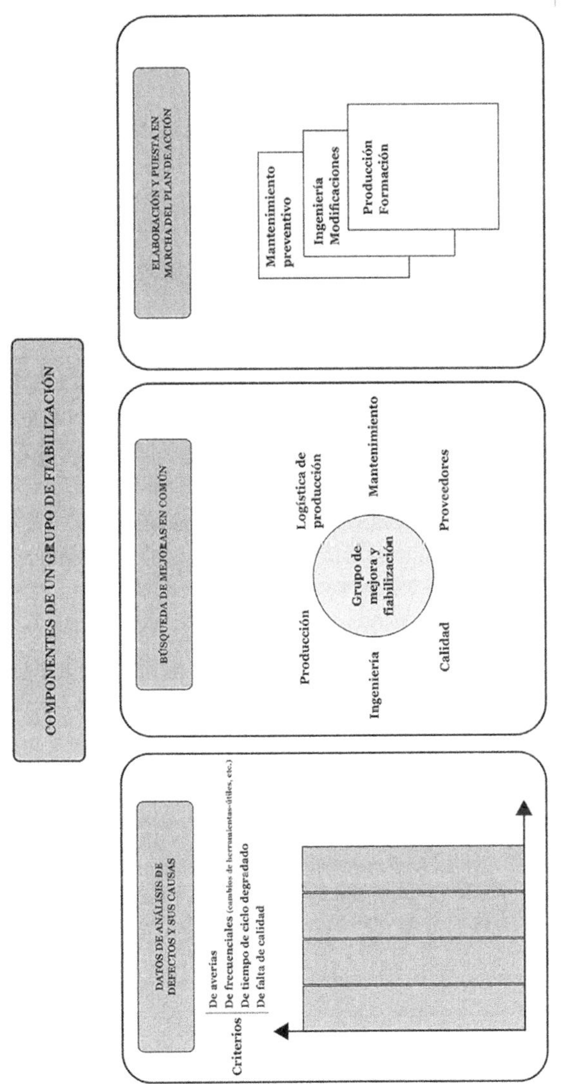

NOTAS

Estos grupos siempre tendrán un animador implicado y motivado que, en general, será el responsable del proceso que se va a fiabilizar. Asimismo, este animador tendrá las siguientes misiones:

- Informar a todos los miembros, en la primera reunión, de las reglas de funcionamiento como grupo y métodos que deberán emplearse para la resolución de problemas.
- Organizar la vida del grupo y definir la misión de cada persona que lo compone.
- Convocar y dirigir las reuniones realizando un informe y señalando responsables y fechas para acometer los planes de acción que haya decidido el grupo.
- Definir los objetivos y plazos que el grupo debe asumir apoyándose en las experiencias y en la situación de partida, con arreglo a unos indicadores bien identificados.
- Planificar las reuniones que el grupo va a tener.
- Asegurar el seguimiento de las acciones y de los objetivos.
- Recopilar los documentos y datos necesarios para cada reunión.

Objetivos de los grupos de fiabilización

NOTAS

Los principales objetivos de estos grupos son:

- Seguir, con la ayuda de una lista única de problemas, todo tipo de disfunciones que existan en los procesos y sistemas de producción para evaluar su posición respecto a los objetivos, interpretando los problemas para identificar las causas. Por ejemplo:
  - Disponibilidad operacional de una máquina que produzca embotellamiento en un proceso.
  - Rendimiento operacional de un proceso.
  - Tasa de falta de calidad de un proceso, etc.
- Informar para mejorar los procesos, apoyándose de indicadores intermedios de progreso. Por ejemplo:
  - Tiempo de funcionamiento medio de la máquina cuello de botella (TBFM).
  - Tiempo medio de parada de la máquina cuello de botella (TMR).
- Jerarquizar, preparando diagramas de Pareto (o «paretos»)[10] con causas de disfunciones por averías, incidencias, falta de calidad, etc.
- Preparar la animación y motivación de todos los implicados en los «procesos» para mejorar los aspectos organizacionales, de relaciones cotidianas, y los relacionados con la explotación y el retorno de información de todo tipo de intervención a todos los niveles.

10. Un diagrama de Pareto es un gráfico que permite visualizar los datos en orden descendente de izquierda a derecha y separados por barras.

(continuación...)

- Apoyarse en métodos clásicos y en las herramientas básicas de la calidad para resolver problemas, en particular en la práctica del método PDCA o rueda de Deming.

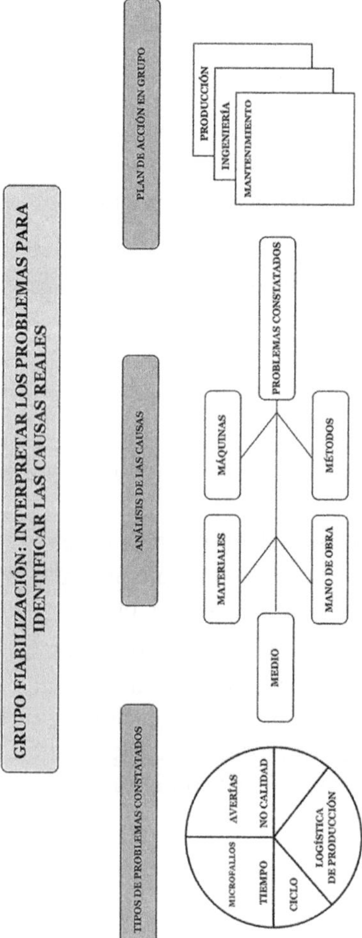

PDCA			ETAPAS
P PREVER	QUÉ	1	Elegir el problema.
		2	Diagnosticar y observar la situación actual del problema identificado por un indicador.
	POR QUÉ	3	Analizar las causas posibles y jerarquizar.
	CÓMO, CUÁNDO DÓNDE, QUIÉN	4	Proponer mejoras con ideas sobre las causas, con plazo y responsable de ejecución.
D APLICAR		5	Aplicar las mejoras seleccionadas.
C CONTROLAR		6	Controlar los resultados midiendo los efectos y comparar con previsión. Estabilizar la mejora creando nuevos estándares o instrucciones de trabajo.
A ACTUAR		7	Asegurar que se respeten las reglas y procedimientos y se mantiene la mejora en el tiempo.
		8	Hacer seguimiento fijando nuevos objetivos. Generalizar la mejora capitalizando experiencias.

El ciclo PDCA como herramienta de progreso para fiabilizar

En la primera figura de abajo se puede observar las etapas de un ciclo PDCA o rueda de Deming[11] que puede utilizar cualquier tipo de grupo de fiabilización y de mejora con el fin de progresar una vez que aparece un problema.

Cuando un empleado, sea cual sea su función y categoría en la empresa, encuentra un problema al aplicar los estándares en su tarea, tal problema se cuantifica, se analiza, se identifican sus causas y se proponen soluciones, fijando nuevos

11. El ciclo PDCA incluye cuatro fases: (P)lanificar, (A)plicar, (C)ontrolar y (A) segurar/Ajustar.

NOTAS

estándares más ambiciosos. Por tanto, un ciclo PDCA que persiga analizar problemas y planificar acciones arranca de la fase de control diario (C) de un ciclo SDCA[12] en el proceso de mantenimiento de estándares (segunda figura).

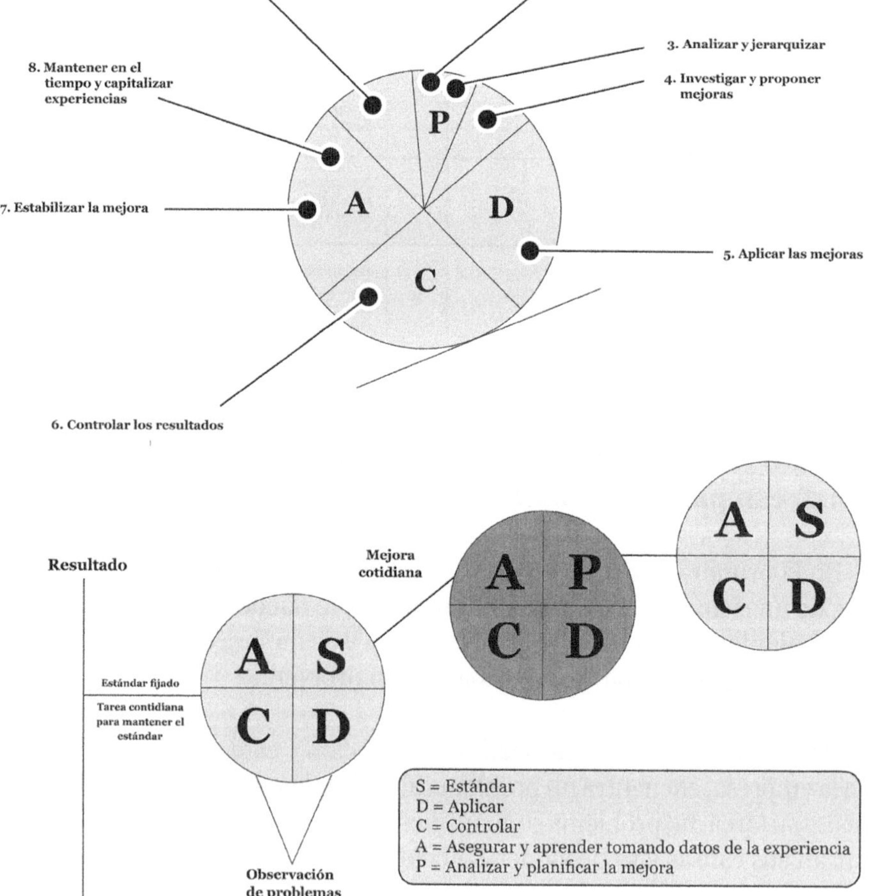

12. Un ciclo SDCA incluye cuatro fases: €stándar, (A)plicar, (C)ontrolar y (A)segurar/Ajustar.

Los problemas críticos que aparecen en las experiencias diarias en las fases de la aplicación (D) y control (C) de la tarea diaria, se deben asumir en los niveles correspondientes para mejorar, partiendo de una política de objetivos que provenga de los directores y de una planificación y despliegue de esa política aplicando ciclos sucesivos del PDCA.

Hace años, Ishikawa ya opinaba que la esencia de la calidad total reside en aplicar repetidamente el ciclo PDCA hasta conseguir los objetivos y metas que se hubiesen fijado.

Niveles del ciclo PDCA

Una vez fijados unos objetivos de fiabilidad, mantenibilidad, disponibilidad, etc., el PDCA puede ser una buena herramienta de gestión del progreso continuo en dichos indicadores o *performances* de un sistema. Sin embargo, en ocasiones existirán dificultades para completar un ciclo PDCA, bajo el argumento de que es una herramienta compleja de utilizar, sobre todo en el ritmo de trabajo diario.

Para evitar esta sensación de complejidad se pueden establecer diferentes niveles de aplicación que dependerán de si el control de mejora de objetivos se hace de manera diaria, semanal, mensual o anual, de tal manera que los diferentes niveles jerárquicos de la organización sean los responsables de dinamizarlo:

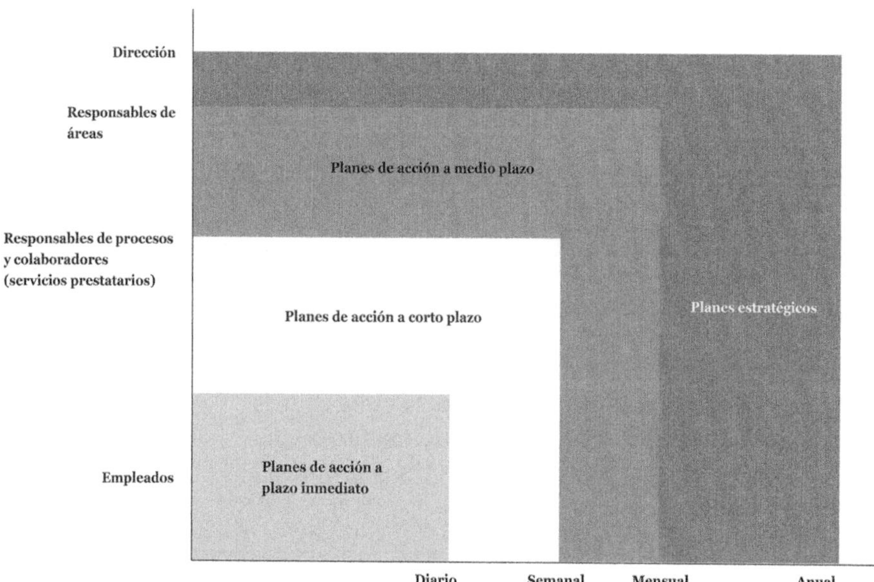

1 Nivel de aplicación bajo

Todo se decide en función de la necesidad inmediata. Esta forma de tratar urgencias a diario, con pocas verificaciones y análisis, conduce a que los planes de acción sean de ejecución inmediata.

Sin embargo, el aspecto positivo es que se anima a todos los empleados a ser reactivos y resolver pequeños problemas con urgencia. Si estos se repiten, tenderán a pensar en mejorar o eliminar el problema mediante reuniones de nivel superior.

NOTAS

2 Nivel medio-bajo

Existen planes de acción a corto plazo (semanal), aunque no sean muy numerosos. Por ejemplo: el análisis diario de las disfunciones o averías de una unidad de producción para apreciar desviaciones en los resultados obtenidos en la jornada anterior.

La fase de control del ciclo PDCA es muy suave y los empleados afectados tienden a pensar que no hay tiempo para analizar bien los problemas, por lo que estos análisis se limitan a ser simples opiniones de los participantes en la reunión diaria. Las soluciones se dan por impresiones y experiencias.

Por otra parte, lo que tiene de positivo que en este nivel, en ocasiones, se comienza a practicar un ciclo PDCA completo.

En algunas empresas se le denomina a este nivel de análisis «la hora del progreso» porque supone un punto de encuentro de la organización sobre el terreno (operador de fabricación, profesional de mantenimiento, técnicos de procesos y calidad, responsables de unidades de producción/servicio) con el fin de reflexionar sobre las acciones que se tomaron el día anterior pensando a largo plazo.

Solamente así, con perspectiva de futuro, se puede pensar en lo que hay que hacer mañana. En este tipo de reuniones se crean estrategias simples (planes de acción sobre las disfunciones y fallos del día anterior) aprovechando las oportunidades que ofrece la realidad de las experiencias vividas y, por tanto, el aprendizaje sobre los fracasos. A continuación se muestra un acta de reunión de este tipo de encuentro para progresar.

ANÁLISIS DIARIO PÉRDIDA DE PRODUCCIÓN Y Ro

GRUPO DE TRABAJO

Inf.:

CA
GA
HE
ME
GA

L.B.
MO
AM

PA
SAN
MA
BEN

Asistencia a reunión: Hernando Galán, P.; Maestro Dorrio, L.; Méndez San Juan, D; López Amor, A.

Objetivo piezas: 1 350
Piezas buenas día: 1 404

OBJETIVO CHAT: 1,5
PIE. CHATA. DIA F: 3
% CHATARRA DIA F: 0,21

PARADAS CON INCIDENCIAS EN LA PRODUCCIÓN

Ver parte del día, justificación de pérdidas

PLANES DE ACCIÓN

N.º	OP	FUNC	Tipo	Descripción problema	F/D	F/P	F/R	Responsable
1278	160D	RA	PRB	Defecto conjunto husillo-tuerca de avance unidad 102. Pérdida de bolas. Avería repetitiva en diferentes unidades de máquina	21/11			RE
1279	160E	MAT	FMD	Programar formación para central NOVOTECNIC Monitor L. Maestro	21/11			CA
1280	160E	MAT	FMD	Preparar carteles señalizadores de alarma	21/11			ME
1281	120D	MAT	FMD	Instalar variador en unidad 041H para pruebas de herramienta	21/11			L.B.
1282	120E	MAT	FMD	Modificar ciclo mecanizado unidad 071 para pruebas de herramienta	21/11			L.B.
1283	160E	MAT	FMD	Reclamar repuesto enconder Rf. R100019889	21/11			RE
				Lunes día 09/12/2024. Reunión seguimiento máquinas con peor Dp. A continuación reunión LUK. Se ruega asistencia de todo el GTMC				

3 Nivel de aplicación medio

Se reflexiona semanalmente, y en grupo, tomando como base los indicadores relacionados con el funcionamiento de los sistemas de producción a partir de los datos y figuras disponibles. Por ejemplo: evolución de la disponibilidad de

NOTAS

la máquina que hace un embotellamiento en una línea de producción a lo largo de la semana, evolución del rendimiento operativo de la línea, de la tasa de falta de calidad, de las devoluciones de clientes, etc.

Los participantes en las reuniones de este nivel comienzan a practicar ciclos PDCA completos, pues se emprenden planes de acción (qué hacer), se responsabiliza de su ejecución a un participante en la reunión (quién, cómo, cuándo), se controla en la siguiente reunión y se mantiene el rigor del plan para evitar que se repitan los problemas que se han tratado.

En algunas empresas, a este grupo de nivel de análisis de problemas se le denomina «grupo de fiabilización» en su sentido más puro. A continuación se muestra un plan de acción de estos grupos.

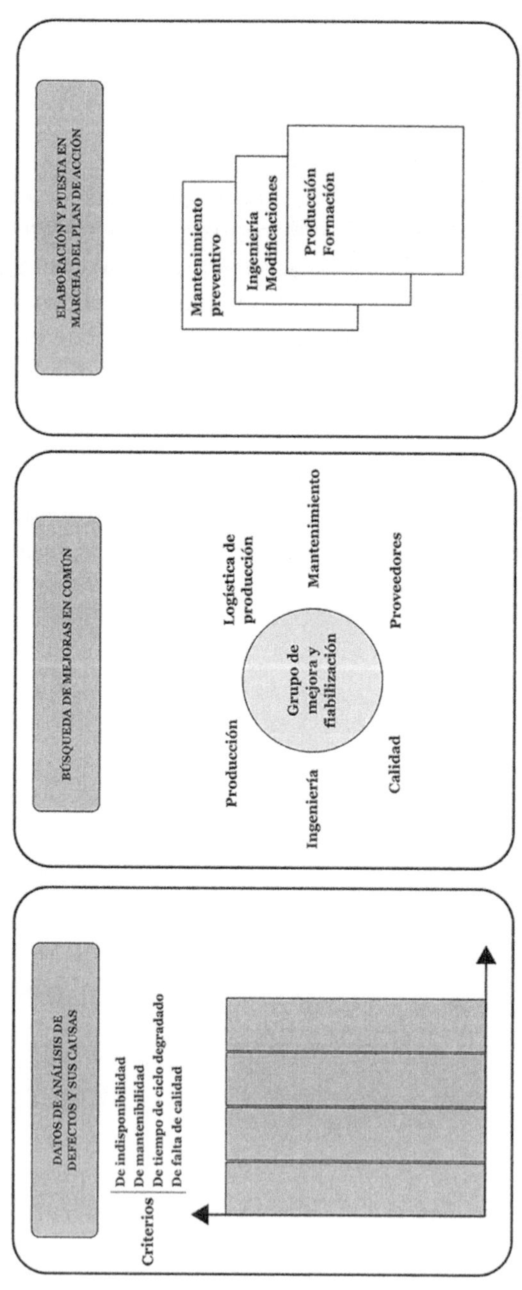
PLAN DE MEJORA
DATOS DE ANÁLISIS DE DEFECTOS Y SUS CAUSAS
Criterios
De indisponibilidad
De mantenibilidad
De tiempo de ciclo degradado
De falta de calidad
BÚSQUEDA DE MEJORAS EN COMÚN
Producción
Logística de producción
Ingeniería
Grupo de mejora y fiabilización
Mantenimiento
Calidad
Proveedores
ELABORACIÓN Y PUESTA EN MARCHA DEL PLAN DE ACCIÓN
Mantenimiento preventivo
Ingeniería Modificaciones
Producción Formación

NOTAS

4 Nivel medio-alto

Se trata, en general, de reuniones mensuales para discutir y analizar asuntos de todo tipo, como los siguientes:

- Problemas organizativos (evolución de la implantación del TPM, evolución del mantenimiento preventivo programado y del automantenimiento, recursos disponibles, etc.).
- Problemas de calidad en máquinas que producen un embotellamiento de la producción por averías y degradaciones de los tiempos de ciclo, evolución de los *stocks*, etc.
- Lanzamiento de un nuevo producto (modificaciones del producto, etc.).
- Desviaciones de costes (analíticas de productos, mantenimiento, etc.).

Se parte de histogramas, jerarquización por paretos y se elaboran diagramas causa-efecto para cada problema importante que ha tenido que tratarse en este tipo de reuniones. A partir de ahí se elaboran planes de acción completando el ciclo PDCA.

En algunas empresas se le denomina a este grupo de nivel de análisis «grupo de trabajo para la mejora continua», cuya composición es transversal y bien definida para cada proceso o línea de producción, con un programa de reuniones planificado, y conducido por el responsable de dicha línea.

5 Nivel de aplicación alto

En estos niveles, más que problemas cotidianos, las reuniones abordan sobre todo estrategias y proyectos de mejora. Los participantes tienen una buena preparación para confiar en un ciclo PDCA y mejorar las actividades que se hayan tratado. Estas reuniones son animadas, en general, por responsables de áreas o por la propia dirección.

LA ANIMACIÓN DE LOS GRUPOS DE FIABILIZACIÓN

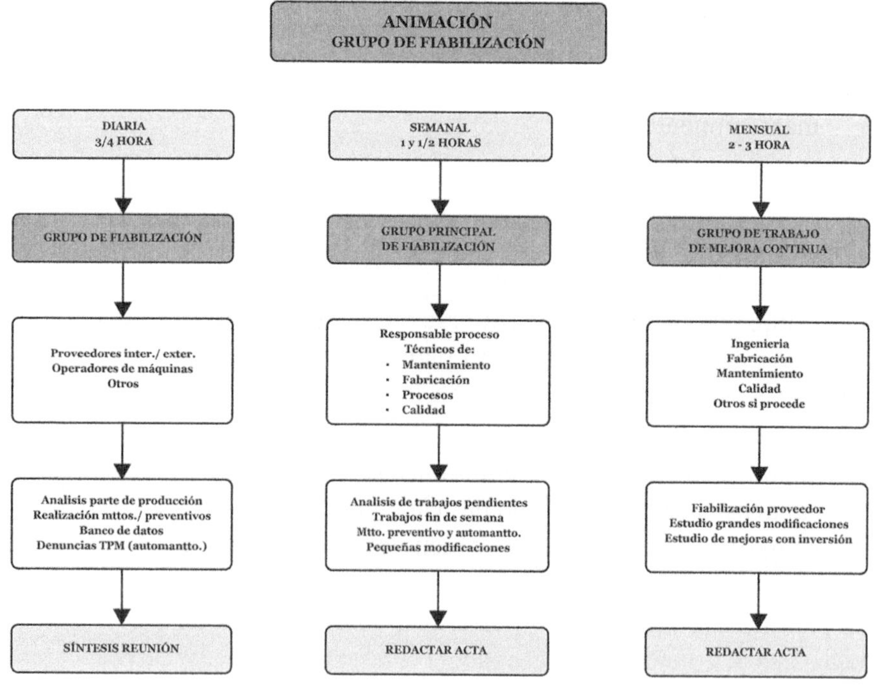

NOTAS

Así pues, los grupos de fiabilización deben tener una animación «diaria, semanal y mensual» similar a la representada en la figura superior, en donde se muestra un ejemplo de animación para el análisis de la pérdida de rendimiento operativo de una línea de producción.

Estos grupos deben ser constantes en su tarea: fiabilizar todo tipo de problema y mejorar la eficacia de los procesos, por lo que es conveniente **sistematizar su funcionamiento**. Un ejemplo de esta sistematización puede ser el siguiente:

1 Análisis diario de las pérdidas de rendimiento operativo de una línea de producción

Todos los días, fijando una hora para ello, en una reunión no superior a 45 minutos, se realiza un análisis de la pérdida de rendimiento con los datos que figuran en el parte de producción que se haya elaborado por los responsables del proceso, ayudándose del sistema de datos disponible para informaciones complementarias. En dicha reunión se debe:

- Identificar los problemas que penalizaron a las máquinas con paradas superiores a treinta minutos, por ejemplo.
- Observar si las acciones que se emprendieron fueron correctas.
- Promover acciones definitivas a corto y medio plazo que eviten repetir dichas paradas.

NOTAS

Los participantes en la reunión pueden ser:

- El responsable del «proceso» quien, a su vez, será el animador de la reunión del grupo.
- Los técnicos fiabilistas de máquinas, procesos y calidad.
- El responsable de la unidad de producción del turno correspondiente.
- El operario afectado por el problema que es preciso analizar, si procede. En todo caso, el responsable de su unidad presentará sus opiniones y sugerencias en la reunión.

2 Análisis semanal de las pérdidas de rendimiento operativo de una línea de producción

Todas las semanas, fijando el día, se realiza un balance y un análisis detallado de la situación de las pérdidas diarias de rendimiento de la semana anterior y de las observaciones que los operarios de las máquinas hayan realizado sobre las fichas de automantenimiento al efectuar sus tareas.

Este análisis pondrá en marcha acciones correctivas sobre las paradas más graves de la línea, planificando las posibles intervenciones y señalando a los responsables que deban seguirlas y realizarlas.

Esta reunión será pilotada y animada por el responsable del proceso, con presencia de los mismos actores que en las reuniones diarias, y puede durar entre una hora y media y dos horas. En la misma se calculará el tiempo necesario de trabajo para la siguiente semana con el fin de asegurar el programa demandado por los clientes, teniendo en cuenta:

- Un objetivo deseado del rendimiento operativo del proceso.
- Una situación de los *stocks* con relación a los objetivos.
- Los recursos humanos disponibles, contando con acontecimientos previstos (vacaciones, formación, etc.).
- Planes de mantenimiento preventivo que requieran paradas programadas de todas, o determinadas, máquinas de la línea.
- Los cambios de ráfaga (utillajes, etc.) previstos por la diversidad de la demanda y su repercusión en los tiempos de producción.

NOTAS

3 Análisis mensual de las pérdidas de rendimiento operativo de una línea de producción

Los participantes en esta reunión técnica del grupo de mejora continua serían:

- Como animador, el responsable del proceso productivo.
- El responsable de la unidad de producción.
- Técnicos del proceso.
- Técnicos de mantenimiento.
- Técnicos de ingeniería o métodos.
- Proveedores internos y externos, si procede.
- Clientes internos, si procede.

Por lo tanto, un orden del día típico podría ser el siguiente:

- Análisis de los resultados del rendimiento operacional:
  - Relación, por causas, de la falta de rendimiento que haya aportado el banco de datos disponible. A continuación se muestra un ejemplo de listado jerarquizado por máquinas correspondiente a paradas por averías mensualizado.

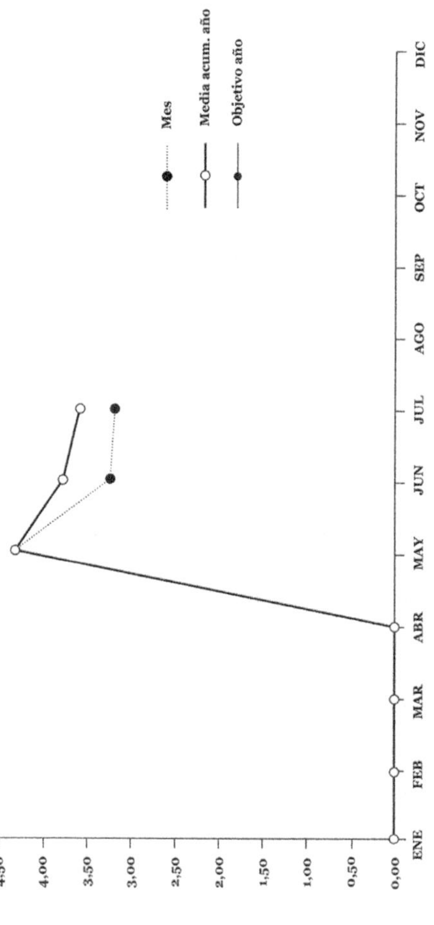

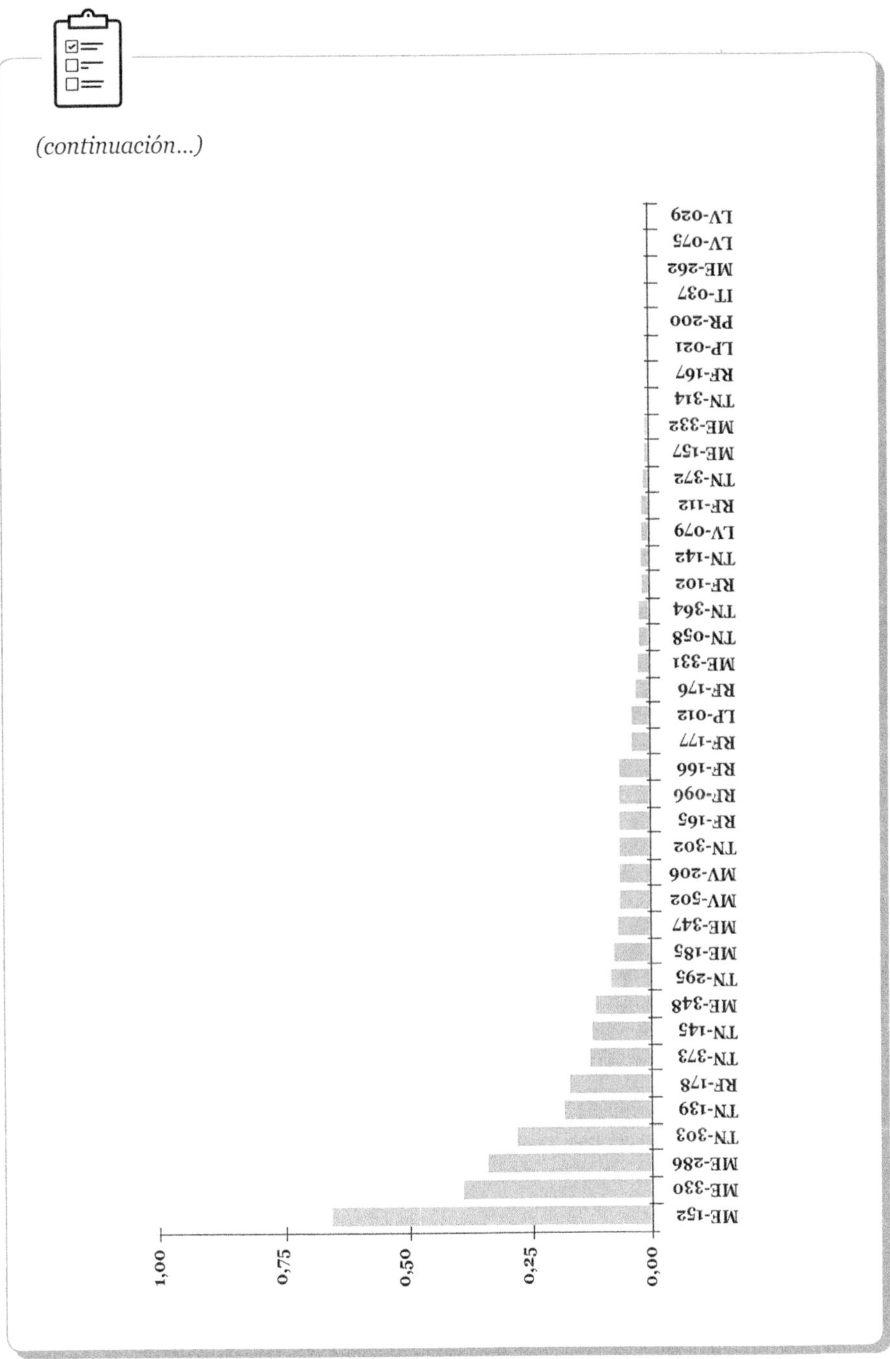
(continuación...)
ME-152
ME-330
ME-286
TN-303
TN-139
RF-178
TN-373
TN-145
ME-348
TN-295
ME-185
ME-347
MV-502
MV-206
TN-302
RF-165
RF-096
RF-166
RF-177
LP-012
RF-176
ME-331
TN-058
TN-364
RF-102
TN-142
LV-079
RF-112
TN-372
ME-157
ME-332
TN-314
RF-167
LP-021
PR-200
IT-037
ME-262
LV-075
LV-029
0,00
0,25
0,50
0,75
1,00

(continuación...)

- Análisis de la causa principal de las paradas por tiempo de avería, otras tareas frecuenciales, etc., identificando la máquina que produce el embotellamiento.
- Análisis de la degradación del tiempo de ciclo de cada máquina (las dos figuras siguientes son un listado, y la tercera, un plan de acción).

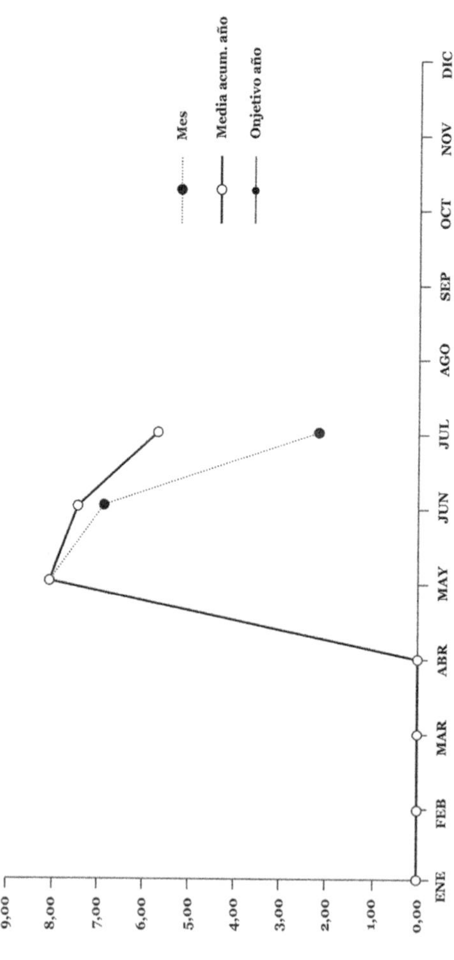

(continuación...)

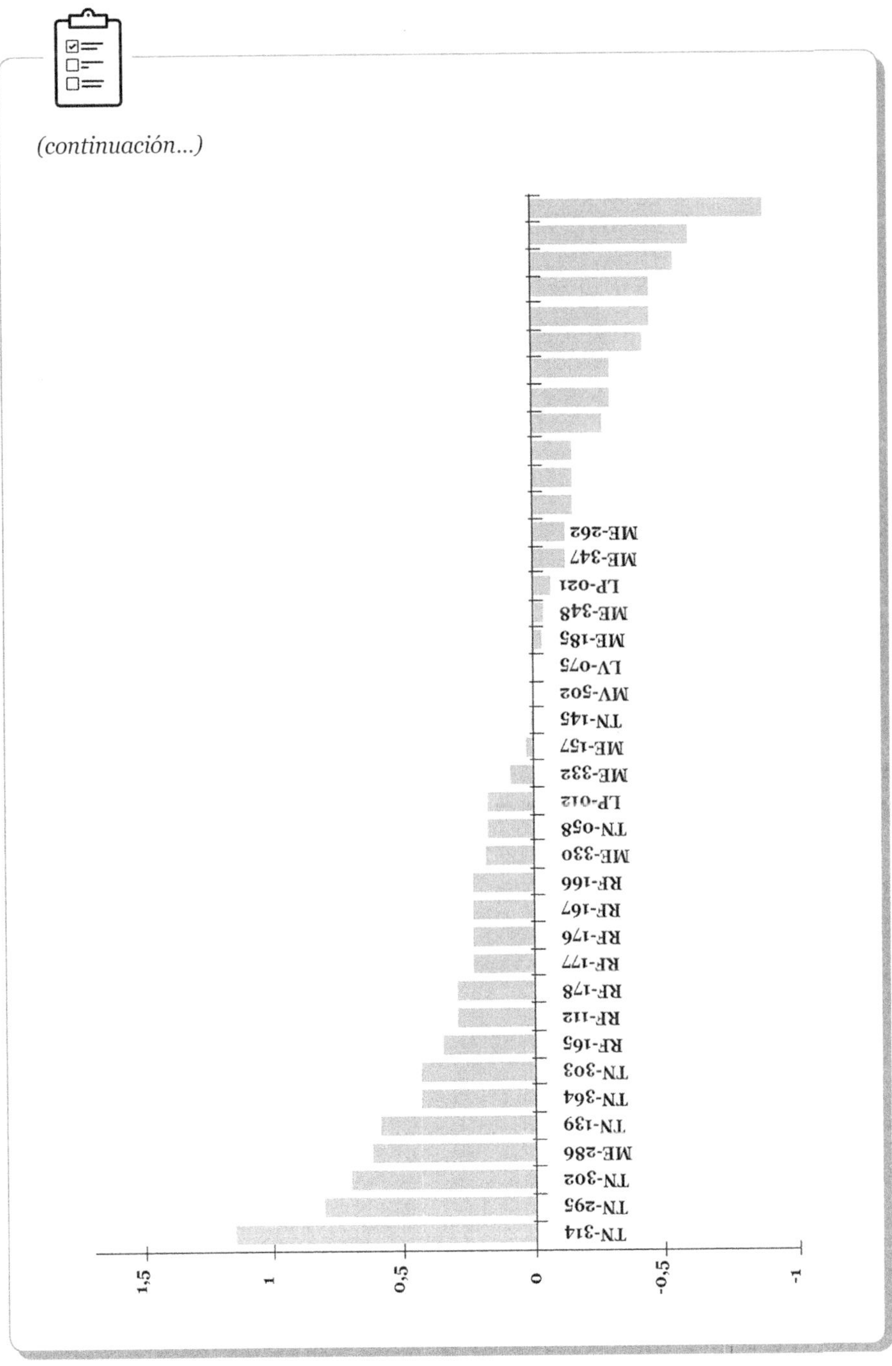

(continuación...)

PLAN DE ACCIÓN	
Línea:	**Cárter de cilindros K7M**
Máquina:	**TB-M20 (OP-180E)**
Elemento:	**Tiempo de ciclo alto**
Fecha de inicio: 12/12/2024	**Fecha fin: 12/12/2024**

ANTECEDENTES
Denuncia rebasamientos TCY en informe mensual (LU 1301)
ACCIONES
Comparar tiempos parciales con firma AIDIAG de V4 (datos KM0) **Ajustar velocidades desplazamiento de transfert**
ACCIONES
Máquina dentro TCY teórico (0.50) **Para su toma en cuenta (Sra. Hernández)**

NOTAS

(continuación...)

- Análisis de las pérdidas por falta de calidad de las máquinas.
- Planes de acción en el documento tipo, señalando el plazo y el responsable.
- Para las acciones con necesidad de inversión por degradación del proceso, actualizar documento de aportes técnicos para llevar a las máquinas al estado de referencia por restauración, con ayuda de los servicios de métodos.

› Revisión de las acciones de aplicación del TPM (automantenimiento y mantenimiento programado):

- Balance de las acciones planificadas en la reunión del mes precedente.
- Planificación de acciones para el mes (formación, auditorías, optimización de gamas, etc.).

› Funcionamiento de las organizaciones implantadas:

- Control del modo de funcionamiento del taller con relación a otros servicios prestatarios. Si hay disfunciones que penalizan el rendimiento del proceso, es preciso emprender acciones para corregirlos y obligar a respetar las organizaciones y el rigor en la aplicación de normas y procedimientos para lograr el mantenimiento de los estándares previstos.

› Análisis y evolución de los puestos y de los tiempos gama que se hayan asignado (véase el anexo V).

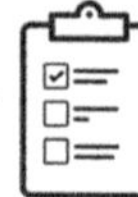

(continuación...)

- Organizar la formación en competencias:
  Se trata de analizar todos los meses la evolución necesaria del plan de formación para todo el personal integrado en el proceso, con el fin de asegurar el buen funcionamiento de este en su forma global:
  - Actualizar las competencias de todos los miembros.
  - Actualizar el cuadro de competencias de las unidades que permita visualizar las competencias necesarias a lo largo del tiempo para cada puesto, y las adquiridas por el personal que trabaja en el proceso (unidades de producción y de servicio).

Análisis y eliminación de las causas principales de los fallos

Una vez formalizado un grupo de fiabilización y con el fin de acostumbrarse a trabajar en el análisis físico de los problemas, estos se pueden abordar en los campos de la fiabilidad-calidad de los equipos productivos, como también en el ámbito organizacional, manteniendo una animación del grupo como la que se ha descrito en apartados anteriores.

Las acciones de fiabilidad tendrán como objetivo común mejorar el rendimiento operativo de las instalaciones y sistemas productivos a través del diagnóstico de las diferentes causas de pérdida de dicho rendimiento operativo.

Causas de pérdidas de rendimiento operacional

Efectividad total de un sistema = disponibilidad × coeficiente de eficacia × ratio de calidad

Sistema de producción →

Tiempo de apertura (TA)	
Tiempo de funcionamiento	Paradas propias
Tiempo neto de buen funcionamiento	Paradas inducidas
Sistema de producción	Defectos

(TA)

Incidencias sistema →

- 1. AVERÍA DEL SISTEMA
- 2. PREPARACIONES Y REGLAJES

→ DISPONIBILIDAD = $\frac{\text{TIEMPO DE FUNCIONAMIENTO}}{\text{TIEMPO DE APERTURA}}$

- 3. PARADAS MENORES
- 4. RITMO REDUCIDO POR TIEMPO DE CICLO

→ COEF. DE EFICACIA = $\frac{\text{TIEMPO DE CICLO TEÓRICO} \times \text{UNIDADES FABRICADAS}}{\text{TIEMPO DE FUNCIONAMIENTO}} \times 100$

- 5. DEFECTOS POR PROCESO Y PROVEEDOR
- 6. RENDIMIENTO REDUCIDO POR CONTROLES

→ RATIO DE CALIDAD = $\frac{\text{UNIDADES FABRICADAS - UNIDADES DEFECTUOSAS}}{\text{UNIDADES FABRICADAS}} \times 100$

RENDIMIENTO OPERACIONAL (EFECTIVIDAD TOTAL) = $\frac{\text{N.º PIEZAS BUENAS} \times \text{T. ciclo teórico}}{\text{TIEMPO DE APERTURA (TA)}}$

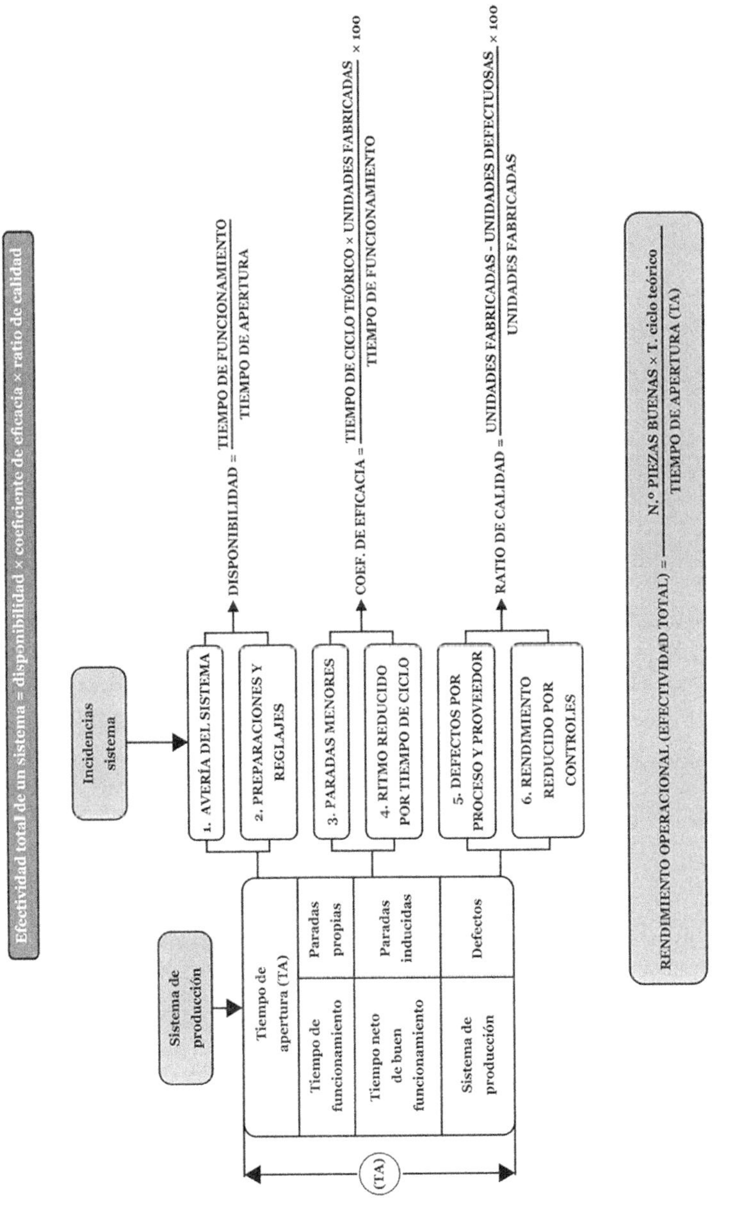

De forma general, las seis principales causas de pérdida de rendimiento en las instalaciones productivas son las siguientes, como puede verse en la figura superior:

- Averías
  - Repetitivas o crónicas:
    - Con disminución sistemática del tiempo de funcionamiento.
    - Con degradación de la calidad en la producción realizada.
  - Imprevistas de larga duración.
- Preparaciones, reglajes y puestas a punto:
  - Rigidez de las instalaciones.
  - Falta de rigor y formación en las actuaciones de los operarios.
- Paradas de corta duración:
  Por rearmes de la instalación debido a intervenciones cortas por pequeños fallos o atranques de piezas, defectos en alimentaciones o transferizaciones automáticas, etc., sin buscar una solución al problema, no contabilizando el tiempo que se ha perdido por este motivo.
- Defectos de calidad:
  - Existen variaciones en el proceso.
  - No están estudiados todos los modos de fallo del proceso.
- Bajo rendimiento en el arranque de las nuevas instalaciones:
  - Inestabilidad en las condiciones de explotación de la fabricación.

NOTAS

(continuación...)

- Formación insuficiente del personal de mantenimiento y explotación de las instalaciones.

› Pérdidas del tiempo ciclo:
Es conveniente cuantificar estas pérdidas y controlarlas a través de un sistema informático, extrayendo un tablero de seguimiento del no rendimiento (No Ro) por este motivo.

Por lo tanto, mejorar el rendimiento operativo (Ro) de una instalación significa:

› Buscar todas las soluciones capaces de eliminar las disfunciones y fallos en los equipos o, al menos, reducir los tiempos de parada, tendiendo hacia el «cero incidencias».

› Aportar mejoras sobre la instalación para disminuir los defectos de fabricación, tendiendo hacia el «cero defectos» y con el objetivo final de explotar la instalación a su plena capacidad de forma permanente.

HERRAMIENTAS BÁSICAS DE LA CALIDAD PARA TRABAJAR EN LOS GRUPOS DE FIABILIZACIÓN

Se trata de herramientas exploratorias o estadísticas que permiten resolver los problemas simples que cada uno encuentra regularmente en el ejercicio de su actividad o tarea.

Es la preparación de primera urgencia, donde cada persona del grupo se alimenta de las demás y permite tratar, por jerarquización, el 80 % de las disfunciones o problemas cotidianos.

Ya se ha mencionado el ciclo PDCA como método más actualizado y simple, y como herramientas más corrientes y complementarias para el mantenimiento, se pueden citar:

- *Brainstorming.*
- Las figuras de datos (resultados y evolución en el tiempo).
- Los diagramas de Pareto.
- Los diagramas causa-efecto (de Ishikawa).

Para poder utilizar estas herramientas hemos de buscar un lenguaje para seguir en el tiempo la evolución de los problemas tratados con ayuda de unos parámetros o indicadores logísticos.

NOTAS

Performances o parámetros logísticos relacionados con el rendimiento

Estos son los *performances* o criterios del comportamiento de un sistema de producción:

- Fiabilidad.
- Mantenibilidad.
- Disponibilidad.

Y estos son sus indicadores medibles:

- MTBF = tiempo medio de buen funcionamiento entre paradas (en minutos).
- Tasa de fallo = 1/MTBF $(\text{min})^{-1}$
- MTTR = tiempo medio de cada parada (min)
- Tasa de mantenibilidad – 1/MTTR $(\text{min})^{-1}$
- $D = \text{disponibilidad} = \dfrac{\text{MTBF}}{\text{MTBF} + \text{MTTR}}$
- $RO = \text{rendimiento operat.} = \dfrac{\text{piezas buenas producidas}}{\text{piezas teóricas realizables}}$
- Tc = tiempo de ciclo.

Medida de los indicadores

Es necesario que en los pliegos de condiciones y especificaciones de los proyectos de los sistemas de producción se fijen unos estándares o características de fiabilidad, mantenibilidad y disponibilidad. Estos conceptos implican que la **seguridad de funcionamiento** y la **facilidad** de man-

NOTAS

tener el sistema de producción pueden ser cuantificados por los indicadores ya comentados:

$$MTBF = \frac{\text{suma de tiempos de buen funcionamiento}}{\text{suma del número de paradas}}$$

$$MTTR = \frac{\text{suma de los tiempos de paradas}}{\text{suma del número de paradas}}$$

Con estos dos indicadores se puede obtener la disponibilidad del sistema por la expresión:

$$D = \frac{MTBF}{MTBF + MTTR}$$

Prediciendo estos valores en la fase de diseño, con la participación del mantenimiento, se obtiene una garantía de que la acción de mantenimiento puede medirse a lo largo de la explotación del sistema con solo seguir la evolución de los tres indicadores reseñados, manteniendo los estándares fijados o medidos al recepcionar los sistemas de producción.

Esto es posible por medio de equipos informáticos ligados a las máquinas y a un ordenador central (con un *software* adecuado), los cuales siguen todos los indicadores de la producción.

Las desviaciones negativas de los resultados medios que se hayan obtenido con respecto a las previsiones del proyecto serán susceptibles de un análisis metódico de las paradas de todo tipo en los grupos de fiabilización.

ETAPAS 8 Y 9: MANTENIMIENTO DE LA CALIDAD

NOTAS

Asegurar un mantenimiento riguroso de los procesos y equipos productivos no va a evitar una posible degradación en los estándares, parámetros o características físico-técnicas que previamente se hayan establecido, por lo que es preciso conocer un estado de referencia para cada actividad, es decir, tiene que haber una **referencia precisa** para todo empleado, toda máquina y todo proceso, que, al respetarla con rigor, asegure la calidad y mantenimiento de las 5M de un proceso.

En primer lugar es preciso definir el mantenimiento de la calidad. Se denomina mantenimiento de la calidad a la siguiente actividad:

> Tomando como base la idea de que para mantener la calidad de un producto o pieza fabricado es necesario mantener el equipo, maquinaria o instalación en perfectas condiciones de funcionamiento, se establecerán las condiciones en las que el equipo va a producir una mala calidad y se realizará la inspección y medición de las condiciones de funcionamiento a lo largo del tiempo.
>
> Una vez verificado que esas medidas están dentro de los valores de referencia, se prevé la ocurrencia de productos defectuosos y, observando las variaciones de los valores medidos en el tiempo, se calcula la probabilidad de fabricar productos con defecto, ejecutando acciones correctivas antes de pasar los límites previstos.

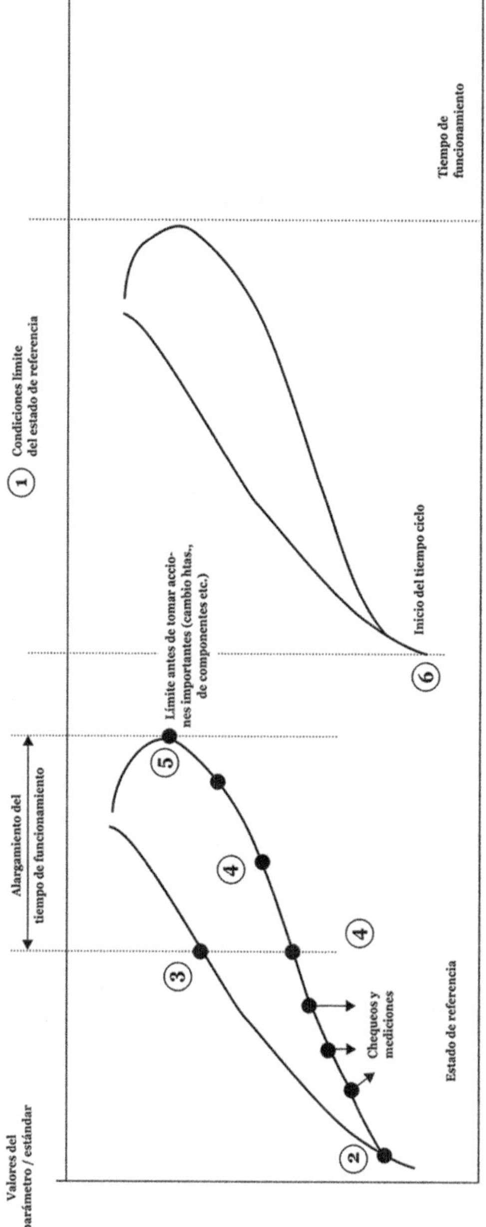

1. Condiciones límite del estado de referencia en un determinado parámetro estándar.
2. Tomar medidas estadísticas.
3. Probable tendencia.
4. Mantener condiciones iniciales por inspecciones y controles cotidianos y tomar acciones simples (reglajes, reaprietes, engrase, etc.).
5. Prever límite y tomar acciones importantes para volver al estado de referencia.
6. Controlar tras las acciones antes de iniciar el ciclo descrito.

Calidad en los sistemas de producción

NOTAS

Junto con el resto de las actividades de mantenimiento para la prevención de paradas por averías y problemas de calidad en la maquinaria productiva, hoy en día es necesario implantar un control de calidad de los equipos e incluirlo en el plan de mantenimiento preventivo. Para ello será preciso ayudarse de:

- Los propios operarios de fabricación, por medio de los controles frecuenciales y el control estadístico del proceso.
- Los inspectores propios del equipo de mantenimiento, mediante inspecciones y controles realizados con los medios adecuados.
- Los técnicos de la gestión de calidad de la empresa con la medida de un coeficiente de aptitud de las máquinas (CAM) para trabajar con calidad.

Lo fundamental, en cualquiera de los tres niveles de intervención, es determinar, en estas inspecciones y controles, qué variaciones ha habido entre dos ciclos de inspección y su influencia en la máquina y en las tolerancias del trabajo que se debe realizar.

Calidad en el proceso de fabricación

El proceso de fabricación es un conjunto de medios que concurren en la fabricación continua o discontinua de un producto. En concreto, es la combinación de los siguientes elementos:

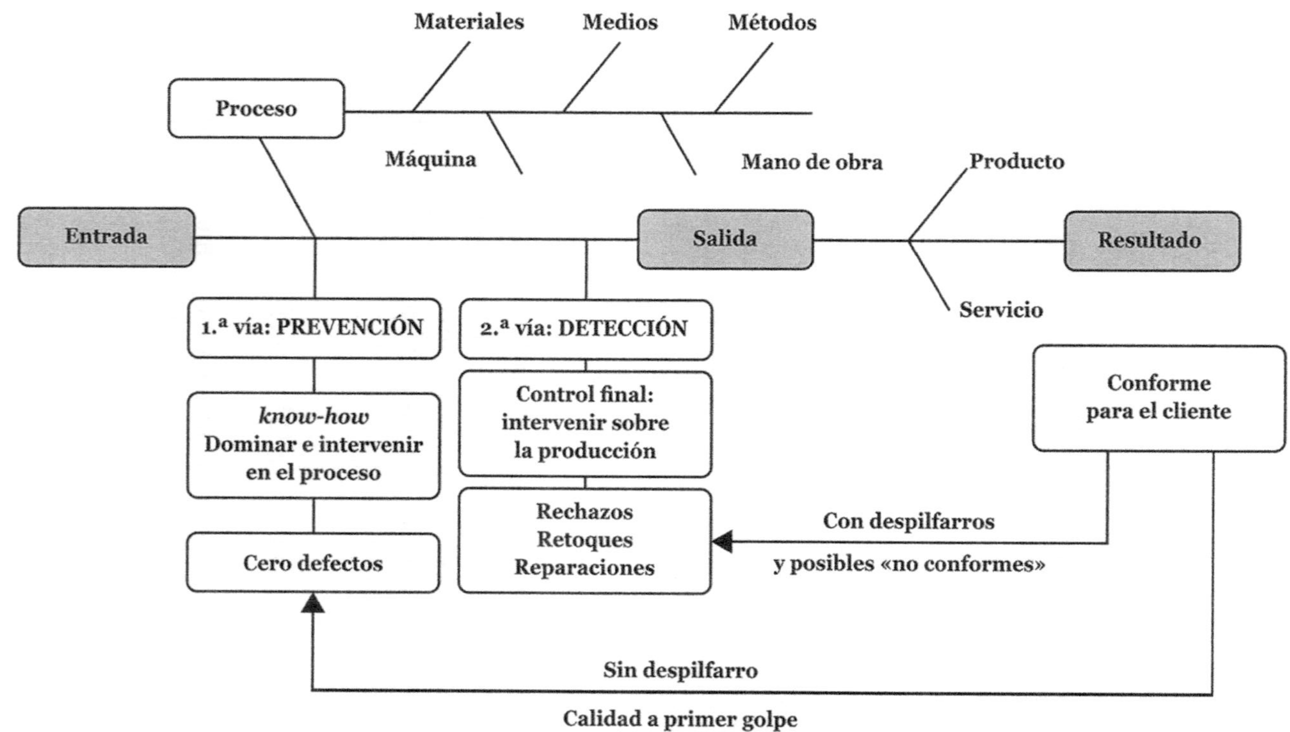

Materiales
Medios
Métodos
Proceso
Máquina
Mano de obra
Producto
Entrada
Salida
Resultado
Servicio
1.ª vía: PREVENCIÓN
2.ª vía: DETECCIÓN
know-how
Dominar e intervenir
en el proceso
Control final:
intervenir sobre
la producción
Conforme
para el cliente
Cero defectos
Rechazos
Retoques
Reparaciones
Con despilfarros
y posibles «no conformes»
Sin despilfarro
Calidad a primer golpe

NOTAS

- Equipos de producción (M = Máquinas).
- Medios o útiles y equipos de medida (M = Medios internos).
- Personas y organizaciones (M = Mano de obra).
- Materias que procesar o transformar (M = Materiales).
- Métodos, consignas e instrucciones para el desarrollo correcto del proceso (M = Métodos).
- Entorno social, económico, etc. (M = Medios externos).

Un proceso de fabricación se mide por sus prestaciones:

- Capacidad de producción, en función a su disponibilidad.
- Calidad del producto obtenido.
- Costo de la fabricación.

Estas prestaciones nunca permanecen estables. La inestabilidad es una característica general que afecta tanto a los *performances* de calidad como a la cantidad y plazos de la fabricación.

Indicadores de aptitud para la calidad de una máquina

Teniendo en cuenta que las tolerancias dimensionales siguen leyes normales, se puede relacionar la aceptación de parámetros ligados a dichas tolerancias con los siguientes indicadores:

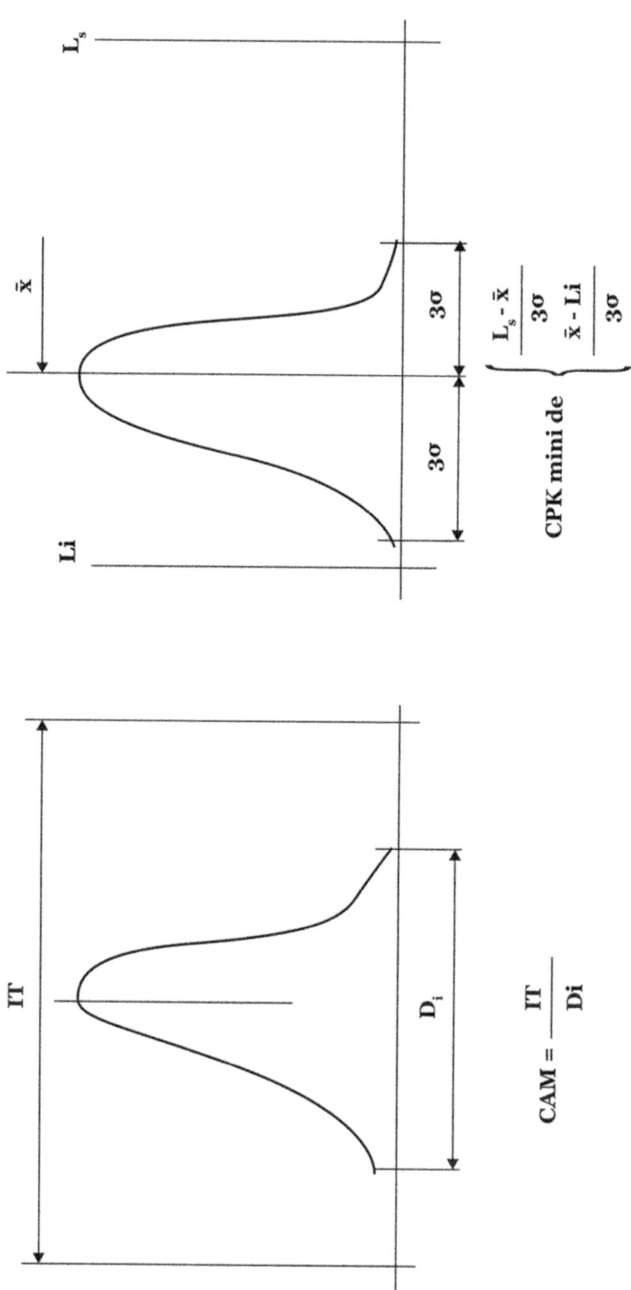

IT
D_i
CAM = $\frac{IT}{Di}$
Li
$\bar{x}$
L_s
3σ
3σ
CPK mini de $\left\{ \frac{L_s - \bar{x}}{3\sigma} ; \frac{\bar{x} - Li}{3\sigma} \right.$

NOTAS

- **CAM**: coeficiente de aptitud o adaptación de una máquina para trabajar con calidad.
- **CPK**: coeficiente de aptitud al reglaje, o medida de la facilidad de una máquina de ser puesta a punto correctamente (reglada) y que se cuantifica por el porcentaje fuera de los límites Ls y Li de la tolerancia, es decir, es un indicador del centraje de la tolerancia obtenida sobre el IT exigido.
- **CES**: coeficiente de estado de superficie o facultad del sistema de producción para mantener un estado superficial especificado durante un tiempo determinado.

Etapas en el dominio del proceso

La **variabilidad** es el factor clave que obliga a poner en marcha un mantenimiento de la calidad que, de forma estadística, controle el proceso. Esta variabilidad puede deberse a:

- **Causas asignables o anormales:**
  Son aquellas poco numerosas, de efecto aislado, pero importantes. Producen una variabilidad imprevisible y sus defectos desaparecen al eliminar la causa. En este grupo están:
  - Rotura de útiles o herramientas.
  - Materia prima defectuosa (creces no conformes a la especificación, etc.).
  - Virutas en apoyos de piezas.
  - Degradación de las condiciones estándares de una máquina.
  - Errores humanos.

(continuación...)

› **Causas aleatorias o normales:**
Son numerosas, de efecto poco importante pero paulatino y difícil de corregir, por lo que se debe practicar la prevención para evitarlas o planificar la intervención para corregirlas. En este grupo están:

- Precisión de la máquina.
- Juegos en mesas, carros, herramientas, etc.
- Variaciones ambientales (temperaturas, humedad, etc.).
- Variación de características físicas y químicas del material que se ha especificado.

Así pues, el proceso estará controlado cuando la variabilidad se deba exclusivamente a causas normales, de modo que sea posible predecir dentro de qué límites variará. El control estadístico de procesos vigilará las variaciones naturales o normales y detectará las causas anormales para proceder a su inmediata eliminación.

Evolución del comportamiento de los sistemas de producción

Diferencias de filosofías

Tradicional
Mantenimiento correctivo

Moderna
Mantenimiento preventivo

Proceso capaz

LS -3σ +3σ LI

Proceso capaz

Solo actuar ante el próximo fallo

Solo es un punto de partida

Hasta que no se averíe, no arreglarlo

Mejora continua

6 meses después

LS -3σ CAM= 1 LI +3σ

LS -3σ CAM = 1,4 +3σ LI

1 año después

-3σ LS CAM = 0,8 LI +3σ

LS -3σ CAM = 1,8 +3σ LI

2 años después

-3σ LS CAM = 0,6 LI +3σ

LS -3σ +3σ CAM = 2,4 LI

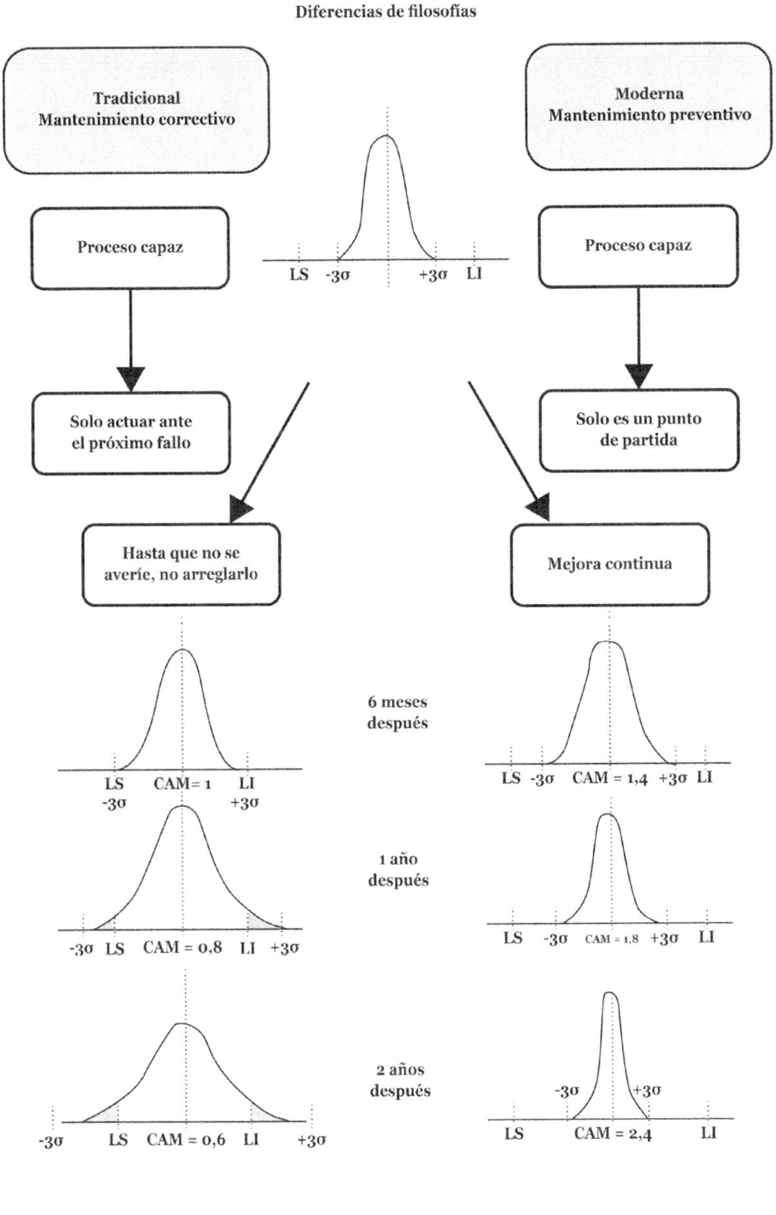

NOTAS

En la figura superior se pueden observar las dos situaciones que se pueden presentar en el control de calidad de un proceso:

- **Tradicional**, mediante el mantenimiento correctivo, sin más actuaciones que la reparación cuando las dispersiones y las averías aparecen.
- **Moderno**, en el que, a partir de un proceso capaz (CAM= 0 >1,3), se actúa con la prevención y la mejora continua, evitando que la máquina se degrade, optimizando los planes de mantenimiento preventivo y extendiendo la responsabilidad y el rigor en la organización para que los operarios de fabricación mantengan parámetros y características de origen de los sistemas a través del automantenimiento.

Sin embargo, el envejecimiento de una máquina que entra irremediablemente en la tercera fase de la curva de la bañera obligará a tomar una decisión final:

- **Revisión general o gran reparación y reconstrucción de la máquina**
  Es el conjunto de acciones, controles e intervenciones efectuadas con el fin de asegurar la aptitud de una máquina frente a un gran fallo repetitivo por desgastes o a una situación crítica en la calidad obtenida en la máquina considerada. Implica el desmontaje de varios conjuntos.

NOTAS

(continuación...)

- **Renovación o sustitución por una máquina nueva**
  Llegado a este momento, se pueden realizar una serie de ensayos que van a permitir diagnosticar los desgastes o desviaciones en las tolerancias habituales de las propias máquinas, de modo que si el producto obtenido, a pesar de los esfuerzos por mantener y dominar el proceso, está fuera de las tolerancias especificadas, obligará a sustituir la máquina.

Enfoque básico para un mantenimiento de la calidad de los sistemas

El gurú de la calidad Joseph Juran decía, hace años, que las causas que producen la «falta de calidad» en un proceso industrial se podían clasificar en dos bloques:

- **De organización**, con un peso del 75-85 % (logística, fiabilidad de máquinas, acondicionamiento, formación, etc.).
- **De las personas involucradas**, con un peso del 15-25 % (falta de atención, cansancio, falta de destreza, etc.).

Por lo tanto, se puede decir que las acciones que se realizan para «evitar una mala calidad» de un producto o pieza que sea preciso fabricar en un determinado proceso tienen su origen en los dos puntos siguientes:

NOTAS

- El diseño, construcción, montaje y explotación del equipo.
- La falta de preparación del operario. Este punto se tratará en el desarrollo de la etapa 10 del TPM.

Por tanto, debemos establecer las **condiciones y parámetros** necesarios para que un sistema tenga un funcionamiento continuo y fabrique productos/piezas con calidad, tendiendo hacia el «cero fallos y cero defectos».

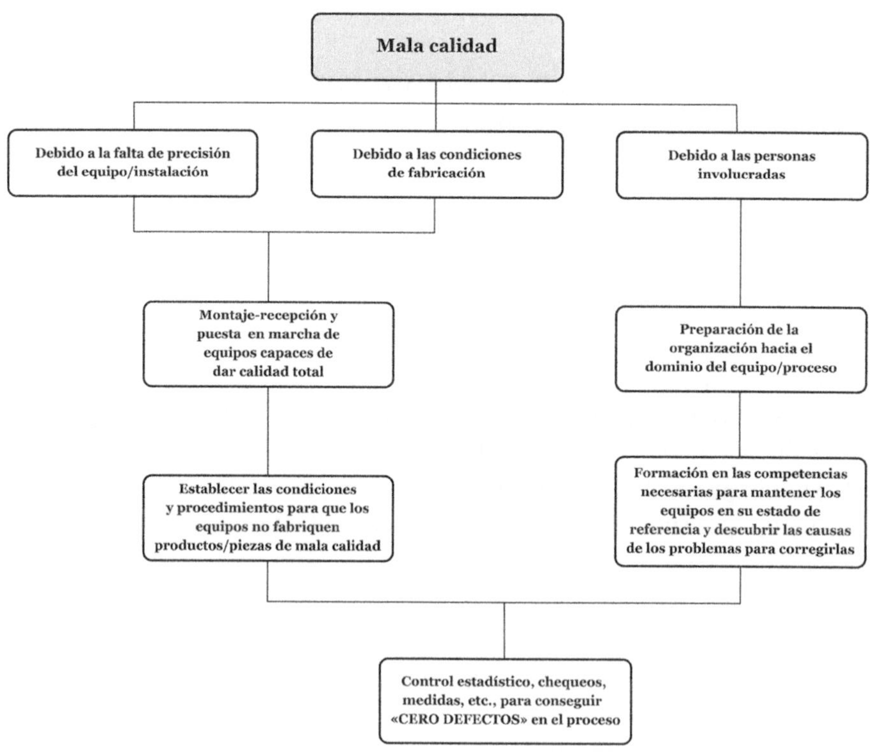

LAS CUATRO FASES PARA TENDER A «CERO FALLOS Y CERO AVERÍAS»

NOTAS

Tomando como fase cero (inicial) de partida la vida útil más o menos compleja (entre fallos) de un equipo, se procede a enumerar las fases de actuación que pueden ayudar a lograr el «cero fallos y averías».

1

› **Fase 1**: conseguir reducir la variación de la ley normal entre la menor y la mayor vida probable del equipo, alargando, además, la media del tiempo de buen funcionamiento (MTBF).
Esto puede conseguirse por las siguientes actuaciones:
- Identificando las condiciones de buen funcionamiento y uso del equipo.
- Aplicando con rigor el automantenimiento para conservar dichas condiciones básicas del equipo, eliminando deterioros o degradaciones del equipo a medida que se detectan.

2

› **Fase 2**: prolongar el tiempo de vida útil del equipo con las siguientes acciones:
- Mejorar los puntos débiles en el diseño del equipo.
- Eliminar fallos y averías aleatorias.
- Mejorar las habilidades y competencias de los operarios de fabricación y profesionales de mantenimiento para aumentar la calidad de las intervenciones.

NOTAS

3

› **Fase 3**: restaurar periódicamente las degradaciones de parámetros o deterioros de los componentes que se hayan observado en inspecciones. Para conseguir esto, es preciso:

- Estimar el tiempo de la menor vida útil del equipo para programar visitas de chequeo, inspección, control, etc.
- Normalizar y planificar las inspecciones programadas.
- Normalizar la política de sustitución de componentes a una determinada vida útil.
- Optimizar las tareas y frecuencias de las inspecciones.

4

› **Fase 4**: practicar la prevención con técnicas de diagnóstico para prevenir la brevedad de la vida útil de un equipo. Esto pasa por:

- Reflexionar sobre las averías y fallos catastróficos, analizando el estado de componentes, superficies de rotura, etc.
- Aplicar medidas de mejora para alargar la vida útil de los componentes deteriorados.
- Facilitar el diagnóstico y la estimación de la menor vida útil de un equipo para prevenir las inspecciones periódicas.

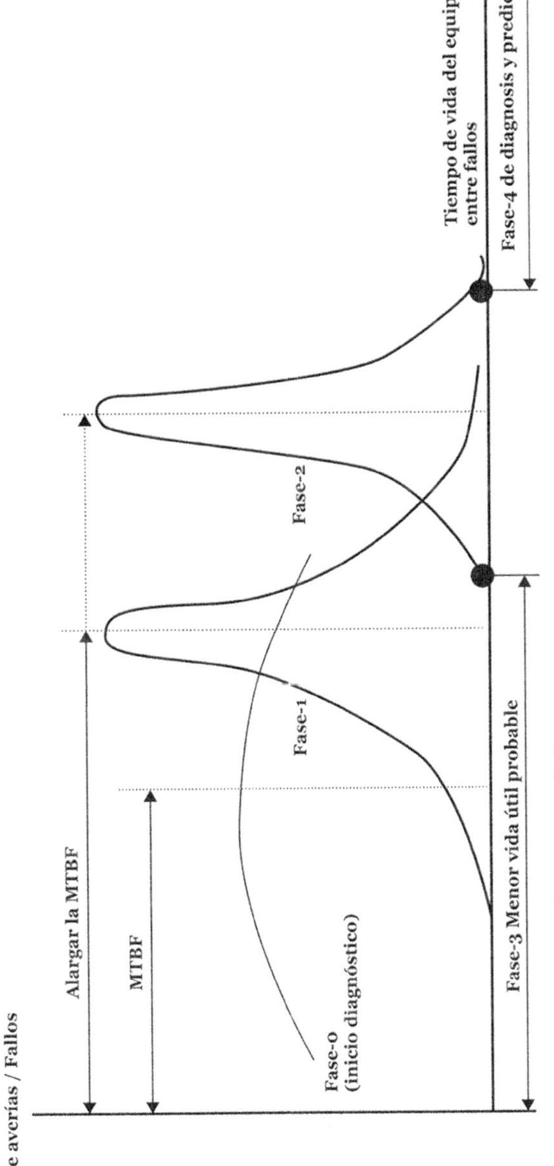

- Fase-1: Aplicación del automantenimiento.
- Fase-2: Aplicar MEJORAS en el equipo.
- Fase-3: Aplicar en mantenimiento programado a la menor vida útil probable.
- Fase-4: Aplicar el mantenimiento predictivo y de la calidad.

NOTAS

Esto puede observarse con un ejemplo del mantenimiento de la calidad en un proceso de rectificado de los diámetros de apoyo de un árbol de levas sobre una rectificadora sin centros:

- Ante un problema de calidad debido a que el proceso se sale de los límites de la tolerancia de concentricidad de los apoyos del árbol de levas, se observa (en el registro de control automático) que la deriva se ha producido a lo largo de los últimos veinte días (que es la mayor vida probable). El diagnóstico hace pensar en un problema de holgura en el cabezal de la muela de corte.
- Se desmonta el cabezal y se cambian los elementos con un elevado coste, volviendo a trabajar la máquina dentro de su especificación.
- Se decide medir los valores de vibración de los cabezales portamuelas de arrastre y de corte.
- Vuelve a repetirse el fenómeno y, en este caso, se decide medir los valores de vibración de dichos cabezales portamuelas, observando unos valores tres veces superiores a los de referencia tras la primera intervención.
- Se decide construir así un nuevo estándar a través de técnicas de predicción, registrando cada quince días los valores de vibración de los cabezales en el punto más adecuado y, en función de los resultados, actuar con reglajes, ajustes, etc., antes de llegar a cambiar los componentes totalmente o a dar problemas de calidad en las piezas mecanizadas.

A continuación se estudiarán cada una de las etapas 8 y 9 que aseguran el mantenimiento de la calidad de los equipos productivos y procesos industriales.

NOTAS

ORGANIZAR LAS ACTIVIDADES DEL MANTENIMIENTO PREVENTIVO

Introducción

Según el método japonés *Kaizen*, para mejorar un proceso es preciso seguir el camino siguiente:

- **Analizar el proceso** (averías, defectos, etc.).
- **Asegurar la calidad del proceso** (mantenimiento de la calidad, estándares, parámetros, etc.) o lo que es lo mismo, realizar una serie de acciones de prevención en el seno del proceso que persigan la confianza en la calidad del mismo a la vez que asegura que los procesos están dominados.
- **Mejorar el proceso.** El *Kaizen* japonés se centra en los esfuerzos que hacen las personas que trabajan sobre un proceso para asegurar la satisfacción del cliente y mejorarlo de forma continua. Tiene dos significados:
  - *Kaizen* propiamente dicho, como actividad de mejora.
  - *Fukuguen*, como restauración permanente de las condiciones iniciales e ideales. Significa, por lo tanto, regresar al estado correcto de inicio o de referencia, el que corresponde a las condiciones necesarias para un mantenimiento eficaz de los equipos de producción, descubriendo por chequeo la evolución y deriva del proceso y restaurando lo necesario antes de que falle. Por ejemplo: corregir fugas de líquido de frenos o limpiar y tensar las tres correas de un cabezal al observar que patina una de ellas.

NOTAS

Se consigue detectar desviaciones con relación al estado de referencia realizando las siguientes tareas:

- Limpieza, descubriendo posibles fallos tras ella (fugas, óxido, etc.).
- Medir un estándar por métodos de medición específica (distancia entre ejes, etc.) o métodos de inspección (control de nivel, presión, etc.).
- Observar si se dan las condiciones deseables en el proceso (temperaturas, vibraciones, etc.) a través de métodos de prevención (predicción y diagnóstico) tal y como se ha señalado en el ejemplo de la rectificadora de árboles de levas.

Se entra así en el mantenimiento preventivo a través del automantenimiento y del mantenimiento programado.

Mantenimiento preventivo sistemático

El mantenimiento preventivo sistemático consiste en un conjunto de operaciones que se realizan sobre las instalaciones, maquinaria y equipos de producción antes de que se haya producido un fallo. Su objetivo es evitar que se produzca dicho fallo o avería en pleno funcionamiento de la producción o del servicio que presta. Este tipo de mantenimiento incluye operaciones de inspección y de control programadas de forma sistemática, así como operaciones de cambio cíclico de piezas, conjuntos o reconstrucción y reparación de elementos de manera, asimismo, planificada.

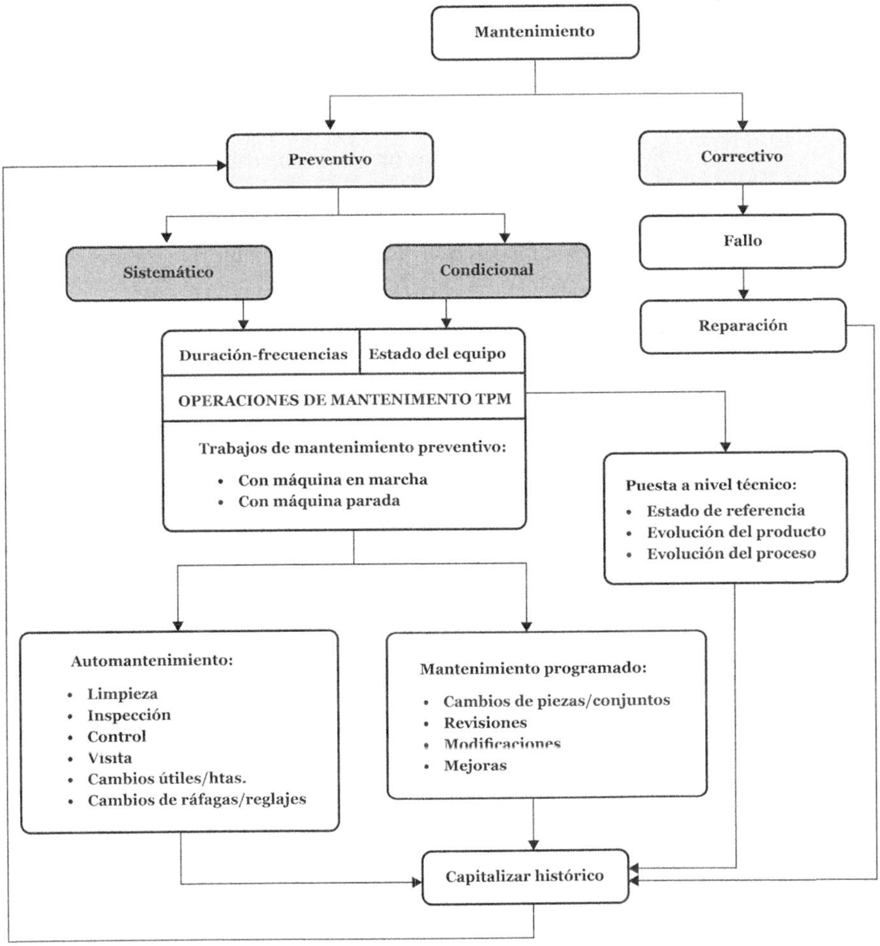

Mantenimiento

Preventivo

Correctivo

Fallo

Reparación

Sistemático

Condicional

Duración-frecuencias | **Estado del equipo**

OPERACIONES DE MANTENIMIENTO TPM

Trabajos de mantenimiento preventivo:

- **Con máquina en marcha**
- **Con máquina parada**

Puesta a nivel técnico:

- **Estado de referencia**
- **Evolución del producto**
- **Evolución del proceso**

Automantenimiento:

- **Limpieza**
- **Inspección**
- **Control**
- **Visita**
- **Cambios útiles/htas.**
- **Cambios de ráfagas/reglajes**

Mantenimiento programado:

- **Cambios de piezas/conjuntos**
- **Revisiones**
- **Modificaciones**
- **Mejoras**

Capitalizar histórico

Conviene recordar que para lograr una correcta aplicación del mantenimiento preventivo, hay que hacer previamente un estudio o **estimación de la vida** de los distintos elementos susceptibles de desgastes o que conducen a deterioros o disfunciones de la máquina o grupo de máquinas consideradas.

El **mantenimiento preventivo ideal** sería aquel que, por un conocimiento completo de la vida de todas y cada una de las piezas que sufren desgastes, permitiese confeccionar un programa de intervención preventiva que reponga tales piezas. Así, cada una de ellas sería repuesta por una nueva antes de su desgaste total o rotura y, de esta forma, las averías desaparecerían por completo.

Sin embargo, tal sistema es utópico, porque el conocimiento de la vida de las piezas es incompleto, ya que su duración es incierta. En el mejor de los casos se puede saber su distribución de probabilidad y la incertidumbre objetiva, pero en la mayoría de los casos no se puede hacer más que una previsión subjetiva de dicha distribución.

Si se mide la vida de una pieza en horas de funcionamiento, su distribución de probabilidad adoptará una de las tres formas características reflejadas en la figura que se muestra a continuación, y, según cada caso, será preciso actuar de la siguiente manera:

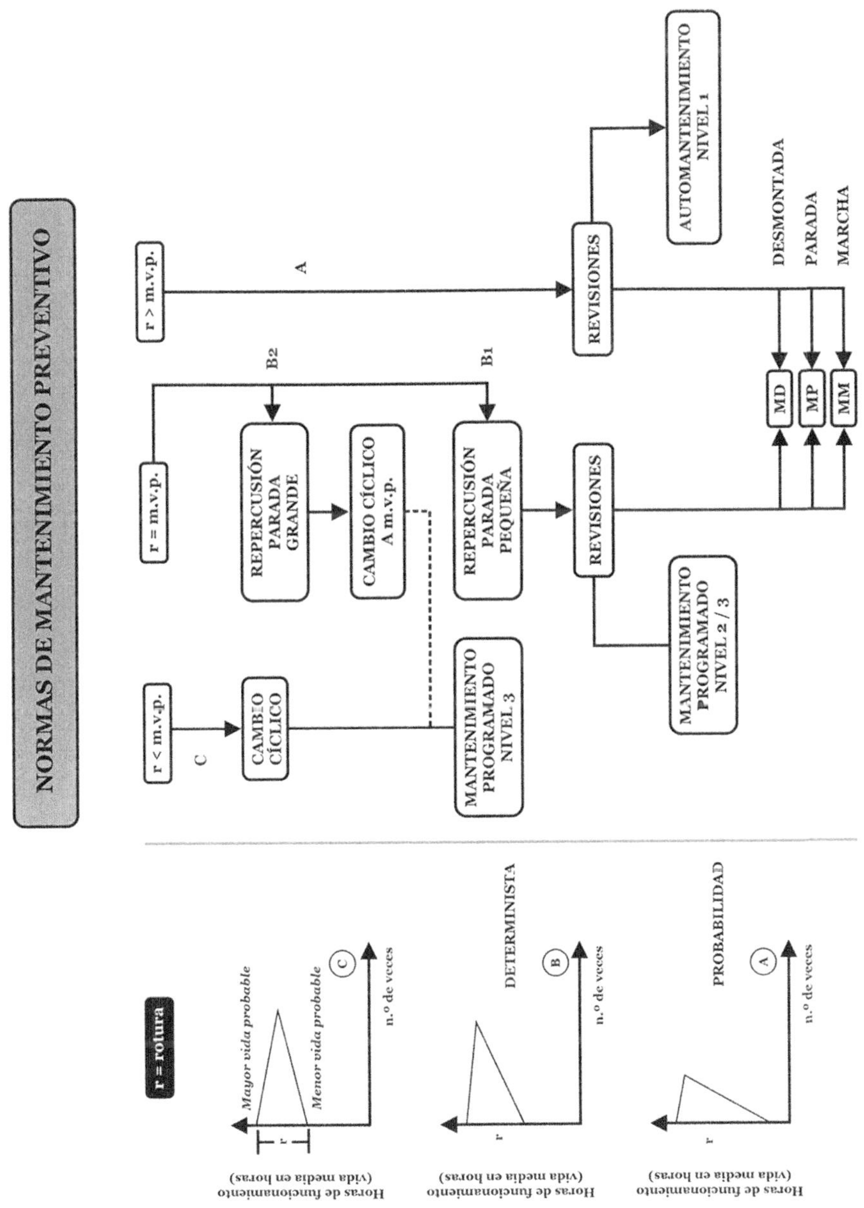

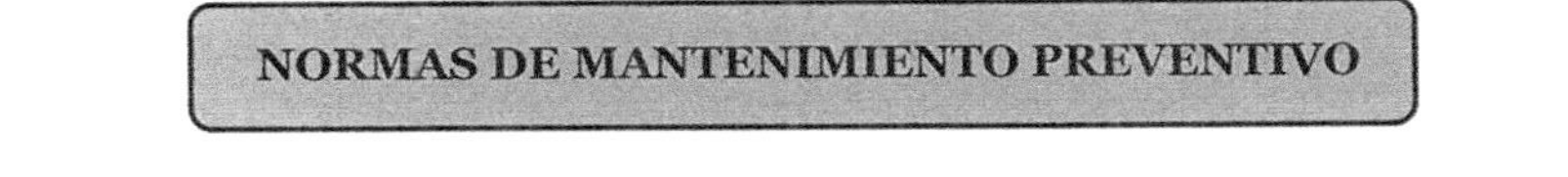

r = rotura

Horas de funcionamiento (vida media en horas)
Mayor vida probable
r
Menor vida probable
(C)
n.º de veces

Horas de funcionamiento (vida media en horas)
r
DETERMINISTA
(B)
n.º de veces

Horas de funcionamiento (vida media en horas)
r
PROBABILIDAD
(A)
n.º de veces

r < m.v.p.
C
CAMBIO CÍCLICO
MANTENIMIENTO PROGRAMADO NIVEL 3

r = m.v.p.
B2
REPERCUSIÓN PARADA GRANDE
CAMBIO CÍCLICO A m.v.p.
B1
REPERCUSIÓN PARADA PEQUEÑA
REVISIONES
MANTENIMIENTO PROGRAMADO NIVEL 2 / 3

r > m.v.p.
A
REVISIONES
AUTOMANTENIMIENTO NIVEL 1

MD — DESMONTADA
MP — PARADA
MM — MARCHA

1 Caso C

El recorrido de la variable es muy pequeño, es decir, el fallo o la rotura puede darse entre valores muy próximos de la mayor y menor vida probable.

La ventaja que se puede obtener dejando que la pieza sobrepase su menor vida probable es muy pequeña. Lo que interesa, por tanto, es asignarle una vida y sustituirla cíclicamente. La forma de calcular esta vida dependerá de si la situación se da en condiciones de incertidumbre objetiva o subjetiva, ya que en este último caso el coeficiente de seguridad será mayor.

En ocasiones se dispone de información buena del fabricante del equipo en cuanto a la duración o vida de los elementos o componentes, por lo que es fácil proceder a la sustitución cíclica.

2 Caso B

El recorrido de las variables merece tenerse en consideración si se compara con la menor vida probable. Es decir, la ventaja que se puede obtener si se sobrepasa esta es grande, y entonces se pueden presentar dos casos:

- B1: que la rotura de la pieza no ocasione daños adicionales.
- B2: que la rotura de la pieza ocasione daños adicionales de consideración.

NOTAS

En el caso B1 no se debe establecer un ciclo de sustitución como se hizo en C, pero sí un ciclo de revisión menor que la menor vida probable, y una vida igual a la mayor vida probable, al menos para el cálculo de los *stocks* de repuestos.

En el caso B2 se debe establecer un ciclo de sustitución de la pieza. Respecto a la incertidumbre, es válida la observación hecha en el caso C.

3 Caso A

El recorrido de la variable es tan grande que cualquier previsión de la vida de la pieza resultaría inútil. Es necesario, en este caso, efectuar una vigilancia continuada de la actuación de dicha pieza, por medio de revisiones muy frecuentes que se denominan, en general, «cotidianas».

Se llega de este modo a la conclusión de que un sistema de mantenimiento preventivo debe basarse en:

- Cambios preventivos de piezas:
  - Cíclicos (caso C y B2).
  - Detectados por las revisiones (reparación planificada).
- Revisiones, clasificadas en cuanto al tiempo:
  - A largo plazo (trimestrales, anuales), para observar desgastes normales de evolución lenta.
  - Cíclicas (caso B1).
  - Rutinarias o cotidianas (caso A).

NOTAS

Y en cuanto al modo, el mantenimiento, se puede realizar:

- Con la máquina en marcha (MM).
- Con la máquina parada (MP).
- Desmontando (D).

Y sobre estas premisas se debe estudiar y elaborar un sistema de mantenimiento preventivo de revisiones y reparaciones.

El mantenimiento preventivo debe partir de una buena ingeniería de la fiabilidad, haciendo estimaciones correctas de la vida de los componentes y piezas, de tal forma que se evite el riesgo de tener una avería catastrófica en plena producción, pero tampoco es conveniente cambiar piezas en excelente estado de funcionamiento. Por ello es importante disponer de un sistema de recogida de información sobre todas las intervenciones de mantenimiento, para obtener de este modo un buen historial de cada máquina.

Construcción de un plan de mantenimiento preventivo

La gestión del mantenimiento preventivo desarrollado a través del automantenimiento (etapa 8) y el mantenimiento programado (etapa 9) está basada en la elaboración de un plan de mantenimiento preventivo único para cada máquina, equipo o instalación existentes.

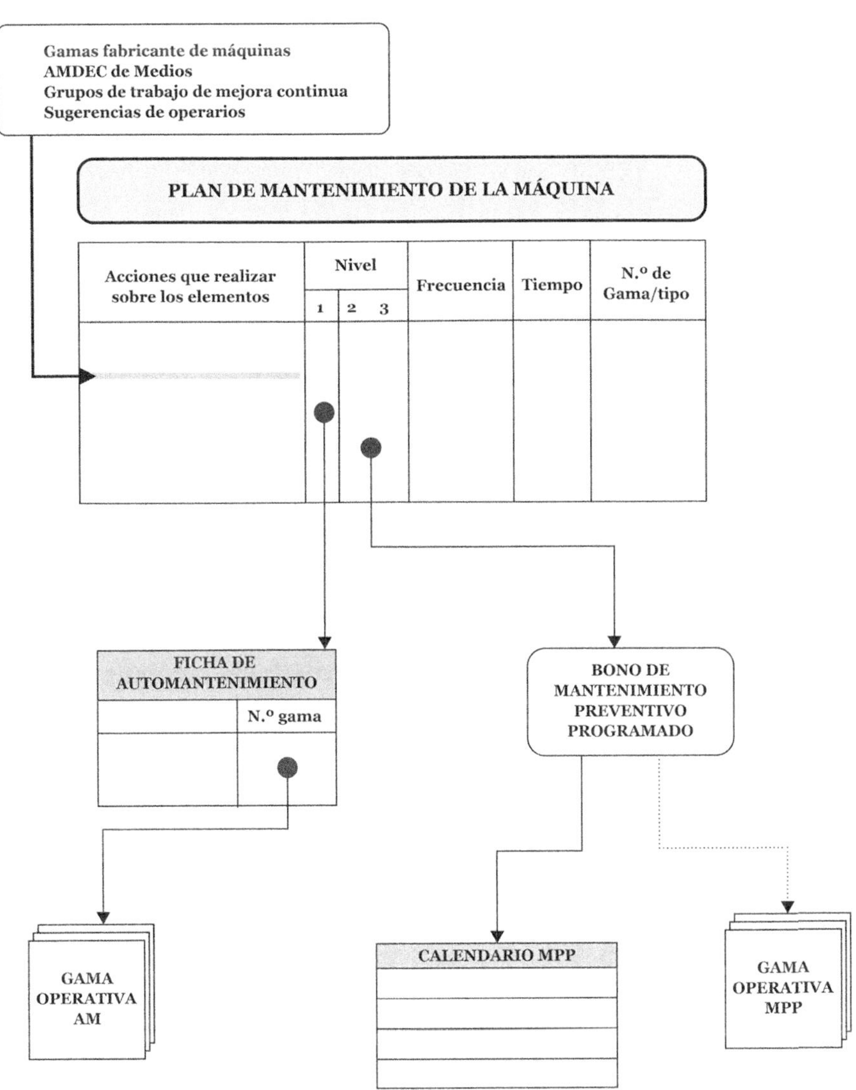

AM = Automantenimiento
MPP = Mantenimiento preventivo programado

NOTAS

Así, un plan de mantenimiento preventivo se compone de una lista exhaustiva de todas las acciones necesarias que hay que realizar en una máquina o instalación para mantenerla en su estado de origen o de referencia en términos de:

- Limpieza.
- Control.
- Visita de inspección.
- Engrase.
- Intervenciones de profesionales de mantenimiento, etc.

El plan de mantenimiento preventivo permite tener una visión global y concreta de todas las acciones preventivas previstas para un equipo o instalación determinado. Asimismo, permite hacer los enlaces esenciales entre los diferentes órganos o componentes de una máquina que deben cumplir con la misma función técnica. Por ello es un documento que permite considerar a una máquina como un conjunto de funciones que deben cumplir una misión dada y no como un conjunto de componentes, por lo que se planifican acciones de diferentes especialidades con las mismas funciones y con la misma frecuencia.

Sistemas y estudios del mantenimiento preventivo

Además de un completo historial, debemos disponer de la documentación técnica más completa en lo que se refiere a instrucciones de mantenimiento, dictadas por el propio

NOTAS

fabricante del equipo y por la experiencia a través de normas de revisión o instrucciones de explotación internas elaboradas sobre el citado equipo o máquina.

Un ejemplo de un buen dosier de documentación de una máquina puede ser el siguiente:

- Descripción detallada del equipo.
- Composición detallada y conexiones de todo tipo.
- Procedimientos relativos al funcionamiento del equipo:
  - Puesta en servicio.
  - Modos de marcha en automático a partir del pupitre general.
  - Modo de marcha en manual.
  - Ciclo de fabricación detallado.
  - Parada del equipo.
  - Consignas de uso y seguridad.
- Procedimientos relativos a los sistemas:
  - Hidráulico.
  - Neumático.
  - Eléctrico, electrónico.
  - Engrase.
- Otros procedimientos (cambios de útiles, herramientas, etc.).
- Lista de acciones preventivas:
  - Acciones de rutina.
  - Acciones de vigilancia.
  - Acciones sistemáticas.

NOTAS

(continuación...)

- Lista de acciones curativas:
  - Ayuda al diagnóstico.
  - Precauciones que deben tomarse en las intervenciones.
  - Comprobación de fallos y problemas de calidad.
  - Intervenciones recomendadas ante fallos.
- Listado de posibles averías e incidentes y su tratamiento.
- Gamas de mantenimiento preventivo sistemático y programado.
- Instrucciones para controlar e identificar piezas no conformes.

Estudio y optimización de un plan de mantenimiento preventivo

Una vez que se den las condiciones básicas para que el departamento de fabricación pueda asumir y aplicar el mantenimiento sistemático de los equipos que explota (aplicación del automantenimiento), ya se podría formar un grupo de trabajo entre mantenimiento, fabricación y métodos para definir los contenidos técnicos precisos de un plan de mantenimiento preventivo.

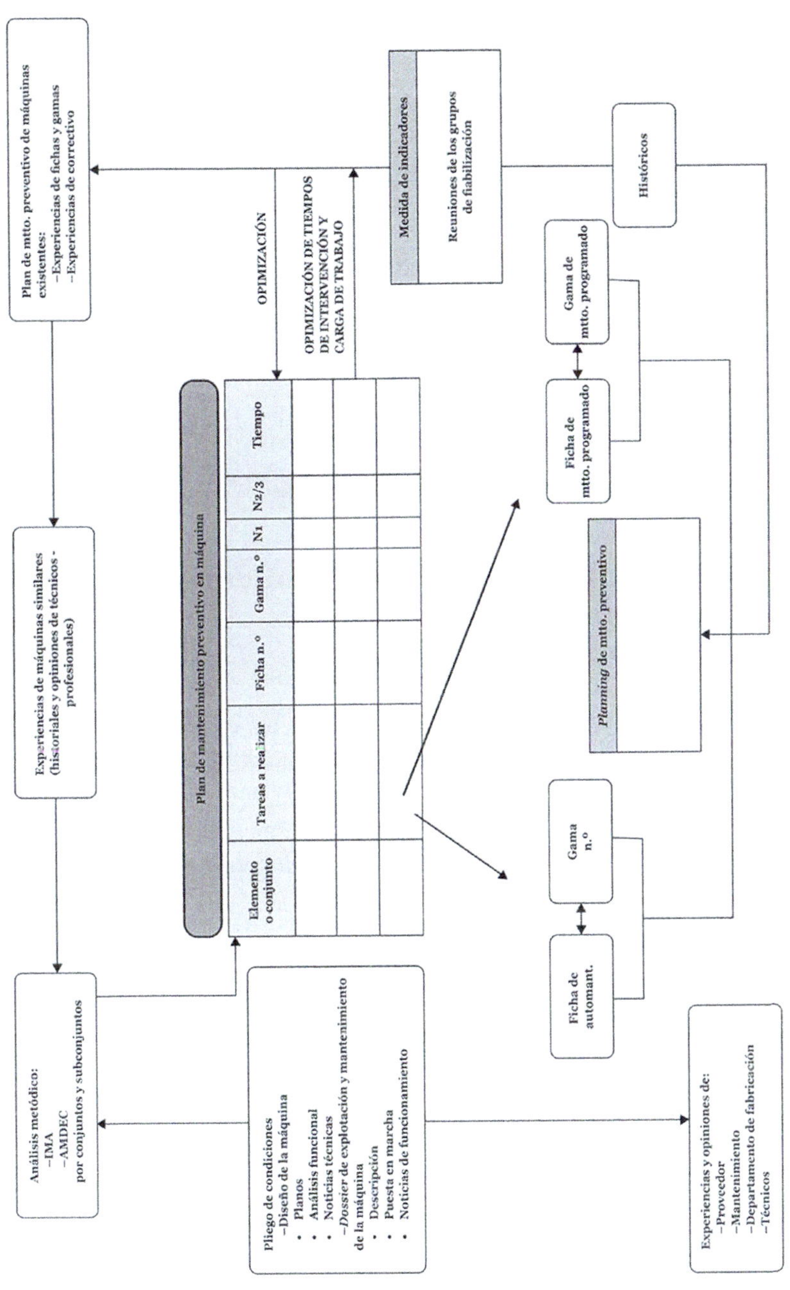
Plan de mtto. preventivo de máquinas existentes:
–Experiencias de fichas y gamas
–Experiencias de correctivo
Experiencias de máquinas similares (historiales y opiniones de técnicos - profesionales)
Análisis metódico:
–IMA
–AMDEC
por conjuntos y subconjuntos
Pliego de condiciones
–Diseño de la máquina
• Planos
• Análisis funcional
• Noticias técnicas
–*Dossier* de explotación y mantenimiento de la máquina
• Descripción
• Puesta en marcha
• Noticias de funcionamiento
Experiencias y opiniones de:
–Proveedor
–Mantenimiento
–Departamento de fabricación
–Técnicos
OPIMIZACIÓN
OPIMIZACIÓN DE TIEMPOS DE INTERVENCIÓN Y CARGA DE TRABAJO
Medida de indicadores
Reuniones de los grupos de fiabilización
Históricos
Gama de mtto. programado
Ficha de mtto. programado
Planning de mtto. preventivo
Gama n.º
Ficha de automant.
Plan de mantenimiento preventivo en máquina
Elemento o conjunto
Tareas a realizar
Ficha n.º
Gama n.º
N1
N2/3
Tiempo

NOTAS

A partir de este plan se preparan las gamas y fichas del automantenimiento y del mantenimiento programado con el fin de:

- Asegurar el mantenimiento del estado de referencia de los equipos y la gestión de su evolución a corto plazo.
- Organizar la posibilidad de planificar la disposición de los equipos para aplicar eficazmente los programas de mantenimiento.

¿Qué es una gama de mantenimiento preventivo?

Una gama de mantenimiento preventivo es la **descripción**, paso a paso, que debe seguirse para realizar una acción preventiva. Muestra la forma de realizarla de forma cronológica, los utillajes específicos necesarios, los valores de referencia, las consignas de seguridad, etc.

El detalle de su contenido está adaptado a la cualificación profesional del personal que realizará las acciones, pudiendo llegar a ser esquemas, textos, fotos, etc.

EQUIPO NEUMÁTICO-MECÁNICO — HOJA: 4/9 — NIVEL: 1

TALLER: CIGÜEÑAL — MÁQUINA: ME.347 — PUESTO: 3

ÓRGANO	N.º	CONTROL-TAREA QUE EFECTUAR	VALORES LÍMITE	TIEMPO TEÓRICO	MARCHA PARADA	OBSERVACIONES
Mecánico	1	Supervisar fugas a nivel de racores y tuberías flexibles y rígidas	C/R	1'	M	FRECUENCIA DIARIA Todos los turnos
Neumático	2	Mantener los filtros limpios. Cambiarlos si es necesario	C/R	2'	M	FRECUENCIA SEMANAL Viernes, último turno de trabajo
Equipo acondicionador	3	Comprobar el buen funcionamiento de los equipos acondicionadores de aire	C/R	8'	M	FRECUENCIA DIARIA Turno de tarde
Equipo acondicionador	4	Efectuar purgas manuales de los frascos de decantación (sedimentación)	C/R	1'	M	FRECUENCIA DIARIA Turno de tarde
Transfert	5	Verificar el buen estado de casquillos portaguías. Reponer si es necesario	C/R	6'	M	FRECUENCIA DIARIA Turno de tarde
Transportadores de piezas	6	Observar correcto funcionamiento de los mecanismos transportadores de piezas (entrada, salida y transfert)	C/R	4'	M	FRECUENCIA DIARIA Turno de tarde
Cabezales	7	Comprobar funcionamiento de rodillos de guías de cadenas contrapeso de cabezales	C/R	2'	P	FRECUENCIA DIARIA Turno de mañana
Cabezales	8	Comprobar y reponer, si fuese necesario, guías de brocas en cabezales	C/R	5'	P	FRECUENCIA DIARIA Todos los turnos
Cabezales	9	Comprobar deslizamiento de máscaras	C/R	2'	M	FRECUENCIA DIARIA
Cabezales	10	Comprobar bloqueo de cabezales con máquina parada	C/R	5'	P	Realícese al cambio de ráfaga
C/R= Condiciones de referencia						6 de marzo de 2025

Ficha de automantenimiento/autocontrol

La ficha de automantenimiento/autocontrol es un soporte de trabajo (bono u orden de trabajo) que sirve de guía al operario de fabricación para realizar, a su nivel de intervención, el mantenimiento elemental. Constituye un reagrupamiento de las acciones de automantenimiento, con la misma periodicidad, en general (diaria-semanal), extraídas del plan de mantenimiento preventivo de una máquina.

AUTOMANTENIMIENTO

	SEMANAL	NIVEL: 1
MÁQUINA:	TALLER:	SEMANA:

Número de empresa:	Turno mañana: Turno tarde: Turno noche:	Marcar con una X si no existen anomalías. Marcar con una R si necesita corregirse repararse. AUTOCONTROL: En el reverso de la hoja. Los resultados de cada control se marcarán con una X.

GAMAS	LUNES			MARTES			MIÉRCOLES			JUEVES			VIERNES			SÁBADO		
	M	T	N	M	T	N	M	T	N	M	T	N	M	T	N	M	T	N
LIMPIEZA																		
ENGRASE																		
ELÉCTRICO																		
NEUMÁTICO MECÁNICO																		
HIDRÁULICO																		
EQUIPO DE CONTROL																		
ASPIRACIÓN REFRIGERACIÓN																		
HERRAMIENTAS DE CORTE																		
AUTOCONTROL Y FRECUENCIALES DE CONTROL																		

CORRECCIÓN DE ANOMALÍAS

Documentar por el operario de la máquina		Documentar por J.U. / C.A.T.	
HORA	Descripción de la anomalía	Responsable ejecución	Tiempo estimado

Ficha de mantenimiento programado

La ficha de mantenimiento programado es un soporte de trabajo que sirve de ayuda al profesional encargado de hacer las tareas del mantenimiento programado. Está constituida por un grupo de acciones de la misma frecuencia extraídas del plan de mantenimiento preventivo de una máquina. Se debe hacer un reagrupamiento para obtener una buena planificación en el tiempo disponible de cada máquina.

MANTENIMIENTO　　FECHA: 12.01.25　　PAG 1
HORA: 20.17.28

CONSULTA AL FICHERO OPERACIONES GAMA MANTENIMIENTO

CDGRM	E	GAMA	OPERC	L	F	ELEMENTO	TITULO	MP	P.A.D.
713	E	193			V	VARIOS	ME-152 Y ME-286	CIGUE:	15.10.21

N.OP L F MP	DESCRIPCION	MEDIOS NECESARIOS
1 1 M	M/P - ELECTRICO-	
2		
3	(PORTICO). - REVISAR CONTROLES DE POSICIÓN	
4		
2 1 A	(PORTICO). - COMPROBAR ESTADO DE CONDUCCIONES Y	
2	MANGUERAS TRAMOS MOVILES	
3		
3 1 B	(TRANSFERT ROTATIVO). - COMPROBAR FINALES DE	
2	CARRERA	
3		
4 1 A	(TRANSFERT ROTATIVO). - REVISION Y LIMPIEZA, OBSERVAR	
2	ESTADO DE RODAMIENTOS, AISLAMIENTO Y CONSUMO	
3		
5 1 M	(ESTACION 01 MEDIDA). - REVISAR CONTROLES DE	
2	POSICION	
?		
4		
6 1 A	(ESTACION 01 MEDIDA). - REVISION DE MOTOR C.C. CUNA	
2	COMPROBAR ESTADO DE ESCOBILLAS Y COLECTOR	
3		
7 1 M	(ESTACION 02). - COMPROBAR FINALES DE CARRERA	
2		
8 1 M	(UNIDADES 021-023). - COMPROBAR FINALES DE CARRERA,	
2	CAJAS MULTICONTACTOS Y DETECTORES DE POSICION	
3		
9 1 A	(UNIDADES 021-023). -REVISION Y LIMPIEZA DE MOTORES	
2	OBSERVAR ESTADO DE RODAMIENTOS, AISLAMIENTO Y	
3	CONSUMO	
4	VERIFICAR REGLAJE EN FINALES DE CARRERA, PARA SEGURIDAD	
5	FIN AVANCE Y RETORNO SUPLEMENTARIO	
6		
10 1 M	(ESTACION 03). - COMPROBAR FINALES DE CARRERA	
2		
11 1 M	(UNIDAD 031). - COMPROBAR FINALES DE CARRERA	
2	CAJA MULTICONTACTOS Y DETECTORES DE POSICION	
3		
12 1 A	(UNIDAD 031). - REVISION Y LIMPIEZA DE MOTORES,	
2	OBSERVAR ESTADO DE RODAMIENTOS, AISLAMIENTO Y	
3	CONSUMO	
4	VERIFICAR REGLAJE EN FINALES DE CARRERA, PARA	
5	SEGURIDAD FIN AVANCE Y RETORNO SUPLEMENTARIO	
6		
13 1 M	(GRUPO HIDRAULICO). - COMPROBAR SENSORES DE CONTROL	
2	Y REVISAR PRESOSTATOS	
3		
14 1 M	(GRUPO HIDRAULICO). - REVISION Y LIMPIEZA DEL MOTOR	
2	DE BOMBA HIDRAULICA, OBSERVAR RODAMIENTOS	
15 1 M	(ARMARIO ELECTRICO GENERAL Y P.G.). - REVISION Y	
2	LIMPIEZA DE ARMARIO	
3	REVISAR PUPITRE GENERAL, REPONER LAMPARAS	
4	COMPROBAR FUNCIONAMIENTO DE COLUMNA LUMINOSA	

MANTENIMIENTO FECHA 12.01.25 PAG 2
HORA 20.17.28

CONSULTA AL FICHERO OPERACIONES GAMA MANTENIMIENTO

CDGRM	E	GAMA	OPERC	L	F	ELEMENTO	TITULO	MP	P.A.D.
713	E	193			V	VARIOS	ME-152 Y ME-286	CIGUE:	15.10.21

N.º OP	L	F	MP	DESCRIPCIÓN	MEDIOS NECESARIOS
	5				
16	1	B		(ARMARIO ELÉCTRICO GENERAL). - OBSERVAR FUNCIONAMIENTO	
	2			DE AUTÓMATA	
	3			REVISAR CIRCUITO DE POTENCIA, REAPRETAR BORNAS	
	4			REVISAR CIRCUITO MANIOBRA GENERAL	
	5			COMPROBAR FUNCIONAMIENTO DEA CLIMATIZADOR	
	6				
17	1	A		(ARMARIO ELECTRICO GENERAL). - COMPROBAR CALIBRE DE	
	2			FUSIBLES	
	3			REVISAR ESTADO Y PUESTA AL DIA DE DOCUMENTACION	
	4			REVISAR CAJA POGLIANO, REAPRETAR CONEXIONES	
	5				
18	1	W		(ARMARIO ELECTRICO GENERAL). - REPONER PILAS DE	
	2			AUTÓMATA	
	3				
19	1	M		(FLUGEN). - COMPROBAR FUNCIONAMIENTO DEL EQUIPO DE	
	2			ENGRASE CENTRALIZADO	
	3			REVISAR PRESOSTATOS DE REFRIGERANTE Y AIRE	
	4				
20	1	M		(VARIOS). - REVISAR CONTROLES CIERRE DE PUERTAS	
30	1	M		REVISIÓN DE ALUMBRADO	
	2				
31	1	M		REVISAR PROTECCIONES Y SEGURIDADES ACTIVAS	

FIN DE LISTADO CONSULTA AL FICHERO OPERACIONES GAMA MANTENIMIENTO

Constitución del grupo de trabajo para estudiar y optimizar un plan de mantenimiento preventivo

Con el fin de elaborar planes de mantenimiento preventivo el grupo de trabajo puede animarse mediante un técnico de mantenimiento. Además, participarán técnicos de:

- Fabricación.
- Mantenimiento.
- Métodos.
- Calidad.
- Logística y flujos (siempre que sea necesario).

En principio, por la fuerte carga de trabajo que supone elaborar un plan de mantenimiento preventivo, se deben cuidar las máquinas más problemáticas con baja disponibilidad operacional y elevados costes de mantenimiento, así como extender la acción a un conjunto de máquinas de la misma familia.

Antes de comenzar a estudiar un plan de mantenimiento preventivo es necesario reagrupar todos los documentos necesarios y existentes:

NOTAS

- Fichas y gamas de mantenimiento preventivo existentes.
- Historial de fallos y su análisis por métodos analíticos tipo AMDEC o AMFEC.
- Recomendaciones de los fabricantes y opiniones de los operadores de fabricación y profesionales de mantenimiento.
- Descomposición de la máquina por conjuntos y funciones.

Se dispone así de un buen estado de los lugares de cada una de las máquinas que se deben analizar. Los pasos que el grupo debe dar para estudiar u optimizar un plan de mantenimiento preventivo existente serían los siguientes:

1. En primer lugar, se dividen las líneas de producción por máquinas o equipos, y, a su vez, estos se dividen en órganos o conjuntos y, por último, en componentes.
2. Se somete a control estadístico a estas máquinas, órganos y componentes en funcionamiento, observando su comportamiento y elaborando un historial de averías y paradas. En este historial el dato más importante es el tiempo de buen funcionamiento (TBF), pues servirá de base al método que se está describiendo. Es necesario asegurarse de que las averías y todo tipo de disfunción de los equipos y máquinas se deben a su edad y no al azar, es decir, que son problemas crónicos y no esporádicos.

NOTAS

(continuación...)

Es, pues, necesario determinar, en principio, si la fiabilidad disminuye globalmente con el tiempo de funcionamiento. Si esta condición no se cumple, no es necesario establecer un plan de mantenimiento preventivo. Si esta condición sí se cumple, se investiga primero el órgano y después el componente responsable de la degradación, con el fin de definir una política de mantenimiento preventivo para este órgano o máquina.

3. Para cada equipo que conforma una línea de producción, se traza la curva de fallos en función del tiempo de funcionamiento obtenido a partir del historial del equipo o máquina analizado, calculando la tasa media de fallo del mismo (X) y se procede a observar dicha curva.
   - Si es una **curva a tasa constante** no es necesario considerar un plan de mantenimiento preventivo complejo para el equipo analizado, sino que bastaría un mantenimiento sistemático elemental con base en inspecciones rutinarias (automantenimiento) que logre bajar la curva de la tasa de fallos.
   - Si la **tasa de fallo está ligada al azar**, no se puede establecer una política de mantenimiento preventivo. Para mejorar la fiabilidad es necesario:
     - ➤ Crear redundancias en el equipo, es decir, duplicar ciertas funciones u órganos.
     - ➤ Elegir órganos o componentes con mejor fiabilidad por medio de planes de mejora.
     - ➤ Hacer estudios de fiabilización incorporando pequeñas modificaciones en el equipo.

(continuación...)

- Si la **tasa es creciente con la edad**, es necesario considerar un plan de mantenimiento preventivo óptimo que reconduzca la tasa de fallo a un nivel constante y lo más bajo posible.

Nivel y frecuencia de una intervención preventiva sobre un equipo

En este plan de mantenimiento preventivo es deseable el mínimo cambio de órganos y componentes. Es necesario, por lo tanto, localizar el órgano y los componentes responsables del crecimiento de la tasa de fallo del equipo.

El método de este análisis comprende dos etapas: la primera será determinar el nivel de intervención, es decir, identificar el órgano responsable, mientras que la segunda será determinar la frecuencia de la intervención.

> **Nivel de intervención**
Trazar un diagrama de Pareto para los órganos afectados por los fallos. Este diagrama permite descubrir cuáles están más afectados. Estos pueden ser los verdaderos culpables del aumento de la tasa de fallo del equipo. Se estudia y define la ley de mortandad de los órganos sospechosos.

NOTAS

(continuación...)

› **Frecuencia de intervención preventiva**
Una vez definido el nivel de intervención preventiva sobre determinados órganos, es necesario encontrar la frecuencia de intervención para lo cual se determinará, como ya se ha indicado, la ley de mortalidad de los órganos culpables.

Esta ley de mortalidad la extraemos del histórico del equipo observando períodos de vida de los órganos que se están analizando, lo que conducirá a una de las tres situaciones ya reseñadas en este capítulo y que determinan la **frecuencia de intervención** y el **tipo de intervención**. En este punto es útil recordar la siguiente figura:

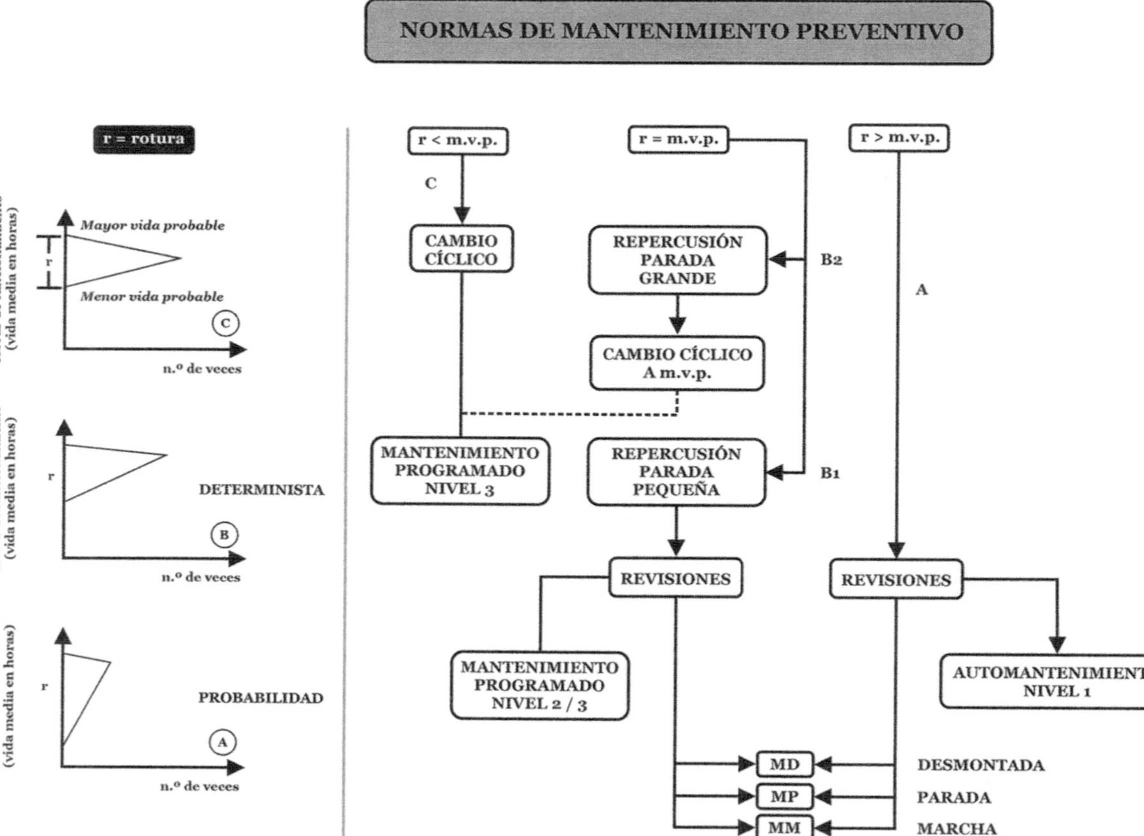
NORMAS DE MANTENIMIENTO PREVENTIVO
r = rotura
Mayor vida probable
r
Menor vida probable
C
Horas de funcionamiento (vida media en horas)
n.º de veces
r
DETERMINISTA
B
Horas de funcionamiento (vida media en horas)
n.º de veces
r
PROBABILIDAD
A
Horas de funcionamiento (vida media en horas)
n.º de veces
r < m.v.p.
C
CAMBIO CÍCLICO
MANTENIMIENTO PROGRAMADO NIVEL 3
r = m.v.p.
REPERCUSIÓN PARADA GRANDE
B2
CAMBIO CÍCLICO A m.v.p.
REPERCUSIÓN PARADA PEQUEÑA
B1
REVISIONES
MANTENIMIENTO PROGRAMADO NIVEL 2 / 3
r > m.v.p.
A
REVISIONES
AUTOMANTENIMIENTO NIVEL 1
MD
MP
MM
DESMONTADA
PARADA
MARCHA

- Caso C con r < m.v.p.
- Caso B con r = m.v.p.
- Caso A con r > m.v.p.

Si el plan de mantenimiento preventivo así asignado consiste en inspecciones cíclicas y rutinarias de los órganos analizados y no en un cambio cíclico de estos, se puede profundizar en cada órgano para establecer dentro de él un plan de mantenimiento preventivo de sus componentes.

A partir de ese momento, ya se puede dividir el plan general de mantenimiento preventivo en los niveles 1,2 y 3, como se ve en la figura superior:

- Nivel 1: automantenimiento.
- Niveles 2 y 3: mantenimiento programado.

Asimismo, se pueden elaborar las gamas correspondientes a cada nivel y en cada una de las máquinas que componen una línea o proceso de producción.

El **tiempo de elaboración** de las gamas y fichas de un plan de mantenimiento preventivo puede aproximarse a cuarenta o cincuenta horas de trabajo del equipo distribuidas en cinco sesiones de unas dos horas por sesión.

NOTAS

Un ejemplo de los pasos que debe seguir el grupo de trabajo, una vez identificados los órganos o conjuntos en estudio, sería el siguiente:

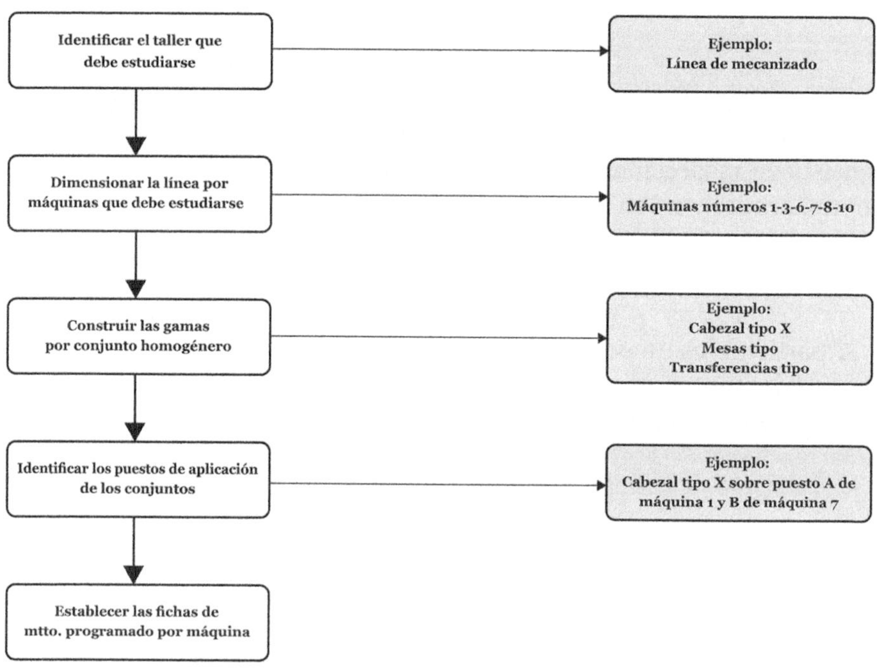

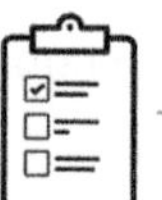

› Seleccionar los conjuntos homogéneos de máquinas iguales o similares que existan en la línea de producción en estudio. Por ejemplo:
  - Máquinas iguales o similares n.º 1, 3, 6, 7, 8 y 10.
  - Elementos de transferencia referencia X.
  - Sistemas de lubricación referencia Y.
  - Manipuladores tipo A.
  - Transportadores de pieza tipo B.

NOTAS

(continuación...)

- Reagrupar las documentaciones existentes:
  - Documentación del constructor.
  - Noticias de funcionamiento elaboradas por la sección de métodos, mantenimiento y el taller.
  - Planos de todo tipo.
  - Experiencias y sugerencias de fabricación y mantenimiento incorporadas en los historiales tras las intervenciones por mantenimiento correctivo.
  - Fichas técnicas y de reglaje.
  - Listado de piezas de recambio.
- Estudiar el ciclo de vida de cada conjunto para seleccionar, jerarquizar y determinar tipos de tareas que realizar con ayuda de los históricos.
- Descomponer el conjunto homogéneo en subconjuntos. Ejemplos:
  - Conjunto: cabezal de torneado.
  - Subconjuntos:
    - Punto fijo o móvil.
    - Sistema de avance de mesa.
    - Grupo hidráulico.
    - Equipo eléctrico.
- Para cada subconjunto, hay que definir los componentes por inspeccionar. Por ejemplo:
  - Subconjunto del punto fijo o móvil.
    - Componentes:
      — Rodamiento del eje.
      — Punto.
      — Forro del eje en punto móvil.

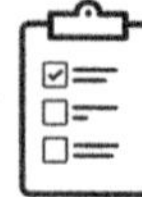

(continuación...)

- Efectuar un análisis, en grupo de trabajo, para cada subconjunto y de arreglo a la cadena cinemática de la máquina determina lo que es necesario y conveniente inspeccionar. Anotar las acciones de trabajos por realizar para cada componente. Ejemplos:
  - Sobre el subconjunto: punto fijo-móvil:
    - Componente por inspeccionar: rodamiento de eje.
    - Trabajo por realizar: cambio sistemático de rodamiento y junta.
  - Sobre el subconjunto punto móvil:
    - Componentes por inspeccionar: forro de eje y equipo del punto.
    - Trabajos por realizar: controlar el estado de la junta del punto móvil, verificar ciclo de engrase del punto y controlar presión de bridaje.
- Reagrupar y repartir las acciones en función de los criterios siguientes:
  - Nivel de intervención:
    - De operario de fabricación (caso A). Ejemplo: verificar ciclo de engrase del punto.
    - Profesional integrado en la fabricación (caso B1). Ejemplo: control del estado de la junta del punto.
    - Profesional de mantenimiento (casos C y B2). Ejemplo: cambio de rodamiento y junta del eje.

NOTAS

(continuación...)

- Frecuencia de los trabajos:
  - Diaria
  - Semanal
  - Mensual
  - Trimestral
  - Semestral, etc.

- Cuando esté así identificada cada acción, hay que responder a las siguientes cuestiones con ayuda de un cuadro similar al que consta en la figura de más abajo:
  - Valores límite y espacio para valores observados.
  - Medios que se deben utilizar: útiles de control, herramientas, etc.
  - Estado de la máquina para realizar el trabajo:
    - En marcha
    - Parada
  - Especialidad del trabajo que debe realizarse y su cualificación:
    - Mecánica
    - Eléctrica, etc.
  - Tiempos de intervención.
  - Si es con reemplazamiento cíclico, especificar las piezas de recambio que sean necesarias, con identificación total.
- Elaborar el modo de funcionamiento del mantenimiento preventivo programado para cada nivel de intervención.

TPM		GAMA DE MANTENIMIENTO PREVENTIVO NIVEL-3				Fecha:	
Tiempo intervención previsto____ horas			Máquina	Línea		Frecuencia: S, M, T, Se.	
				Medios			
N.º	Trabajos que deben efectuarse	Valor	Valor	Útil	Control	Frecuencia	Reemplazamiento condicional Observaciones
21	*Equipo eléctrico* Motores corriente continua de avance: verificar aislamiento motor, si inferior a 500 K Ω no cambiarios. Verificar el colector. Verificar el aislamiento de la dinamo y su colector. Controlar la tensión de la dinamo tacométrica. *Motor de generación tallado* Ídem.				Osciloscopio		
2	*Plato porta piezas* Control del juego axial husillo. Control juego husillo piñón.	0,01 0,02		Soporte referencia	Comparador		
3 4	*Carro portaherramienta de husillo hidrostático* Control de juego radial con p = 60 Control de juego radial sin presión. Control juego axial rótula. Control juego guía hidrostática. Control juego rueda trinquete y sin fin.	0 0,03 0,02 0,01 0,02					

NOTAS

Así, ya se dan las condiciones para preparar y comentar cada una de las etapas 8 y 9 que aseguran el mantenimiento de la calidad de los equipos productivos y procesos industriales si se ejecutan con rigor los planes de mantenimiento preventivo y se mejoran y optimizan permanentemente.

ETAPA 8: DESARROLLO DEL MANTENIMIENTO AUTÓNOMO

Según lo reseñado hasta ahora, una parte importante del mantenimiento preventivo sistemático es el mantenimiento autónomo.

> El **mantenimiento autónomo** consiste, dicho de forma sencilla, en integrar la intervención del mantenimiento del nivel 1 en la fabricación a través de rondas o inspecciones rutinarias en las que se efectúan actividades de limpieza, controles visuales, medidas simples de parámetros, lubricación de puntos de engrase, pequeños ajustes y operaciones de mantenimiento elemental.

Estas inspecciones son un elemento fundamental para detectar las anomalías mediante distintos síntomas (goteos o fugas de aceite, ruidos, vibraciones, temperaturas anormales, etc.), por lo que puede ser, en muchas ocasiones, un sustituto del predictivo, con equipos e instrumentos menos sofisticados y personal menos cualificado.

Con frecuencia, estas inspecciones dan lugar a sustituciones, ajustes e intervenciones no planificadas, cuya necesidad determina el propio operario de la fabricación gracias a la inspección realizada.

Esta etapa tiene por objetivos:

- Modificar el entorno de trabajo preparando y realizando un plan 5S para que el operario del departamento de fabricación asuma de inmediato la limpieza y el orden de su puesto de trabajo.
- Preparar a los operadores del departamento de fabricación para que lleguen a dominar los equipos o instalaciones de producción. De esta forma se asegura el mantenimiento del estado de referencia de los equipos.
- Organizar y realizar el mantenimiento autónomo y optimizarlo de forma continua, animando e implicando a todos los operarios para que trabajen con rigor y responsabilidad, aportando ideas para optimizar las tareas a lo justo y necesario.

Dominio de los equipos e instalaciones

Dominar un proceso mediante el dominio del comportamiento de los equipos del departamento de producción que lo conforman, significa disponer de operarios:

- Con capacidad de descubrir degradaciones y disfunciones en los estándares y parámetros de los equipos y proponer mejoras.
- Que comprendan la función de los mecanismos y el funcionamiento de los equipos, y lleguen a descubrir la causa de una degradación o disfunción.

NOTAS

(continuación...)

- Que comprendan la relación que existe entre la calidad del producto/pieza y la propia del equipo, y que posean la capacidad de prever anomalías y derivas en cuanto a la calidad que se haya observado, así como descubrir su origen.
- Que sean capaces de trabajar en equipo para el análisis físico de los problemas y su resolución.
- Que sean capaces de efectuar pequeñas reparaciones, sustituyendo componentes sencillos y tomando medidas urgentes ante un problema.

DESARROLLO DEL AUTOMANTENIMIENTO

En primer lugar, es preciso concienciar a toda la organización sobre la práctica de la prevención, algo que debe sistematizarse de forma permanente y con rigor.

¿Qué es la prevención?

Practicar la prevención es evitar la aparición de modos de fallo:

- Manteniendo el estado de referencia de un equipo.
- Detectando defectos y problemas potenciales de tener un fallo.
- Detectando precozmente desviaciones del estado de referencia, tomando las precauciones y acciones para evitar dichas desviaciones, es decir, mejorar o fiabilizar mediante la aplicación de medidas urgentes.

NOTAS

Asimismo, prevenir la degradación del estado de referencia de un sistema productivo es:

Aumentar la calidad de las inspecciones programadas en relación con:

- Método operatorio.
- Frecuencia.
- Criterio de observación.
- Conocimiento por aprendizaje y experiencia.

La prevención se debe basar en una gestión anticipada de las causas de los modos de fallo, montando una estructura organizacional que inspeccione y controle anticipadamente las causas de fallos sobre las 5M de un proceso. De este modo, la prevención no debe ser una gestión de las consecuencias . Por ejemplo, tratar los defectos que aparecen en los productos fabricados en un determinado proceso es simplemente mejorar o fiabilizar los fallos existentes, y por lo tanto, esto no pude considerarse una prevención.

Cultura de la prevención

La estrategia de una nueva cultura de la prevención que se va a implantar en la empresa tendrá las características siguientes:

NOTAS

- Disminuir los fallos y las paradas, que tenderán a cero.
- Evitar la aparición de modos de fallo:
  - Manteniendo el estado de referencia y los estándares de los equipos, aplicando el rigor en las tareas.
  - Detectando fallos, defectos y problemas potenciales y sus causas por el análisis de las 5M de un proceso productivo, aplicando métodos de resolución de problemas en grupo.
  - Mejorando, al tomar medidas urgentes.
- Aumentar la calidad de las inspecciones a través del aprendizaje y el perfeccionamiento continuo.

Concienciación sobre la prevención

Si se persigue implicar a todos los profesionales del departamento de fabricación y mantenimiento, se puede preparar una estrategia de concienciación basada en:

- Un plan de comunicación e información extendido a todos los empleados.
- Un plan de prácticas para detectar anomalías, en el que participen todos los niveles y estamentos de la compañía.
- Un plan de formación en la metodología de resolución de problemas en grupo para mejorar y optimizar los planes de prevención.

Plan de comunicación e información

Este plan se puede integrar en el general del proyecto, como ya se ha analizado en el capítulo 3.

Tal y como se reseñó en dicho capítulo, animar esta información se garantizará mediante:

- Los propios miembros del Comité de Dirección de la empresa, acompañados por el que será el piloto o responsable del plan.
- Animadores técnicos especializados, que formarán parte de la célula de pilotaje que se formalizará en las siguientes etapas o acciones de prácticas para detectar anomalías y métodos de resolución de problemas.

Así pues, se trata de lograr, en una sesión de dos a cuatro horas, los siguientes objetivos:

- **Facilitar la información** general del plan a todos los mandos y técnicos de la compañía con ayuda, por ejemplo, de un manual preparado al efecto y que posteriormente se extenderá a toda la organización (un ejemplo se recoge en el Anexo VI).
- **Buscar la adhesión** de la nueva estrategia de prevención entre los mandos y técnicos-animadores.

(continuación...)

- **Identificar la manera de transmitir la estrategia** a todos los niveles y áreas de la empresa, para dar una visión general de las diferentes etapas con ayuda del manual que se mencionado.
- **Complementar el plan de comunicación** de la estrategia a todos los niveles de la organización, con ayuda de pósteres, trípticos de bolsillo, etc., dado que es imprescindible comunicar el plan a todos los empleados y recoger sus opiniones. Esto se debe a que la adhesión de forma compartida al proyecto se sitúa por encima de cualquier otra consideración.

NOTAS

Es preciso recordar que el objetivo de esta sesión plenaria, de unas dos horas de duración, será el de concienciar a todos los participantes sobre las nociones de la prevención y el análisis de problemas, además de la necesidad de que todos participen en el desarrollo y continuidad de la acción.

Posteriormente, y a nivel de los responsables de taller, se puede extender un plan de información y formación más específico, de al menos tres días de duración, con estos objetivos:

- Conocer el plan para concienciar sobre la prevención y la entrega del manual correspondiente.
- Aprender el método para detectar anomalías mediante la identificación por medio de etiquetas.

(continuación...)

- Repasar la metodología para resolver problemas basada en el ciclo PDCA.
- Ofrecer las herramientas de comunicación pedagógica necesarias para que ellos mismos puedan tanto informar como formar a sus colaboradores.
- Permitir, como conclusión de las jornadas, que se aclaren todas las dudas que se puedan tener y que puedan bloquear el proceso.

Concienciar sobre la prevención a través de prácticas para detectar de anomalías

Estas prácticas están basadas en el binomio limpieza-inspección de un equipo, que constituye el centro de todas las actividades del automantenimiento que deben realizar los operadores de fábrica. Así:

- La limpieza es inspección.
- La inspección encuentra problemas.
- Los problemas exigen un plan de acción, identificando la causa del problema, para corregir y evitar su repetición optimizando el plan de mantenimiento preventivo o mejorando el equipo.

NOTAS

Este binomio plantea cuál debería ser el estado de referencia de un equipo. La práctica consiste en:

- Conocer el buen funcionamiento de un equipo.
- Limpiar e inspeccionar, para identificar anomalías.
- Adherir una etiqueta en cada anomalía que se haya detectado.
- Planificar en una reunión las tareas que deben realizarse y quién las va a realizar, para resolver las anomalías más complejas.
- Corregir la anomalía cuanto antes y de manera autónoma, retirando la etiqueta.

Los tipos de anomalías que se pueden encontrar son las siguientes:

- **Estáticas** (suciedad, holguras, muescas por golpes sobre guías, fugas, etc.) que se pueden detectar con la máquina parada.
- **Dinámicas** (vibraciones, ruidos, presiones, temperaturas, etc.) que se pueden detectar con la máquina en marcha.

Los estados de la máquina solo pueden ser dos:

- **Normal**, que tiende a un estado degradado natural, que se puede evitar a través de un mantenimiento preventivo eficaz y mediante su optimización.
- **Anormal**, que tiende a un estado degradado forzado, por lo que se debe intervenir para corregir la anomalía y retornar cuanto antes al estado normal mediante

NOTAS

reparación y optimización del plan de mantenimiento preventivo.

Los diversos tipos de anomalías que se podrían detectar incluyen, entre otros:

- Restos de material (virutas, polvo, etc.).
- Suciedad.
- Fugas y goteos, proyecciones de líquido de corte, de viruta, etc.
- Elementos sueltos (tornillos, tuercas, etc.).
- Juegos anormales.
- Falta de algún componente.
- Piezas golpeadas, con desgaste, oxidación, etc.
- Roturas, grietas, deformaciones, etc.
- Vibraciones, oscilaciones, ruidos extraños, etc.
- Calentamiento, olor extraño, color alterado.
- Desalineaciones, excentricidades.
- En definitiva, todo aquello que parezca anormal y que pueda evolucionar hacia una degradación forzada.

Organización de una práctica en grupo para detectar anomalías mediante la identificación con etiquetas

La práctica consiste en:

- Elegir de la máquina.
- Preparar la máquina en cuanto a:
  - Consignas de seguridad.

(continuación...)

- Material y productos de limpieza.
- Etiquetas suficientes para los componentes del grupo (un mínimo de doce de cada color para cada componente).

› Formar en sala para preparar la práctica: 60 min.

› Observar la máquina en marcha: 30 min.

› Buscar y detectar las anomalías y anotarlas sobre etiquetas, colgando una copia sobre el punto identificado: 30 min-90 min.

› En la sala, clasificar las etiquetas y analizar los problemas potenciales: 150 min.

› Elaborar una síntesis de la práctica para identificar quién va a efectuar el seguimiento de las acciones sobre las anomalías y evitar que estas se repitan.

De modo no excluyente, los medios materiales necesarios para realizar la práctica son los siguientes:

› Prendas de vestir y de seguridad:
- Chaqueta y pantalón (o mono) con bolsillos.
- Calzados de seguridad.
- Guantes y gafas de seguridad.
- Trapos y productos de limpieza.
- Cascos de seguridad.

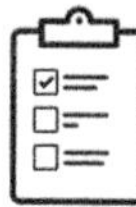

(continuación...)

- Herramientas:
  - Una caja de herramientas manuales disponible para el grupo, a pie de máquina.
- Medios técnicos:
  - Proyector de presentaciones en la sala.
  - Tablero de trípode con papeles.
  - Ordenador.
- Material de oficina:
  - Folios.
  - Rotuladores (negro, rojo, azul) en buen estado.
  - Bolígrafos para todos los componentes del grupo.
  - Unos cuantos paquetes de pósit para notas.
  - Una barra de pegamento de papel.
  - Cinta adhesiva y chinchetas.
  - Etc.

Las tres reglas de oro de primer nivel para ayudar a la prevención en una práctica para detectar anomalías

El polvo, el calor, la humedad, las taladrinas, los ambientes corrosivos, los residuos de productos químicos, los vapores, las vibraciones, etc., pueden afectar al buen funcionamiento y duración de un equipo de producción si no se analizan las causas de los ataques de estos fenómenos, si no se lleva a cabo una prevención y se estudia cómo abordarlos para solucionarlos de forma definitiva.

NOTAS

En la mayoría de los casos de inspección preventiva y de prácticas para detectar anomalías, las instrucciones deberán incluir las tres reglas de oro de primer nivel:

- **Manténgase limpio**
  La suciedad es una de las causas principales de averías en los equipos de producción, sobre todo en equipos eléctricos y partes móviles, y puede causar pérdidas de velocidad, quemado de motores por aumento de temperatura, gripados, mala calidad, etc.
  Si se combina con aceites o taladrinas en grandes cantidades, puede originar atascos en zonas de desplazamiento, corrosiones, falta de calidad en operaciones de rectificado, etc.
- **Manténgase seco**
  Todos los equipos de producción, en general, trabajan mejor en un ambiente seco para evitar corrosiones de componentes mecánicos, oxidación de componentes eléctricos, etc., si bien debemos prestar atención a las aspiraciones del polvo que se pueda ocasionar.
  Una humedad alta permanente en el propio ambiente del equipo por taladrinas, aceites, etc., puede producir cortocircuitos en algún componente eléctrico, oxidaciones en elementos mecánicos de precisión, etc. En muchas ocasiones, no es suficiente la elevada hermeticidad en el diseño de componentes, de forma que la única solución es evitar salpicados, entradas de líquido en los componentes de los equipos, etc.

(continuación...)

› **Manténgase hermético y libre de fricciones**
Hoy en día de manera más acentuada, por el empleo de altas velocidades de corte, la mayoría de los componentes de un equipo están sometidos a desgastes por fricciones, lo que origina holguras y, por tanto, posibles vibraciones o desequilibrios, entrada de taladrina en componentes de riesgo (piñonería, etc.), aflojándose elementos vitales de conexión (hidráulica, eléctrica, etc.).
En la inspección rutinaria hemos de estar atentos a estos deterioros debidos a fricciones y pérdidas de estanqueidad, con el fin de realizar reaprietes, ajustes, cambios de juntas rotativas de manera planificada, controles de estanqueidad, control de niveles de aceite de engrase, control de vibraciones y de temperaturas, etc.

Asimismo, se debe tener en cuenta que un alto porcentaje de las averías eléctricas y electrónicas son, en realidad, de origen mecánico y no tienen relación alguna con la capacidad o cualidades eléctricas del componente.

En este apartado cabe poner de ejemplo: conexiones o conectores flojos debido a vibraciones mecánicas; desperfectos en cables y sus protecciones causados por roces o fricciones de algún componente mecánico; suciedad o humedad adherida a algún elemento eléctrico o electrónico del circuito, debido a virutas, polvo abrasivo, taladrinas, goteo de aceites, etc.

Algunas pistas de chequeo para desarrollar estas prácticas y aplicar las tres reglas de oro

NOTAS

Como ya se ha indicado, hay que evitar el deterioro acelerado.

El deterioro es el fenómeno que conduce a un equipo o máquina a averiarse o a generar defectos.

Existen dos tipos de deterioros: el natural y el acelerado:

- Se denomina **deterioro natural** a aquel que se da cuando el equipo se utiliza correctamente y ciertas partes o componentes friccionan entre sí, causando progresivamente un deterioro físico.
- En contraste, el **deterioro acelerado** es el que se da antes de lo que sería natural en el funcionamiento del equipo. Generalmente se causa por no practicar con rigor algunas limpiezas o inspecciones, como, por ejemplo, no mantener las guías de una bancada limpias y lubricadas o ignorar las cargas axiales excesivas en un rodamiento por no cambiar la herramienta de corte a su frecuencia o estándar establecido.

Como se puede apreciar a continuación, estos chequeos se practican con los cinco sentidos y con sensatez; solamente es preciso estar atentos y practicarlos con rigor de forma cotidiana. Estos serían algunos ejemplos:

Ejemplo de lista de comprobación de un grupo hidráulico

› Observar:

- ¿Está el aceite del grupo hidráulico contaminado de polvo, virutas o talad riña?
- ¿Hay fugas de aceite en bombas, distribuidores, juntas, conexiones, etc., o aparecen sobre el tanque del grupo?
- ¿Son adecuados y funcionan correctamente los manómetros de presión del grupo hidráulico?
- ¿Muestran estos manómetros los valores de presión correctos?
- ¿Son claramente visibles a distancia los valores del nivel de aceite?
- ¿Es correcto el nivel de aceite en el grupo hidráulico?
- ¿Es correcto su color?
- ¿Están apretadas todas las conexiones?
- ¿Están apretadas las tapas de los conductos de llenado de aceite?

› Escuchar:

- ¿Se escuchan ruidos extraños en bombas, motores, distribuidores, tuberías u otros elementos de la máquina accionados hidráulicamente?

› Tocar:

- ¿Hay calor excesivo o vibraciones en bombas, motores o distribuidores?
- ¿Se han aflojado tuercas, contratuercas en uniones de tuberías, bombas, motores o distribuidores?

NOTAS

(continuación...)

- ¿Se cruzan o tocan tubos de conducción hidráulica, produciendo fricciones entre ellos?

› Oler:

- El aceite, además de observar su estado y color, ¿huele mal?

› Desmontar:

- Si desmontamos juntas de acoplamiento del motor o bomba, ¿se observan señales de desgaste o deformación?
- En los cambios de aceite, ¿se observa suciedad acumulada dentro del tanque principal?
- ¿Están atascados los filtros del grupo?

Ejemplo de lista de comprobación sobre un sistema de mando o distribución

› Observar:

- ¿Están contaminados el motor o freno de un sistema de mando por el aceite, taladrinas, abrasivo, virutas?
- ¿Oscilan las correas? ¿Tienen la tensión apropiada? ¿Están todas las necesarias?
- ¿Su aspecto es bueno y no están impregnadas de aceite o taladrina? ¿Están las correas y poleas protegidas por cubiertas de seguridad fácilmente desmontables para realizar las inspecciones?

(continuación...)

- Escuchar:
  - ¿Hay ruidos extraños (crujidos, sonidos de resbalamiento, etc.) procedentes del motor, freno, correas o cadenas?
- Tocar:
  - ¿Hay calor o vibraciones sobre el motor o el freno?
  - ¿Están bien sujetas las cubiertas de seguridad?
  - ¿Están bien apretados los tornillos de sujeción del motor?
- Oler:
  - ¿Las correas huelen mal debido a calor por patinaje?
  - ¿El conjunto motor-freno huele mal por estar muy solicitado o a falta de refrigeración o patinaje?
- Desmontar:
  - ¿Es satisfactoria la tensión de las correas?
  - ¿Son del tipo correcto y están montadas todas?
  - ¿Están desgastadas, agrietadas o humedecidas?
  - ¿Existen holguras en los tornillo o chavetas de sujeción y arrastre de poleas?
  - ¿Están correctamente alineados el motor y el freno?
  - ¿Están en buen estado y limpios los ventiladores de refrigeración del motor?

¿Qué hacer tras descubrir una anomalía?

NOTAS

Una vez que se haya detectado la anomalía se deben seguir los siguientes pasos:

- Anotar la anomalía en una etiqueta del color apropiado para su resolución (por ejemplo: color verde si la deben resolver los operarios de fábrica y color amarillo si son los profesionales o técnicos de mantenimiento quienes deben corregirla).
- Poner dicha etiqueta inmediatamente sobre la anomalía detectada en la máquina hasta su resolución y guardar una copia para analizarla en la sala. Si la anomalía afecta a partes móviles, se deben disponer las etiquetas sobre un croquis de la máquina.
- En la sala, el autor lee la copia de cada etiqueta y asegura el color con el consenso de todos los componentes del grupo.
    - Clasificar las etiquetas por familias y subfamilias en función de su localización y tecnologías (hidráulica, eléctrica, etc.).
    - Jerarquizarlas y reordenarlas en función de la urgencia de resolución, priorizando los problemas relacionados con la seguridad de las personas y de la propia máquina y su fiabilidad.
    - Hacer un balance de la práctica identificando a los responsables y asegurando que cada miembro del grupo haga el seguimiento y la resolución de las anomalías encontradas por él mismo y que:
        - Queda resuelta de manera definitiva.

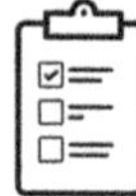

(continuación...)

- Se incluye como inspección o control en el plan de mantenimiento preventivo.
- Necesita un estudio complementario para modificar y mejorar el elemento que esté afectado.

Algunas recomendaciones para los animadores de las prácticas de detección de anomalías

En la fase de formación en sala, se aconseja utilizar una exposición metodológica común en toda la empresa y aclarar las consignas de seguridad antes de salir al taller para observar la máquina.

En la fase de observación de máquina en marcha, se recomienda situar a todos los participantes en el exterior del perímetro de la máquina, vigilando la evolución de observación de cada componente del grupo.

Tras parar la máquina, se aconseja reagrupar a todos los participantes para ver si están equipados con medios de seguridad y de etiquetas, esperando que la persona de mantenimiento asegure que la máquina está parada sin ningún tipo de riesgo en su posible manipulación.

Antes de poner nuevamente en funcionamiento la máquina, lo mejor es asegurarse de retirar las etiquetas de las partes móviles, situándolas en un croquis sobre un tablero apropiado a pie de máquina.

Concienciar sobre prevención y autonomía a todos los participantes para eliminar fallos potenciales de las máquinas y habituarles al automantenimiento y mantenimiento programado.

Durante la práctica, es interesante y recomendable ir preguntando a los componentes del grupo si una u otra situación son normales o anormales.

Siempre se dejará a los participantes redactar sus propias etiquetas de manera libre y con sus propios criterios que solamente se podrán cambiar en el trabajo en sala.

Durante la fase de clasificación de etiquetas en sala, se dejará a los participantes realizarla según sus propios criterios, si bien se les puede ayudar en la preparación si se les presentan dificultades.

Mantener el espíritu de trabajo en equipo y evitar que algún participante se descuelgue por ser demasiado lento o demasiado rápido.

Plan para aprender métodos de resolución de problemas

Todos los empleados de una empresa están implicados en la competición por la supervivencia frente a otras empresas, por lo que cada día, cada semana, su creatividad a nivel individual y colectivo debe:

NOTAS

- Aportar mejoras.
- Luchar contra el despilfarro.
- Acercarse al «cero» (cero defectos en proceso, cero *stocks*, cero averías y problemas en los equipos de producción, cero papeles, etc.).
- Agotar, poco a poco ese gigantesco depósito de costes por no calidad.
- Un requisito es que todos los empleados dominen la misma metodología para resolver los problemas.

Además, se deben dar las tres actitudes siguientes en todos los empleados:

- La **participación** en todos los niveles de la organización con el eslogan siguiente: «es responsabilidad de todos los empleados que trabajan en una compañía colaborar en la mejora continua de las actividades que realizan».
- El **progreso**. Durante mucho tiempo, para que las empresas sobrevivieran y prosperaran, era suficiente con que cada uno en su puesto de trabajo hiciese bien su trabajo. Ahora es preciso esforzarse constantemente en hacer progresos en todas las actividades y tareas, bajo el eslogan «se debe realizar el trabajo con arreglo a los estándares y procedimientos establecidos, pero debemos pensar permanentemente en cómo mejorarlos».
- La **escucha**. Sin duda, esta actitud es la más importante para una empresa que busca la excelencia. Implica vencer la desconfianza y estar motivados para mejorar las relaciones interpersonales y de trabajo en grupo, con el fin de dar solución a los múltiples problemas cotidianos que se presentan.

La nueva empresa es simplemente una compañía que tiene en cuenta los cambios introducidos en su entorno, que reconoce que la simplicidad del universo del crecimiento ha sido reemplazada por la incertidumbre y la complejidad, la cantidad por la calidad, y que la eficacia ya no está en la organización mecanicista y tayloriana, sino en la movilización simple de las inteligencias de todos los empleados.

Condiciones básicas para implantar la mejora continua

Una vez establecido que la prioridad es la mejora continua, deben esbozarse las condiciones básicas para poder llevarla a cabo:

- Crear una cultura favorable en la empresa en un entorno de participación colectiva, construyendo grupos de mejora y de análisis de problemas tal y como ya se ha estudiado en la etapa 7.
- Generar una cultura consistente para eliminar todo tipo de despilfarro y disfunción, formando a los empleados en el uso de las herramientas y técnicas específicas de mejora de los procesos básicos y del trabajo en equipo.
- Implantar un método consistente para desarrollar las actividades de mejora de una manera sistemática y planificada.
- Experimentar y realizar aprendizajes resolviendo problemas reales en el propio puesto de trabajo, mejorando las habilidades y la creatividad de cada empleado.

Así pues, debe encontrarse el sistema más consistente para aplicar las estrategias de la mejora en todos los rincones de la empresa para así lograr:

- Incrementar la productividad de manera global.
- Reducir los costes de operación.
- Aumentar la disponibilidad de los equipos productivos.
- Mejorar la calidad asegurando las condiciones del proceso y la capacidad de los equipos así como las deficiencias de diseño de los mismos.
- Mejorar todo tipo de estándares.

PREPARACIÓN DEL AUTOMANTENIMIENTO EN EL PROCESO DE FABRICACIÓN

Una vez preparada y concienciado todo el equipo con respecto a la prevención, debe lograrse que se ponga en práctica de manera sistemática y con rigor. A continuación voy a exponer mis criterios, basados en una amplia experiencia, para facilitar el desarrollo de las fases del mantenimiento autónomo (etapa 8) que deben aplicar los operarios de fabricación, así como, posteriormente, las fases del mantenimiento programado (etapa 9) que realizarán los profesionales de mantenimiento.

Ni que decir tiene que esta actividad es **muy importante** en el contexto del TPM, y como actividad propiamente dicha, por lo que podría extenderme demasiado con muchas e interesantes experiencias, que, por su volumen, no tienen cabida en esta obra.

Voy a comenzar dividiendo el mantenimiento autónomo en dos actuaciones:

- Automantenimiento.
- Autocontrol.

Mi propuesta consiste en desarrollar el automantenimiento realizando los siguientes pasos, que difieren de las siete etapas preconizadas por el método japonés, pero que estimo que se adaptan mejor a nuestro entorno y cultura empresarial y facilitan la comprensión y desarrollo del proceso.

A continuación expongo las que podrían ser las **etapas para la preparación del automantenimiento**, complementarias a las prácticas para detectar anomalías con etiquetas, tal y como ya he reseñado:

Primera etapa: limpieza y orden en el puesto de trabajo (5S)

Supone llevar a cabo esta primera etapa en cinco fases, las cuales, por su importancia, deben describir con cierto detalle:

1 Primera fase

Limpieza inicial del puesto de trabajo, separando lo que es útil y eliminando lo que es inútil. Además, es necesario habituarse a practicarlo todos los días a la misma hora.

Los objetivos de esta fase son:

- Tener los puestos de trabajo limpios (sin residuos, basuras, suciedad, etc.).
- Eliminar las cosas inútiles.

Lo más importante es lograr la adhesión de todos a través de prácticas colectivas. ¿Cómo hacer esto?

- Haciendo comprender la necesidad de esta tarea.
- Determinando los puestos, instalaciones y equipos para limpiar en dichas prácticas.
- Ejecutar la limpieza, sin olvidar señalar mediante una etiqueta los lugares que presenten problemas e indicar a qué tipo pertenecen.
- Informar a los responsables si no encuentran una solución inmediata a dichos problemas.
- Mantener diariamente la situación de limpieza que, gracias a dichas prácticas, se haya alcanzado.

2 Segunda fase

Localizar las fuentes de suciedad y los puntos difíciles que deben limpiarse para anotar en etiquetas y buscar soluciones.

Los objetivos de esta fase son:

- Lograr la limpieza diaria del puesto de trabajo en poco tiempo, para no ensuciar.
- Crear el ambiente que permita trabajar en las mejores condiciones.

3 Tercera fase

Clasificar las cosas útiles y definir la forma de ordenarlas, marcando incluso en el suelo los espacios asignados a contenedores, estanterías, carretillas, piezas no conformes identificadas en el proceso, retirada de residuos, etc.

Estas dos últimas acciones permitirán efectuar la limpieza diaria con rapidez y encontrar con facilidad lo que se busca.

4 Cuarta fase

Buscar soluciones para las fuentes de suciedad mediante mejoras y elaborar normas de limpieza, y respetarlas.

5 Quinta fase

Mantener de forma continua el estado de limpieza inicial con la voluntad de mejorarlo todavía más. Ser rigurosos en la aplicación de los cuatro puntos anteriores, es decir, limpiar, seleccionar, ordenar y mantener/mejorar la limpieza inicial del puesto de trabajo, actuando siempre con un objetivo cada vez más ambicioso.

Para mantener en la organización, el espíritu y el ambiente generado con las 5S puede ser interesante poner en marcha auditorías.

LÍNEA / PROCESO:	UNIDAD DE PRODUCCIÓN:	FECHA:
CONCEPTO	**SITUACIÓN**	**OBSERVACIONES**
ORGANIZACIÓN		
Utillaje		
Residuos (lugar concreto)		
Mobiliario (adecuado)		
Taquilla (personal)		
ORDEN		
Líneas de limitación zonas		
Productos de consumo		
Útiles del puesto		
Documentos técnicos		
LIMPIEZA		
Medios necesarios presen.		
Recipiente para basura		
Ceniceros		
Limpieza bien hecha		
PULCRITUD		
Polvo		
Impregnaciones		
Recipientes ordenados		
Visores de control limpios		
Material de seguridad		
Material de señalización		
Mobiliario		
Suelo		
RIGOR		
Protección personal		
Presencia gamas limpieza		
Iluminación		
Prendas personales		
Estado de seguridades activas		
Distribución tareas por puestos		
N.º de criterios evaluados		

NOTAS: se tendrán en cuenta los conceptos que en el momento de realizar la auditoría tengan relación o estén stén contenidos en el lugar que haya sido evaluado.

SITUACIÓN: en esta columna, el auditor podrá expresar su criterio para evaluar el nivel de conformidad.

NOTAS

Segunda etapa: limpieza inicial, engrase y revisión general del equipo o instalación

Una vez que se haya practicado con éxito la etapa anterior relacionada con el puesto de trabajo, debe comenzarse con el equipo o instalación. Las fases de esta segunda etapa del automantenimiento sobre el equipo podrían ser las siguientes:

- **Fase 1**
  Limpieza inicial del equipo asignado a cada operario, quien se familiarizará con el mismo, evitando desgastes y envejecimientos prematuros debidos a suciedad, óxido, virutas, polvo abrasivo, taladrinas, etc.
- **Fase 2**
  Eliminar, para habituarse al análisis físico del fenómeno, todas las causas posibles de suciedad que pueden producir óxido, etc. (fugas de aire, taladrina, aceite, etc.). También se deberá minimizar el impacto del resto (virutas, taladrinas, etc.).

Tercera etapa: establecer unos estándares de limpieza y engrase

Se establecerán los estándares de limpieza y engrase y se conseguirá que los operarios los practiquen y comprendan su importancia, a lo que ayuda el hecho de que participen en su definición, si es posible.

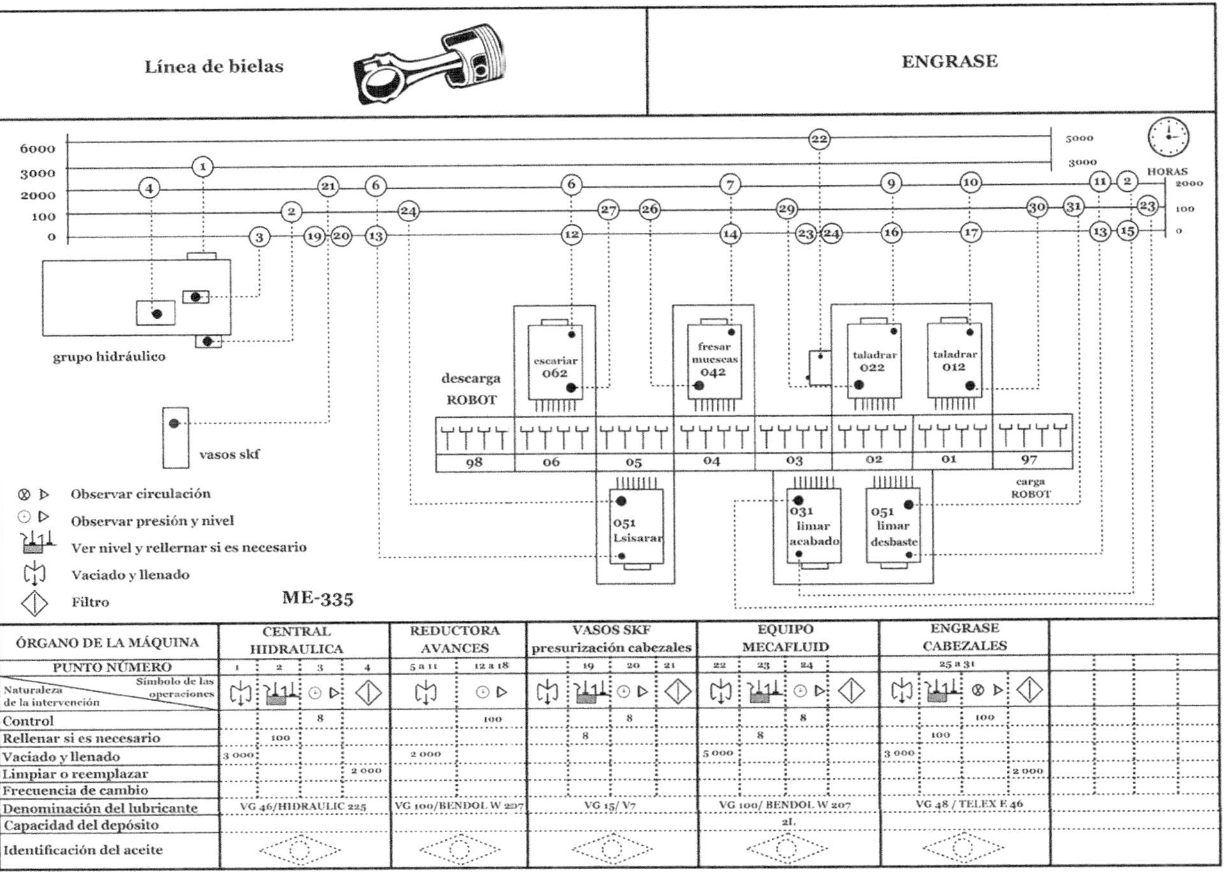

ÓRGANO DE LA MÁQUINA	CENTRAL HIDRAULICA	REDUCTORA AVANCES	VASOS SKF presurización cabezales	EQUIPO MECAFLUID	ENGRASE CABEZALES
PUNTO NÚMERO	1 · 2 · 3 · 4	5 a 11 · 12 a 18	19 · 20 · 21	22 · 23 · 24	25 a 31
Control	8 (3)	100 (12 a 18)	8 (20)	8 (24)	100
Rellenar si es necesario	100 (2)		8 (19)	8 (23)	100
Vaciado y llenado	3 000 (1)	2 000 (5 a 11)		5 000 (22)	3 000
Limpiar o reemplazar	2 000 (4)				2 000
Frecuencia de cambio					
Denominación del lubricante	VG 46/HIDRAULIC 225	VG 100/BENDOL W 227	VG 15/ V7	VG 100/ BENDOL W 207	VG 48 / TELEX E 46
Capacidad del depósito				2l.	
Identificación del aceite					

Cuarta etapa: asegurar que se mantienen con rigor los estándares de limpieza, engrase y reaprietes previamente establecidos

El contenido de estas tareas debe ser realizable en el tiempo disponible, en particular, aprovechando los tiempos de parada de los equipos debidos a otras intervenciones, y la duración media asignada por equipo o instalación estará alrededor de los diez minutos.

El problema que aparece es el impacto de las grandes protecciones de máquinas que hacen laboriosas las intervenciones de automantenimiento que ya se han descrito.

Estas protecciones no ayudan a detener el deterioro acelerado y pueden ser una causa de averías, así como de desgana en su manipulación por parte de los operarios de la fabricación, haciendo difícil la limpieza, la lubricación y el chequeo interno del equipo. Asimismo, los cambios de útiles y herramientas complican el proceso, alargando el tiempo de intervención y siendo motivo, en ocasiones, de que el operario no cumpla con el estándar establecido para cambiar la herramienta a una determinada frecuencia.

¿Cómo superar estos inconvenientes sin ir en contra de la legislación vigente en cuanto a seguridad en el puesto de trabajo? La clave radica en dos simples ideas: hacer las protecciones tan pequeñas como sea posible y situarlas tan cerca como sea posible de la fuente de contaminación (virutas, salpicados de taladrinas, aceites, abrasivos, etc.). Esta es una de las estrategias que se deben proponer en la segunda etapa ya mencionada, que se centra en eliminar las fuentes de los problemas y las zonas inaccesibles.

NOTAS

Quinta etapa: elaborar las gamas y fichas del automantenimiento para realizar comprobaciones generales y formar al operador a ejecutarlas

Esta etapa consiste en elaborar gamas y procedimientos para realizar comprobaciones e inspecciones generales elementales de los equipos en cuanto a:

- Limpieza.
- Lubricación.
- Mecánica (reaprietes, bridajes, sujeciones, transferizaciones, etc.).
- Hidráulica, neumática.
- Sistemas eléctricos y electrónicos como motores, detectores, etc.
- Elementos de control.

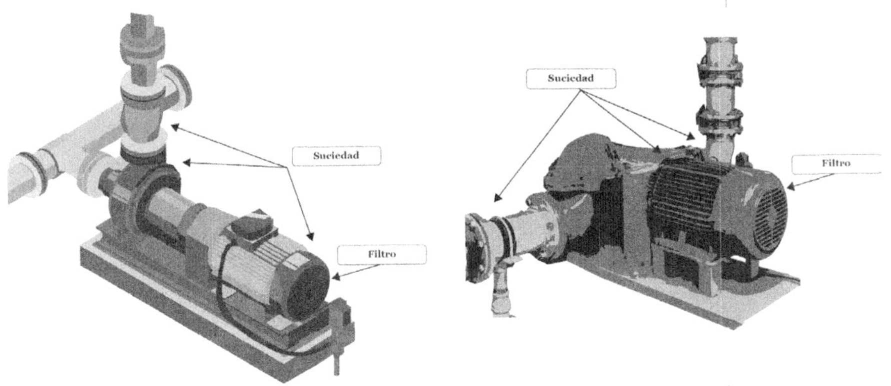

En resumidas cuentas, el objetivo de esta etapa es llegar a elaborar la gama y ficha de automantenimiento tal y como ya se ha reseñado, formando al operario de fabricación en la ejecución de las tareas que en dichas gamas se especifican, haciéndole ver la importancia de cada comprobación para que la realice con rigor y llegue a conocer el equipo o instalación.

Esta formación debe estar basada en técnicas de diagnóstico y reparación de las condiciones suficientes más que de las necesarias, de forma que los operarios comprendan cada mecanismo, composición de piezas, función que realiza, etc., apoyándose de esquemas, fotos que aclaran las tareas que deben realizarse, etc.

Asimismo, se deben confeccionar los procedimientos y las normas de gestión del automantenimiento (véase un ejemplo con un logigrama en la figura siguiente) los cuales permitirán realizar un seguimiento y control de la eficacia de las actividades.

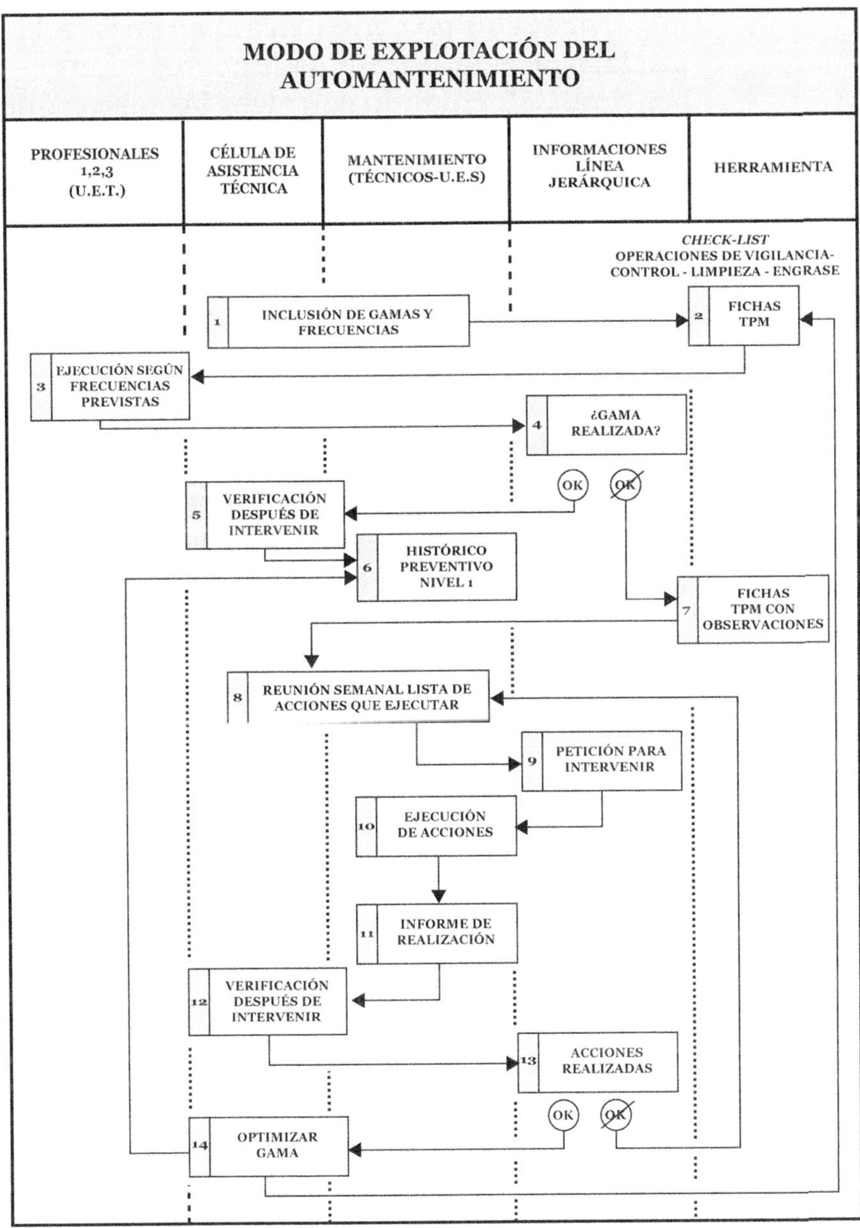
MODO DE EXPLOTACIÓN DEL AUTOMANTENIMIENTO
PROFESIONALES 1,2,3 (U.E.T.)
CÉLULA DE ASISTENCIA TÉCNICA
MANTENIMIENTO (TÉCNICOS-U.E.S)
INFORMACIONES LÍNEA JERÁRQUICA
HERRAMIENTA
CHECK-LIST
OPERACIONES DE VIGILANCIA-CONTROL - LIMPIEZA - ENGRASE
1 INCLUSIÓN DE GAMAS Y FRECUENCIAS
2 FICHAS TPM
3 EJECUCIÓN SEGÚN FRECUENCIAS PREVISTAS
4 ¿GAMA REALIZADA?
OK
OK
5 VERIFICACIÓN DESPUÉS DE INTERVENIR
6 HISTÓRICO PREVENTIVO NIVEL 1
7 FICHAS TPM CON OBSERVACIONES
8 REUNIÓN SEMANAL LISTA DE ACCIONES QUE EJECUTAR
9 PETICIÓN PARA INTERVENIR
10 EJECUCIÓN DE ACCIONES
11 INFORME DE REALIZACIÓN
12 VERIFICACIÓN DESPUÉS DE INTERVENIR
13 ACCIONES REALIZADAS
OK
OK
14 OPTIMIZAR GAMA

NOTAS

Sexta etapa: poner a punto y mantener o mejorar el equipo o instalación en su estado inicial o de referencia y su funcionamiento continuo, efectuando con rigor las tareas que se hayan especificado

Esta etapa se divide en tres fases:

1

- Poner a punto el equipo con chequeos periódicos, sistematizando las prácticas para detectar anomalías y resolverlas, normalizando el sistema de trabajo y practicando el rigor en las tareas, manteniendo los estándares y condiciones de buen funcionamiento.
- Llegar al automantenimiento total practicando de forma espontánea pequeñas reparaciones y mejoras derivadas de las tareas propias del automantenimiento y de las experiencias y conocimientos adquiridos por la comprensión de los problemas.
- Este es el momento de poner en marcha el autodiagnóstico de la evolución del automantenimiento y el autocontrol a través de auditorías sencillas.

AUDITORÍA DE MANTENIMIENTO DE ESTÁNDARES

IS	ÍNDICE DE SATISFACCIÓN DE MANTENIMIENTO	U.E.S. LÍNEA:		
NOMBRE RESPONSABLE:		FECHA: / /		
CRITERIOS	**OBSERVACIONES**	**R**	**C**	**R x C**
1. ESTADOS DE PUESTOS DE TRABAJO 1.1 Consignas operador 1.2 Útiles de control 1.3 Medios de automantenimiento	LIMPIEZA, ORDEN, EJECUCIÓN DE CONSIGNAS SUFICIENTES Y CORRECTAS	1 10 2 10 3 10		
2. ESTADO ENTORNO DE MÁQUINAS 2.1 Suelos 2.2 Armarios Eléctricos 2.3 Cableado 2.4 Pupitre	LIMPIEZA, EJECUCIÓN DE CONSIGNAS CORRECTAS	1 10 2 10 3 5 4 5		
3. DOCUMENTACIÓN Y REPUESTOS 3.1 Piezas de desgaste y recambio 3.2 Documentación en máquina 3.3 Ajuste de parámetros y regalaj. 3.4 Explotación Sepalp	DOCUMENTACIÓN ACTUALIZADA Y SUFICIENTE	1 10 2 10 3 10 4 10		
4. ESTADO GENERAL DE MÁQUINAS 4.1 Engrase 4.2 Limpieza 4.3 Ajuste de elementos mecánicos en movimiento	EJECUCIÓN DE CONSIGNAS CORRECTAS	1 10 2 10 3 10		
5. SEGUIMIENTO DEL MANTTO. PROGRAMADO 5.1 Automantenimiento 5.2 Preventivos 5.3. Grupos de fiabilidad	BUEN FUNCIONAMIENTO GRUPO Y CORRECTA EJECUCIÓN DEL MANTENIMIENTO PREVENTIVO PROGRAMADO NIVELES 1, 2 Y 3	1 10 2 10 3 10		
IS = 100 - ((100 × (R × C) / (7 × R))	TOTAL GENERAL IS =			
R: NIVEL DE RIESGO 5- IMPORTANTE 10- MUY IMPORTANTE	C: EVALUACIÓN 0- MUY SATISFACTORIO 7- INSUFICIENTE 4- MEJORAR 10- MUY INSUF.	IS < 0 MUY INSUFICIENTE 0 < IS < 50 INSUFICIENTE IS > 50 SATISFACTORIO		
Fdo.: RESPONSABLE U.E.S. AUDITOR-EVALUADOR	OBSERVACIONES:			
PARTICIPANTES:				

NOTAS

Como resumen, se podría afirmar que el automantenimiento consiste en:

- Practicar la higiene de la máquina y de su entorno:
  - Limpieza.
  - Reaprietes.
  - Engrase.
- Elaborar y aplicar estándares de:
  - Limpieza.
  - Reaprietes.
  - Engrase.
  - Mantenimiento preventivo.
  - Identificar una situación de referencia para cada una de las máquinas y observar las desviaciones entre esta situación de referencia y lo que se constata.
  - Realizar acciones a partir de las observaciones hechas en los trabajos de higiene del equipo o instalación.
  - Elaborar y hacer aplicar un buen manual de operario para el manejo y dominio de la instalación o maquinaria de producción basado en mantener e inspeccionar sistemáticamente la situación del medio de producción, llevándolo siempre a su estado de referencia.
  - La implicación de los operarios de fabricación necesita de una formación sólida aunque elemental sobre dicho manejo y una transparencia total en las funciones de cada uno en la organización para conocer y practicar con rigor y de forma sistemática los estándares de la situación de referencia de cada máquina.

Ejemplos de comprobaciones y tareas que deben realizarse en las actividades de automantenimiento

NOTAS

A continuación se describen una serie de tareas especialmente apropiadas para elaborar gamas y estándares de automantenimiento.

› Mecánica

- Verificar el estado superficial de las guías de deslizamiento.
- Detectar ruidos y holguras, colaborando en su corrección.
- Observar posibles holguras de bridas, mecanismos de transferización, etc., aprovechando los cambios de útiles y herramientas.
- Observar el estado y cambiar, si procede, el pequeño utillaje de desgaste como casquillos, guía, garras, bridas, etc.
- Verificar acoplamientos, juegos de rodamientos y todo tipo de fijaciones y ejes de transmisión.
- Asegurarse de que todas las fijaciones con tornillos están correctamente ensambladas y no hay ninguno flojo o roto.

› Herramientas y útiles de control

- Efectuar reglajes y preparaciones de útiles y herramientas.
- Efectuar cambios de herramientas y utillaje a los frecuenciales establecidos.
- Conservar los portaherramientas en buen estado.
- Revisar el estado de palpadores y calibres, efectuando etalonados, cuando proceda.

NOTAS

(continuación...)

› Circuitos hidráulicos

- Verificar diariamente el nivel de aceite y rellenar si procede, comprobando las causas y controlando los consumos.
- Comprobar las presiones de todo el sistema hidráulico.
- Observar ruidos o calentamientos excesivos en la bomba del grupo hidráulico.
- Localizar fugas en todo el circuito (cilindros, válvulas, distribuidores, tuberías, etc.) y corregir, si es posible, o bien comunicar las anomalías a los profesionales de mantenimiento.
- Verificar la existencia de posibles vibraciones en la red o golpes de ariete, avisando a los profesionales de mantenimiento si procede.
- Reapretar racores de unión y comprobar la buena fijación de soportes de tuberías.

› Circuitos de engrase

- Verificar los niveles de aceite de engrase y rellenar, si fuera necesario, así como presiones de engrase sobre vasos lubricadores, *mecafluid*, atomizadores, reductoras, etc.
- Localizar fugas y corregir si es posible.
- Asegurarse de la llegada de lubricante a todos los puntos de destino o aplicación.
- En general, observar fugas por uniones de tuberías comprobando fijaciones y corrigiendo si es posible.

NOTAS

(continuación...)

› **Circuitos eléctricos**

- Mantener cerradas las puertas de los armarios.
- Reducir tensión al finalizar la jornada, utilizando el seccionador general situado sobre armario eléctrico.
- Comprobar las lámparas de señalización, cambiándolas si es necesario (test de lámparas).
- Observar el estado y el posicionamiento correcto de detectores y finales de carrera, limpiando y reglando si fuese necesario.
- Observar el estado de juntas de estanqueidad de dispositivos eléctricos, cambiando si están deteriorados.
- Avisar a los servicios de mantenimiento tras observar cualquier anomalía en el ciclo de trabajo no subsanada de inmediato.
- Verificar el estado general de las canalizaciones eléctricas de todo el circuito y estado de bandejas portacables.
- Limpieza exterior de motores eléctricos y revisión del estado de los ventiladores, comprobando consumo, ruidos extraños, calentamientos, etc.
- Mantener limpias y en buen estado las protecciones visuales de autómatas, lámparas de señalización, etc.

› **Circuitos neumáticos**

- Verificar el estado general de redes del circuito, cilindros y distribuidores, corrigiendo fugas, si existen, y reapretar racores.

(continuación...)

- Al final de la jornada de trabajo, cerrar la llave de paso general del aire comprimido.
- Realizar la purga de filtros semiautomáticos y manuales de los equipos de acondicionamiento.
- Verificar diariamente el nivel de aceite en el vaso del equipo acondicionador de aire.
- Limpiar los silenciosos de escape.
- Observar las presiones en manómetros, reglando si es necesario.
- Comprobar el estado de componentes del circuito neumático.

› **Equipos de manutención y de alimentación**

- Verificar el estado general de los rodillos transportadores, comprobando holguras y ruidos extraños.
- Verificar el estado general de las protecciones.
- Revisar y corregir, si procede, holguras y desgastes en cadenas y cintas transportadoras.
- Observar ruidos y calentamiento en motor y reductores, comprobando:
  - ➤ El nivel de aceite.
  - ➤ La tensión de la cadena.
  - ➤ Ruidos y calentamientos anormales.
- Verificar y realizar, si procede, la lubricación de piñones y cadenas de transmisión.
- Comprobar el funcionamiento uniforme de los mecanismos dosificadores.

NOTAS

(continuación...)

› **Limpieza en general**

- Realizar una limpieza detallada de útiles de control, posicionamiento de piezas, bridajes, pasos de transferización, etc.
- Mantener el entorno de los puestos de trabajo y de las máquinas en perfectas condiciones de orden y limpieza, evitando todo tipo de salpicaduras de refrigerantes y virutas.
- Conservar en buen estado las protecciones fijas, móviles, de tipo fuelle, etc., cambiándolas o reparándolas, si procede.

Proceso de aplicación del automantenimiento

Si, como ya se ha indicado, el automantenimiento tiene como función principal mantener las instalaciones productivas en condiciones óptimas de:

› Limpieza.

› Engrase.

› Seguridad de funcionamiento.

› Ajuste de elementos en movimiento.

› El control y vigilancia de su situación, denunciando las deficiencias potenciales mediante una revisión o inspección de la instalación, efectuando así un mantenimiento condicional de la misma que se podría denominar «automantenimiento de primer nivel», que se extrae del plan general de mantenimiento preventivo de un equipo.

NOTAS

Por ello, las operaciones deben ir encaminadas a:

- Prevención y predicción de estados degradados de los equipos mediante:
  - Realización de operaciones correctas en el manejo y explotación de los equipos.
  - Limpiezas, engrases y reaprietes.
  - Registro de datos por intervenciones ante incidencias.
  - Colaborar en la mejora del rendimiento de los equipos, participando en los grupos de fiabilización.
- Medir degradaciones de parámetros y cotas con:
  - Inspecciones cotidianas.
  - Inspecciones periódicas.
- Puesta en marcha de los equipos eficaces tras una parada con:
  - Rearme de las instalaciones.
  - Pequeños trabajos de mantenimiento con cambio de piezas simples y pequeños componentes.
  - Cambios de útiles, herramientas y ráfagas.
  - Comunicación rápida con los servicios de mantenimiento ante fallos o diagnósticos difíciles que no puedan atender los propios operarios de la fabricación, así como colaborar con los profesionales de mantenimiento en el momento de intervenir.

Desarrollo del autocontrol

NOTAS

De la misma manera, y según mis criterios basados en mi experiencia, las fases para el desarrollo del autocontrol, dentro de la etapa 8 del TPM, pueden ser las siguientes:

1

Conocimiento de las especificaciones de calidad y de las normas y procedimientos que aseguran lograr la calidad requerida en el momento oportuno. El operario debe formarse en chequeos y mediciones.

2

Conocimiento de las normas y los procedimientos de control de defectos en proceso. El operario de fabricación debe formarse en ellos y deben practicarse las relaciones cliente-proveedor de forma autónoma con el fin de asegurarle, mediante contratos, la calidad exigida.

Practicar, asimismo, el control estadístico, tomando muestras, midiendo, analizando resultados y asegurando la calidad de la serie para satisfacer al cliente. Véase en la figura siguiente un modelo de ficha de autocontrol que debe realizarse por medio de controles estadísticos o frecuenciales sobre características principales que garantizan la calidad del producto.

AUTOCONTROL																			
Operación: 290														Frecuencia: 1 pieza cada 2 horas					
CARACTERÍSTICA: concentricidad apoyos 0,040 máximo																		Apoyo n.º2	
	LUNES			MARTES			MIÉRCOLES			JUEVES			VIERNES			SÁBADO			Σ
	M	T	N	M	T	N	M	T	N	M	T	N	M	T	N	M	T	N	
B																			
M																			
R																			
CARACTERÍSTICA: concentricidad apoyos 0,040 máximo																		Apoyo nº4	
	LUNES			MARTES			MIÉRCOLES			JUEVES			VIERNES			SÁBADO			Σ
	M	T	N	M	T	N	M	T	N	M	T	N	M	T	N	M	T	N	
B																			
M																			
R																			

CORRECCIÓN DE ANOMALÍAS			
Para documentar por el operario de la máquina		Para documentar por J.U.E.T. / C.A.T.	
HORA	Descripción de la anomalía	Responsable ejecución	Tiempo estimado

B = buena M = mala R = recuperable

NOTAS

3

Buscar las causas de los defectos en proceso y en los clientes para, analizando físicamente los defectos, aportar soluciones poniendo en marcha planes de acción inmediatos.

4

Desarrollar, de forma autónoma, los planes de acción para eliminar los defectos, constatando su eficacia a través de mediciones.

5

Practicar la mejora continua de la calidad por el conocimiento físico y la comprensión de los defectos y fenómenos que hayan aparecido, optimizando estándares de calidad, consignas, procedimientos, normas, etc.

Para practicar la mejora en el mantenimiento de la calidad, se deben dar los siguientes pasos:

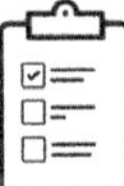

- Seleccionar, es decir:
  - Que se trate de un defecto crónico.
  - Que la mejora sea realizable.
  - Que sea significativo.

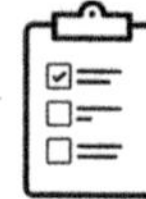

(continuación...)

- Que se pueda medir y sea importante el coste de repercusión para el cliente.

› Analizar los síntomas del defecto a través de las preguntas:

- ¿De qué se trata?, ¿por qué?, ¿cuándo?, ¿cómo?, etc.
- ¿Cuáles son las variables del proceso sobre las que se puede actuar para suprimir los problemas?

› Elegir las soluciones posibles.

› Tomar las medida correctivas:

- Para los defectos internos del proceso (5M).
- Para los defectos que dependan de otros estamentos de la empresa o proveedores (compras, métodos, producción, calidad, etc.) o estén afectados a ellos, deben practicarse las relaciones cliente-proveedor.
- Para los defectos que dependan de los propios operarios:
  - Soluciones a los errores mediante Poka-yoke o similares.
  - Utilizar la motivación y la creatividad.
  - Mejorar las competencias de los operarios.

› Hacer frente a la propia resistencia al rigor y al mantenimiento de estándares, mantener lo que se ha conseguido y habituarse todos a practicar la mejora continua por los resultados.

El automantenimiento en los servicios de apoyo a los procesos

Tras implicar al departamento de fabricación en las etapas del automantenimiento y el autocontrol, puede ser interesante extender estos conceptos y filosofía y aplicarlos en los servicios de apoyo a los procesos (calidad, métodos, logística, administración, etc.), con los siguientes objetivos:

- Llegar a disponer en los servicios de unos puestos de trabajo activos y atractivos, aplicando el concepto de las 5S.
- Mejorar la eficiencia y la productividad del trabajo de técnicos y estructura, revisando las tareas existentes y eliminando las innecesarias, así como perfeccionando las identificadas como necesarias.

Las etapas, en este caso, serían las siguientes:

1

Limpieza y orden en el puesto de trabajo por la práctica de las 5S, eliminando lo innecesario y reorganizando los puestos de las oficinas.

NOTAS

2

Localizar las fuentes de papeleo inútil, revisar los sistemas de archivo y de información y mejorarlos, tanto los físicos como los digitales.

3

Elaborar un manual de procedimientos que asegure las mejoras y el orden que se han alcanzado, así como las actividades que sea preciso realizar y su frecuencia. Por ejemplo: lanzamiento de gamas del proceso actualizadas (quién, a quién, cuándo, cómo).

4

Formar a todos los empleados en los nuevos procedimientos y aplicarlos con rigor.

5

Mejorar, de forma continua, las actividades de los servicios y los procedimientos, normas, etc.

ETAPA 9: DESARROLLO DEL MANTENIMIENTO PROGRAMADO

El objetivo de esta etapa es organizar y realizar el mantenimiento preventivo programado y optimizarlo, lo que supone poner a disposición de los profesionales de mantenimiento, de forma regular y planificada, los equipos de producción para aplicar eficazmente el programa de inspecciones que se haya establecido.

Es importante destacar que su aplicación debe ser informatizada para facilitar su gestión y seguimiento y para conocer la carga de trabajo en ciclos semanales y con la suficiente antelación.

Hay que evitar confeccionar gamas imprecisas y a veces redundantes con el contenido de las gamas de automantenimiento. Por un lado, el buen funcionamiento del mantenimiento programado está sometido al tiempo del que cada equipo dispone para poder realizar las gamas. Por otro, es habitual que los equipos de intervención pierdan mucho tiempo en la búsqueda de piezas de recambio, de nomenclaturas y referencias, información, documentación, etc., por lo que es necesario trabajar previamente con profundidad en estos puntos con el fin de que el tiempo de máquina parada se emplee con la máxima eficacia. Además, el mantenimiento programado debe ir en paralelo con las actividades del automantenimiento y la puesta a nivel técnico por mejoras de los equipos.

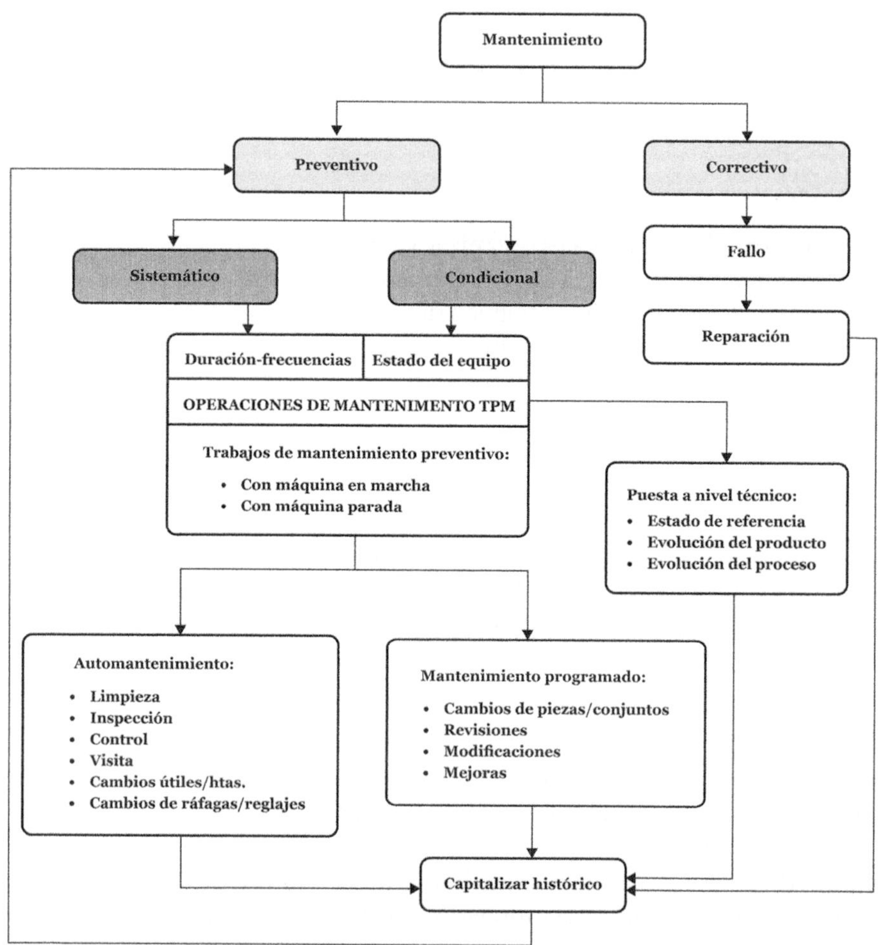

Las actividades del mantenimiento preventivo programado

A continuación pasan a detallarse las actividades que se desarrollan en el mantenimiento preventivo programado:

NOTAS

1

Reducción de fallos

Esta actividad debe perseguir la meta de «reducir los fallos y paradas a cero», mejorando la media del tiempo de buen funcionamiento (MTBF) entre fallos, sino que también debe mejorar la eficacia y la capacidad de los profesionales de mantenimiento, mejorando los tiempos de intervención (MTTR) motivándoles hacia el «cero fallos». La meta de esta actividad, insisto, será lograr equipos sin fallos y fáciles de mantener.

Una parte de estos objetivos se conseguirá mejorando las competencias de los profesionales que se analizarán en la etapa 10, y la otra parte, mediante las siguientes tareas:

- Diagnóstico del estado del equipo por inspecciones de los principales componentes.
- Detección y análisis físico de diferencias entre el estado actual y el de referencia.
- Puesta en estado de referencia, eliminando dichas diferencias.
- Restauración de las partes o componentes deteriorados.

2

Alargar la vida de los equipos

Esta actividad pasa por desarrollar las siguientes tareas:

- Análisis de los fenómenos que se hayan encontrado en la primera etapa.
- Estudio de mejoras y su implantación.

NOTAS

2

(continuación...)

- Definir nuevos estados de referencia que permitan, por su mantenimiento, alargar la vida entre fallos de los equipos.

3

Mantener el estado de referencia

Esta actividad supone:

- Preparar gamas e instrucciones de trabajo para realizar tareas programadas.
- Practicar la inspección por una sistematización de chequeo periódico.
- Practicar la predicción a través de controles estadísticos (SPC y otros) para mejorar la calidad del equipo y, como consecuencia, la del producto o pieza fabricado.
- Mejorar la gestión y los estudios de piezas de recambio y de documentación técnica de los equipos.

4

Desarrollar el mantenimiento preventivo total

Esta actividad comprende las siguientes tareas:

- Elaborar y aplicar un calendario del plan de mantenimiento preventivo programado, creando una estrategia para realizarlo al 100 %.

NOTAS

4

(continuación...)

- Controlar el uso óptimo de los equipos por un buen desarrollo del automantenimiento.
- Constatar la realización total y la eficacia del mantenimiento programado para llegar así al mantenimiento productivo total.
- Mejorar el rendimiento operativo de los procesos por una buena eficacia de los grupos de fiabilización y un dominio total de los planes de mantenimiento preventivo.

5

Establecer un sistema de prevención y mejora en las funciones de apoyo a la fabricación

Proceden las siguientes tareas:

- Mejorar los sistemas de información hacia el «cero papeles». Este concepto también debe aplicarse a los entornos digitales («cero correos electrónicos», etc.).
- Mejorar la logística de aprovisionamiento y los flujos de materiales, así como los programas y planes de producción.
- Mejorar la calidad y el coste de las piezas suministradas por proveedores exteriores.
- Mejorar la seguridad y las condiciones de trabajo mediante un plan director que consiga puestos de trabajo seguros y agradables para los empleados en talleres y oficinas:
    - Eliminando nieblas de taladrinas, aceites, etc.

NOTAS

5

(continuación...)

- Eliminando ambientes de polvo y contaminados.
- Consiguiendo temperaturas ideales para el trabajo.
- Consiguiendo el respeto de las normas de seguridad.
- Consiguiendo que se utilicen las prendas y equipos de protección personal.
- Mejorando la ergonomía de los puestos.

› Mejorar la protección del medioambiente mediante la:

- Implantación de sistemas controlados de aspiración de gases y otros productos.
- Implantación de sistemas de depuración de aguas residuales.
- Implantación o contratación de sistemas de tratamiento de productos tóxicos o peligrosos.

De la misma forma que para el automantenimiento, deben confeccionarse los procedimientos y normas de gestión del mantenimiento preventivo programado, que permitirán realizar un seguimiento y control de la eficacia y realización de estas actividades.

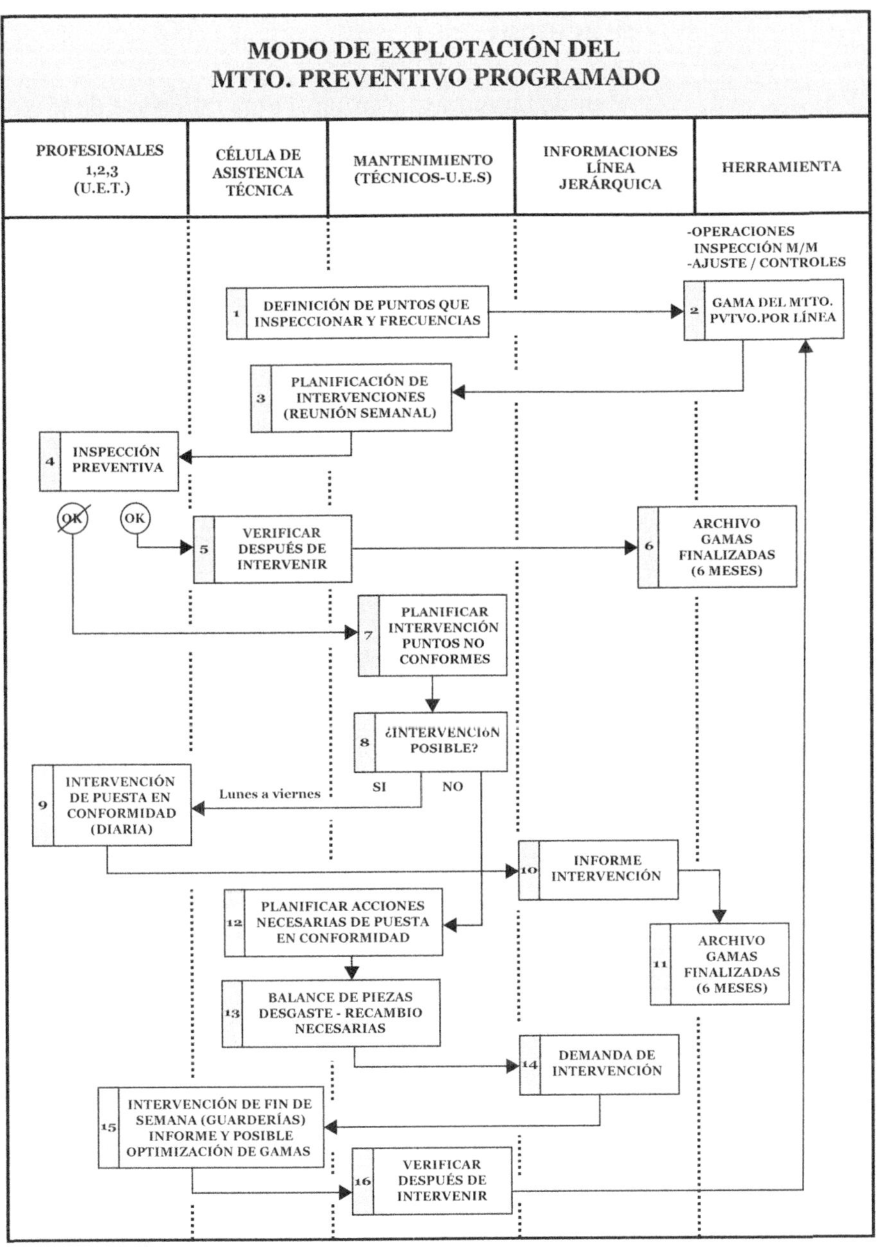
MODO DE EXPLOTACIÓN DEL
MTTO. PREVENTIVO PROGRAMADO
PROFESIONALES
1,2,3
(U.E.T.)
CÉLULA DE
ASISTENCIA
TÉCNICA
MANTENIMIENTO
(TÉCNICOS-U.E.S)
INFORMACIONES
LÍNEA
JERÁRQUICA
HERRAMIENTA
-OPERACIONES
INSPECCIÓN M/M
-AJUSTE / CONTROLES
1 DEFINICIÓN DE PUNTOS QUE INSPECCIONAR Y FRECUENCIAS
2 GAMA DEL MTTO. PVTVO.POR LÍNEA
3 PLANIFICACIÓN DE INTERVENCIONES (REUNIÓN SEMANAL)
4 INSPECCIÓN PREVENTIVA
OK
OK
5 VERIFICAR DESPUÉS DE INTERVENIR
6 ARCHIVO GAMAS FINALIZADAS (6 MESES)
7 PLANIFICAR INTERVENCIÓN PUNTOS NO CONFORMES
8 ¿INTERVENCIóN POSIBLE?
SI
NO
Lunes a viernes
9 INTERVENCIÓN DE PUESTA EN CONFORMIDAD (DIARIA)
10 INFORME INTERVENCIÓN
11 ARCHIVO GAMAS FINALIZADAS (6 MESES)
12 PLANIFICAR ACCIONES NECESARIAS DE PUESTA EN CONFORMIDAD
13 BALANCE DE PIEZAS DESGASTE - RECAMBIO NECESARIAS
14 DEMANDA DE INTERVENCIÓN
15 INTERVENCIÓN DE FIN DE SEMANA (GUARDERÍAS) INFORME Y POSIBLE OPTIMIZACIÓN DE GAMAS
16 VERIFICAR DESPUÉS DE INTERVENIR

Estructuración del mantenimiento predictivo o condicional

La tecnología moderna proporciona una serie de métodos que permiten evaluar externamente las condiciones de funcionamiento de la maquinaria mediante el control y evolución de ciertos parámetros (presiones de engrase, vibraciones, temperaturas, etc.).

> El mantenimiento predictivo o condicional es una metodología que tiene como objetivo final asegurar el correcto funcionamiento de las máquinas críticas a través de la inspección del estado del equipo por vigilancia continua de los niveles o umbrales correspondientes a los parámetros indicadores de su condición, y que se realiza sin necesidad de recurrir a desmontajes y revisiones periódicas.

Esta metodología permite seguir con notable precisión el estado de la maquinaria, así como la evolución de los síntomas de fallo, con el fin de:

- Conocer con gran precisión el momento en que se va a producir la avería o fallo para poder evitarla a través de una intervención programada.
- Alargar el máximo posible la vida útil de las piezas, herramientas, útiles y conjuntos, con el fin de abaratar el coste de mantenimiento.

NOTAS

El grado de incidencia económica de las máquinas en el proceso productivo (como consecuencia de los costes debidos a paradas o interrupciones por disfunciones y las propias reparaciones de averías) es el parámetro o factor que deberían condicionar el nivel de ejecución e instrumentación técnica del plan de mantenimiento predictivo.

En base a este criterio económico se deberían definir las necesidades de recursos humanos y de los técnicos para, de esa forma, cubrir los objetivos previstos. Sin embargo, son las disponibilidades humanas y técnicas las que condicionan el nivel de ejecución del mantenimiento predictivo.

El mantenimiento predictivo presupone la monitorización de la instalación, máquina o equipo controlado, es decir, la instalación de sensores para captar una señal preventiva (vibración, ruido, temperatura, presión, análisis de partículas en lubricantes, etc.). La señal captada debe analizarse e interpretarse posteriormente para poder tomar decisiones, si procede, comparándola con las señales correspondientes a situaciones previamente conocidas de la marcha ideal inicial (estado de referencia) de la instalación o máquina controlada.

En muchos casos, la captación de la señal, así como su posterior análisis e interpretación, requieren tecnologías específicas muy sofisticadas, con una instrumentación también compleja, cuyo manejo requiere personal altamente cualificado, de ahí que haya resistencias a que se generalice.

Ante las dificultades que puedan encontrarse en el proceso de evolución del mantenimiento, esta metodología para extender el mantenimiento predictivo va acompañada de una forma más simple de predecir, siempre que sea posible, mediante el automantenimiento como un mantenimiento preventivo sistemático condicional, integrado en la fabrica-

NOTAS

ción dentro de las técnicas TPM ya descritas. Con la extensión del automantenimiento, el mantenimiento predictivo sistemático va a ser un seguro fiable que garantice el funcionamiento de los sistemas de producción en la mayoría de las actividades industriales.

Por lo tanto, esta sería la forma de estructurar el mantenimiento predictivo por etapas:

1

Detección anticipada del deterioro o desgaste de un componente, útil o herramienta para poder ejecutar una prevención del fallo antes de que se produzca. El objetivo de esta etapa será la de minimizar daños. Pude verse un ejemplo en las herramientas de corte de una máquina de mecanizado.

2

Prever el tiempo en el que se dará el deterioro o desgaste y relacionarlo con el mantenimiento de la calidad. El objetivo de esta etapa es conseguir reducir a cero los productos o piezas defectuosos.

Para desarrollar esta etapa hay que estimar el valor característico límite, controlando la tendencia de los valores aparecidos en los aparatos de medida o diagnóstico y formando a los profesionales en el diagnóstico y en el manejo de dichos aparatos.

NOTAS

3

Decidir, tomando como referencia la experiencia, la duración del componente, herramienta o útil y el momento más óptimo para hacer el cambio por desgaste. El objetivo es claro: planificar los cambios de herramientas, útiles, etc., evitando deterioros, roturas y defectos, para lo que es necesario dominar los sensores y la evolución de los valores de estos, buscando el valor límite de la vida útil. De esa manera, además, el cambio del componente es rentable porque optimiza el ciclo de vida del mismo al máximo.

4

Alargar la vida útil de piezas, herramientas, útiles, etc., por medio de la práctica de la mejora y la búsqueda permanente de nuevos estándares y procedimientos de:

- Las condiciones ideales de trabajo (velocidad de corte, avances, presiones, temperaturas, etc.).
- Materiales.
- Producto, etc.

FASE III: OPTIMIZACIÓN Y MEJORA CONTINUA DE LAS PRÁCTICAS TPM

ETAPA 10: MEJORA DE LAS COMPETENCIAS TÉCNICAS Y HABILIDADES DEL PERSONAL EN EL PUESTO DE TRABAJO

El objetivo de esta etapa es consolidar y dar continuidad a lo que se ha aprendido en las etapas 7, 8 y 9 mediante la mejora continua de competencias y prácticas de mantenimiento del personal de fabricación, mantenimiento, técnicos y responsables, sean cargos medios o altos.

La puesta en marcha del proyecto de empresa en TPM obliga a disponer de personal suficientemente formado para mantener y explotar las tecnologías aplicadas en los equipos, máquinas e instalaciones productivas, así como en las funciones de técnicos y responsables en una organización moderna. Así pues, es preciso definir un **plan de formación** adaptado al puesto de trabajo y, por tanto, individualizado, para cada uno de los actores de las funciones implicadas en los procesos básicos de la empresa.

El eje de este plan de formación es doble:

- Formación hacia la mejora de las competencias técnicas y de las relaciones humanas.
- Formación hacia la polivalencia en los puestos de trabajo, consiguiendo una total adecuación de todos los implicados a su puesto de trabajo.

En un contexto de máxima competitividad, la formación del capital humano de la empresa y su permanente actualización y mejora es la base para construir un futuro mejor.

Se puede definir la formación como:

> Toda actividad orientada a mejorar la competencia y habilidad de una persona en el desempeño de su función para que aumente la calidad de sus tareas.

En lo referente a la formación, una organización moderna de calidad tiene en cuenta los siguientes aspectos:

- Para implantar la mejora continua es necesario incorporar las capacidades y aprendizajes individuales.
- El aprendizaje debe ser permanente y debe promover la creatividad y la innovación, para lo que es necesario crear un ambiente que valore y anime a dicho aprendizaje.
- Es necesario formarse en las competencias tanto individuales (sobre el puesto de trabajo) como colectivas (trabajo en grupo). Para ello, se deben establecer planes de formación en el puesto de trabajo y programas vigorosos y activos de perfeccionamiento y automejora.
- Cada persona debe desarrollar su proceso interior mental para aprender más (como un autoaprendizaje) sobre su función y de acuerdo con las necesidades del grupo.

NOTAS

(continuación...)

- Si esto se logra, el programa de aprendizaje debe estar enraizado en el puesto de trabajo. Es necesario crear un clima sobre el terreno que permita que la persona se adapte continuamente a situaciones cambiantes.
- Es necesario crear una estructura o procedimiento para planificar y gestionar las competencias a todos los niveles y funciones de la organización. Debemos lograr que cada persona integrada en un proceso se sienta, primero, dueña del puesto de trabajo que se le haya asignado y, segundo, termine por dominar el proceso en el que está integrada mediante la polivalencia.

Si estas condiciones se cumplen, los criterios que necesita un plan de formación para alcanzar los objetivos previstos son:

- Debe centrarse en las necesidades, motivos y objetivos, tanto de la empresa como de cada empleado.
- Tiene que ser flexible e integrarse en las funciones operativas del lugar de trabajo.
- Debe dirigirse a infundir el hábito del autoaprendizaje y la mejora continua.
- Debe integrarse en el puesto dc trabajo con prácticas ligadas a las necesidades operativas que requiere el mismo.

El binomio persona-máquina

Una de las bases de la eficacia en el desarrollo del TPM está sustentada en la mejora del binomio persona-máquina.

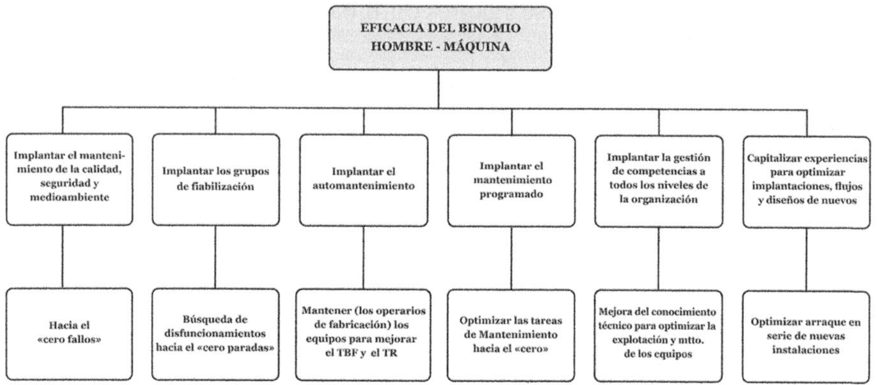

Existe una demanda creciente en la fiabilidad en los sistemas y una necesidad de luchar contra las averías, fallos e incidencias en los mismos, debido a motivos que repercuten fuertemente en la eficacia del sistema productivo. Estos motivos son:

- Diversificación de productos o piezas que se deben fabricar en pequeños lotes con fuertes exigencias de calidad.
- Diversificación y complejidad de los equipos de producción (CNC, robots, automatizaciones, informática, precisión, etc.).

Debido a esto, se pide, asimismo, la máxima eficacia de cada empleado en dos aspectos:

- Más cualificación y habilidad para capitalizar experiencias mediante un autoaprendizaje.
- Ganas de trabajar en grupo y con una fuerte adaptabilidad y motivación.

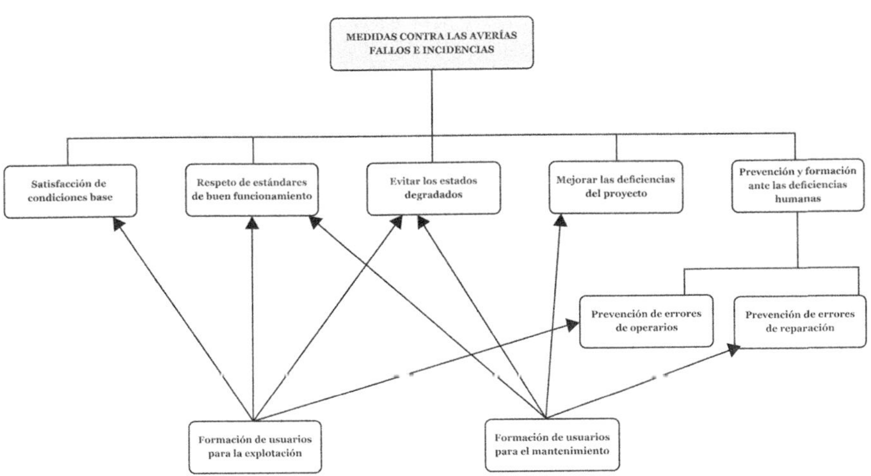

Si se observa esta figura, las medidas contra las averías, fallos e incidencias de todo tipo en los equipos o instalaciones de producción hacen imprescindible formar a los usuarios para lograr un correcto mantenimiento y uso.

Para alcanzar la meta de «no permitir que los equipos fallen», es preciso lograr un objetivo de **«cero fallos y cero averías»** mediante un cambio en el pensamiento y en el comportamiento del empleado, que decide correctamente gracias a una buena preparación y cualificación permanente en su puesto de trabajo.

NOTAS

En el contexto de una eficaz gestión de competencias y su correspondiente plan de formación para un determinado puesto de trabajo, el empleado debe ser capaz de encontrar las anomalías y los fallos latentes físicos para eliminarlos con rapidez gracias a que conoce la función del componente que ha fallado.

Lo más importante es formar a los operarios para que descubran **la causa** que puede conducir a una avería, fallo o producto defectuoso, para lo que debe practicarse la prevención por limpieza, engrase e inspección a fin de lograr una mejora.

Asimismo, el operario debe ser competente para definir cuantitativamente las condiciones para el buen funcionamiento de una máquina o equipo, manteniendo y vigilando su estado de referencia mediante el mantenimiento preventivo (automantenimiento y mantenimiento programado).

Asimismo, debe intentarse que el operario elimine los fallos psicológicos, que por lo general se deben a alguno de estos motivos:

- Falta de cualificación para descubrirlos.
- Falta de interés o de motivación.
- Falta de formación en conocer las funciones de los elementos que fallan.
- Falta de conocimientos sobre la repercusión que pueda tener un fallo, lo que lleva al operario a despreciarlo y, en consecuencia, a hacer que se transforme en crónico o catastrófico.

NOTAS

Razonamiento para la mejora de conocimientos y habilidades

Por todo lo dicho anteriormente, la definición de lo que es la regulación en el comportamiento de la persona sobre la máquina podría ser:

> La regulación es una actividad en la que el sentido y la práctica, basados en la experiencia y el juicio de un trabajador, son utilizados al máximo.

El aprendizaje está basado en la acumulación de la experiencia. La decisión de intervenir lleva implícita la posibilidad de cometer un error, pero de este fallo se extrae la correspondiente experiencia, y en este proceso es donde más se destaca la diferencia de habilidades entre una persona y otra. Aun tratándose de un mismo operario o de máquinas similares, el tiempo dedicado a la regulación y, por tanto, a lograr una determinada eficacia, varía de una intervención a otra. De ahí que sea interesante buscar procedimientos estándar para formar con el mismo razonamiento a todos los operarios, tanto en la explotación como en las operaciones de automantenimiento y de mantenimiento programado.

Asimismo, llegado a este punto, es el momento de recordar las siguientes definiciones de conocimiento:

> - Masakatsu Nakaigawa dice que el conocimiento es la capacidad de actuar reflexivamente con relación a un fenómeno.

- Webster's define el conocimiento como «la capacidad de que uno aplique por sí mismo, y con buenos resultados, los conocimientos adquiridos».
- La definición de Skill es una mezcla de las dos anteriores y sostiene que el conocimiento «es la capacidad de actuar correcta y reflexivamente con base en unos conocimientos adquiridos relacionados con el buen funcionamiento de un sistema y con los fenómenos o fallos que se puedan presentar en él».

En lo que respecta al ciclo de un buen conocimiento, se podría aceptar que es el siguiente:

1

Saber cómo descubrir un fenómeno por la:

- Capacidad de prestar atención.
- Capacidad de detectar.
- Capacidad de descubrir.

2

Juzgar el fenómeno mentalmente, de la manera más precisa posible (causa-efecto). Esto pasa por tener:

- Capacidad de juicio ante un problema.
- Capacidad de juzgar correctamente.

NOTAS

3

Actuar reflexivamente (conocimiento de causa) gracias a:

- La capacidad de tomar precauciones.
- La capacidad de actuar correctamente.

4

Recuperar la situación inicial o de referencia y saber mantenerla por la:

- Capacidad de mantener los estados de referencia.
- Capacidad de mejorar.

5

Prevenir de forma anticipada el fenómeno por medio de la:

- Capacidad de controlar la evolución del estado de referencia actuando antes de que se degrade.
- Capacidad de prever en el tiempo el fenómeno.

Por tanto, se deben encontrar operarios integrados en las unidades de producción motivados y capaces de:

- Diagnosticar fallos.
- Intervenir sobre los fallos.
- Mantener las funciones y estados de referencia de los equipos o máquinas de producción.
- Prevenir fallos y proponer mejoras.

Y todo ello en diferentes niveles de aprendizaje. Por ese motivo, se precisa elaborar un plan de formación y capacitación técnica para todos los operarios del departamento de fabricación, encomendándoles la responsabilidad de actuar con niveles diferentes de intervención según sus competencias y preparándolos para intervenir en las diferentes familias de elementos, componentes y problemas que se presentan en su entorno de trabajo.

Los objetivos buscados son los siguientes:

- Lograr unas competencias del funcionamiento y constitución de las máquinas o equipos de producción.
- Lograr unas competencias y capacidades en las unidades de producción para tratar de forma autónoma una gran parte de sus problemas gracias a conocer las instrucciones de reglajes, calidad, mantenimiento, etc., y, como consecuencia, saber cómo intervenir sobre los equipos.
- Practicar la prevención por el análisis de los problemas en caliente y en directo.

Pondré un ejemplo de cómo alcanzar estos objetivos.

1

Se analizan las 150 últimas intervenciones por averías o fallos en un proceso automatizado de mecanizado de piezas, y se clasifican en diferentes familias, trazando un pareto similar al de la figura inferior, clasificando cada frecuencia y familia de cada componente intervenido (debido a la parada por fallo) de:

- Detectores de posicionamiento = 40 casos.
- Reglajes mecánicos = 25 casos.
- Transmisiones mecánicas = 15 casos.
- Electrónica de potencial = 10 casos.
- Material hidráulico – 8 casos.
- Uniones eléctricas = 8 casos.
- CNC y cartas electrónicas = 6 casos.
- Relés eléctricos = 6 casos.
- Captadores de caudal-presión = 6 casos.
- Fusibles = 6 casos.
- Motores eléctricos = 5 casos.
- Herramientas y portaherramientas = 4 casos.
- Otros = 11 casos.

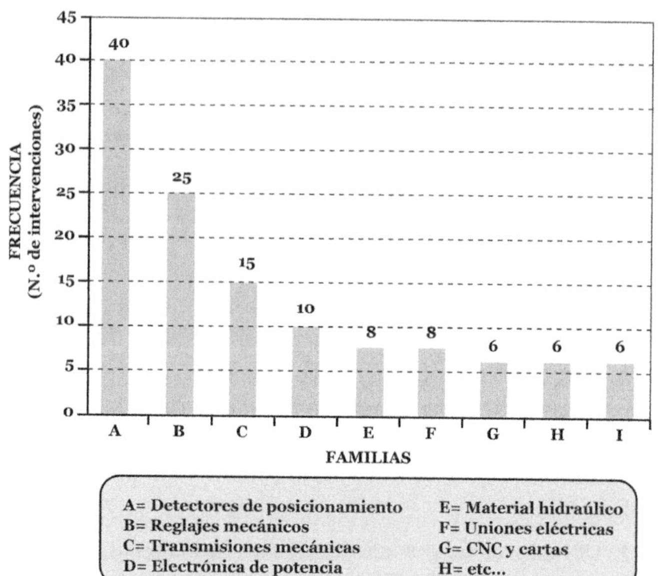

2

Se procede a analizar el tipo de intervención y quién la realizó y pudimos construir la siguiente clasificación (véase figura 5.4):

- N1 = operador en la línea de producción = 9 casos.
- N2 = operador, experto o profesional en la línea de producción = 30 casos.
- N3 = profesional de mantenimiento = 100 casos.
- N4 = técnico de mantenimiento = 7 casos.
- N5 = técnico externo a la línea de producción = 4 casos.

REPARTO DE LAS INTERVENCIONES POR LA CUALIFICACIÓN

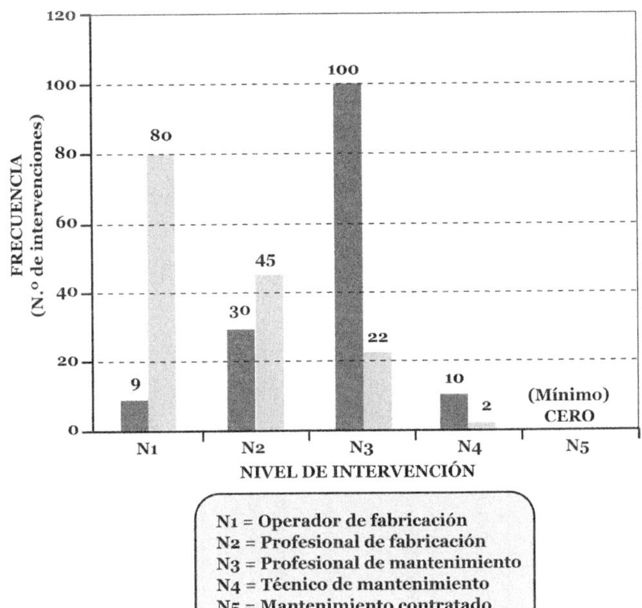

Como lo que se busca una mayor autonomía en los miembros que componen una unidad de producción integrada en un proceso, hay que lograr cambiar este porcentaje de intervenciones pero de forma modulada y controlada mediante una eficaz gestión de las competencias que se hayan adquirido con planes de formación y prácticas personalizadas, buscando lo óptimo, justo y necesario para garantizar el funcionamiento continuo de los sistemas de producción.

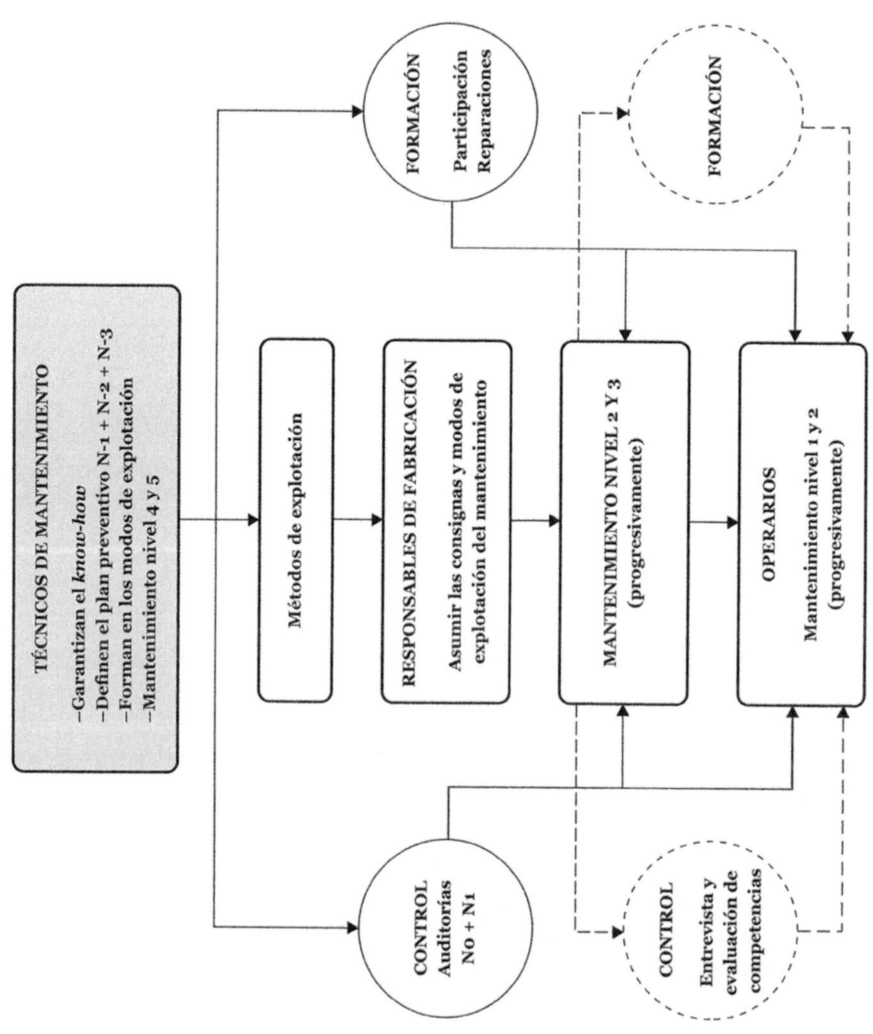
TÉCNICOS DE MANTENIMIENTO
–Garantizan el know-how
–Definen el plan preventivo N-1 + N-2 + N-3
–Forman en los modos de explotación
–Mantenimiento nivel 4 y 5
Métodos de explotación
RESPONSABLES DE FABRICACIÓN
Asumir las consignas y modos de explotación del mantenimiento
MANTENIMIENTO NIVEL 2 Y 3
(progresivamente)
OPERARIOS
Mantenimiento nivel 1 y 2
(progresivamente)
FORMACIÓN
Participación
Reparaciones
FORMACIÓN
CONTROL
Auditorías
N0 + N1
CONTROL
Entrevista y evaluación de competencias

NOTAS

4 Es necesario construir unos módulos de formación teórico-práctica que abarquen las diferentes familias de componentes y equipos que existen en cada proceso y formar a los operarios y profesionales integrados en la fabricación con la implicación y colaboración de los profesionales y técnicos de mantenimiento, controlando permanentemente la situación.

En la figura superior que representa las intervenciones por cualificación, se muestran los resultados que se han obtenido en cuanto a la frecuencia de intervención en cada nivel después de tres o cuatro años de practicar esta estrategia. Se puede observar que:

- Los problemas más frecuentes requieren competencias más simples.
- Los problemas menos frecuentes requieren competencias consolidadas a nivel de profesionales y técnicos-expertos.

Desarrollo de competencias para la mejora de la capacidad técnica

Si se toman los conocimientos, habilidades y cualidades de un empleado, se unen a la red de recursos que ofrece el entorno laboral y, por último, se intenta imaginar cuál sería el resultado de aplicarlos efectivamente a una situación de trabajo concreta, es factible hacerse una idea del nivel de competencia que puede tener esa persona para esa tarea.

No obstante, hasta que esa persona no ha realizado la tarea en cuestión no resulta posible evaluar con exactitud ese nivel de competencia.

De aquí se puede sacar la definición de **competencia**:

> Competencia es aquello específico que va a desarrollar todo empleado que pueda ser observado y evaluado tanto en el desempeño de la tarea como en sus resultados.

Aunque la formación es la principal herramienta para crear recursos sobre los que se pueden construir competencias, por sí sola no las produce. El proceso de la **gestión de competencias** funciona en las siguientes condiciones:

- Si existe la tarea, o lo que es lo mismo, si existe una necesidad concreta de desempeñar una tarea en un puesto de trabajo.
- Si existe el recurso o potencial de la persona o bien se puede crear a través de la formación y su posterior evaluación.
- Si se aplica y es efectiva sobre el terreno, es decir, en el puesto de trabajo para el que se pensó el recurso.

En el caso que se está tratando, y dentro del contexto del TPM, la creación y adquisición de competencias está íntimamente ligada a la mejora del manejo y mantenimiento de los sistemas de producción y a la eliminación de todo tipo de disfunción. Lo que se persigue es que la persona sea capaz de pensar siempre en la ley de la causa-efecto, buscando mentalmente desde las causas probables más simples hacia las más complejas.

NOTAS

Las nuevas organizaciones (en el ámbito de la fabricación) hacen uso de la figura del operario-conductor de una línea de producción, que asume el mantenimiento del sistema de producción de manera global o total e integra en sus funciones, sobre todo, la tarea de mantener los equipos asignados a cada operador en los N1/2/3.

Pues bien, es preciso formar a dichos operarios en las habilidades técnicas que se requieran, tanto a nivel teórico como práctico. Por ello, puede ser interesante organizar un taller de habilidades técnicas que incida directamente en los conocimientos y habilidades (competencias) del personal de fabricación y mantenimiento, lo que daría como resultado un gran avance de mejora en el funcionamiento continuo de las líneas de producción. Obviamente, esto se traduciría en la mejora de rendimiento operativo, costes, productividad, etc.

Habilidad técnica

En este contexto, disponiendo de un taller de habilidades, la habilidad técnica se definiría como:

Un conjunto de capacidades de los operarios del departamento de fabricación, que se consigue a través de un proceso formativo, teórico y práctico, en los diferentes niveles, y que exige una evaluación continua.

El objetivo básico de la habilidad técnica es elevar el nivel individual de las capacidades de cada operario por medio de la mejora permanente de unos conocimientos teórico-prácticos necesarios para desarrollar su trabajo en las diferentes tareas, actividades, competencias, etc.

Se pueden dividir las habilidades técnicas en:

- **Comunes**
  Son las que corresponden a operaciones comunes a todos los puestos de trabajo y que, a su vez, se pueden dividir en oficios y niveles.
  Por ejemplo: actividades de mantenimiento de un grupo hidráulico.
- **Específicas** (de puesto o de mantenimiento central).
  Se pueden dividir, a su vez, en dos tipos:
  - Específica de un puesto de trabajo.
  - Específica de un profesional o técnico de mantenimiento, dividida en dos oficios (automatista y mecánico).

  Por ejemplo: hacer un diagnóstico de la evolución de un mantenimiento predictivo o desmontar un cabezal multibrocha o una electrobrocha.

Manual de actividades para desarrollar las habilidades técnicas

La definición de las actividades, tareas y el modo de desarrollarlas es de vital importancia para garantizar la eficacia del desarrollo y mejora de las habilidades técnicas, por lo que es interesante confeccionar un manual de actividades que las desarrolle.

Una vez definidas estas actividades, se deben confeccionar unos estándares de formación teórica, que deberían:

- Contener todas las tareas que permitan conocer el porqué de la actividad o tarea.
- Contener todas la tareas que permitan conocer el problema físico, en caso de disfunción.
- Contener todos los trabajos que sea preciso realizar, tanto en caso de fallo como en su fase de prevención.
- Conocer la formación teórica y practicarla en el taller de habilidades técnicas.
- Identificar los niveles de dificultad y su evaluación.

Diagrama de operaciones para elaborar el manual dc actividades

Para definir las actividades o tareas que sea preciso implantar en un taller de habilidades, se pueden seguir este diagrama estructural:

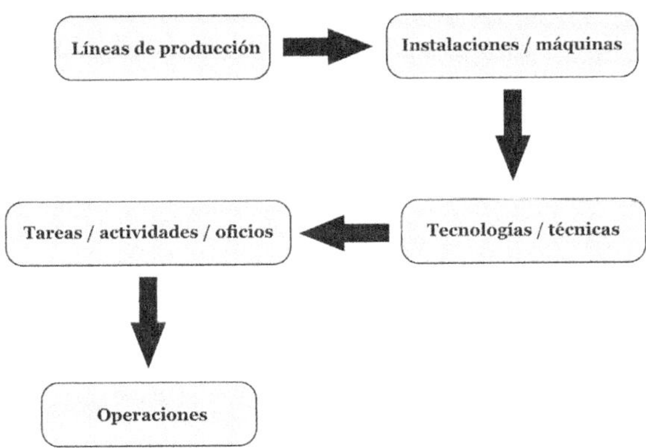

Desarrollando cada apartado, se obtendría el siguiente análisis:

- **Líneas de producción**: conjunto de máquinas, equipos e instalaciones que conforman un proceso.
- **Máquinas, instalaciones, equipos**: es el nombre que recibe un conjunto de máquinas, equipos o instalaciones similares o idénticas, como rectificadoras TOYODA, robot ABB, instalaciones de taladrina, etc.
- **Tecnologías o técnicas**: es el nombre que recibe una serie de elementos de máquinas o instalaciones que tienen unas cualidades técnicas comunes y cumplen con una determinada cualidad en el proceso productivo. Por ejemplo: CNC, variadores, electrobrochas, etc.
  Cada una de las tecnologías debe tener asignado un/os oficio/s. Las tecnologías o técnicas permiten definir e identificar a los expertos especialistas de mantenimiento en su máximo nivel 5.
- **Tareas o actividades**: una máquina, instalación o equipo puede dividirse en funciones en las que puede producirse un defecto, anomalía o disfunción. Repararla (diagnóstico, intervención, etc.) sería lo que se denomina «tarea». Un ejemplo de función en un robot sería el sistema compensador, mientras que la tarea sería reparar los cilindros compensadores.
- **Operación de una tarea**: es un trabajo de mantenimiento en el conjunto de habilidades técnicas para llevar a cabo una tarea. Por ejemplo:
  - Diagnosticar un fallo en el sistema compensador de un robot.
  - Ajustar y alinear el acoplamiento.
  - Revisar los niveles de grupo de engrase, etc.

NOTAS

Con la ayuda de un GMAO (gestión de mantenimiento asistido por ordenador) o de una base de datos o información que contenga aproximadamente dos años de historial de intervenciones, se puede extraer y definir todo tipo de tareas o trabajos que puedan desarrollarse en el taller de habilidades.

Debido a las múltiples tareas que pueden aparecer, es importante elaborar una clasificación por orden de frecuencia o de tiempo de intervención, para así poder establecer prioridades en el momento de su análisis.

Una vez hecho un primer filtro se confeccionarán las hojas estándar de tareas, evaluando el grado de dificultad de N1/4 y sus requerimientos.

Evaluación individual de habilidades

Una vez preparadas las hojas de estándares, se evaluarán (dentro del contexto de gestión de competencias) tanto los conocimientos y carencias de cada operario o profesional como el nivel de dificultad que haya alcanzado en su puesto de trabajo. Para ello, en una entrevista entre animador y operador, se rellenaría una ficha preparada al efecto y se marcarían los apartados de:

- A: necesita **ayuda** para realizar las tareas.
- S: las hace **solo**.
- F: puede hacer de **formador** e incluso mejorar en cada uno de los niveles de dificultad N1/4, tanto en los aspectos teóricos como prácticos.

NOTAS

Actualmente, por influencia de los trabajos que se ofrecen en informática, los diferentes niveles de conocimiento o experiencia se miden como *senior* (el más alto), *mid junior* y *junior*.

Ejemplo de gestión de competencias en los operarios del departamento de fabricación

A modo de ejemplo se va a describir un modelo de gestión de competencias de los operarios del departamento de fabricación, dada la experiencia adquirida en su trabajo. Este ejemplo se ha elegido expresamente ya que se considera que tal función es el objetivo más ambicioso, pero también el más complejo.

Una vez definidas, en términos generales, las funciones y tareas de los componentes de una unidad de producción (se puede consultar el ejemplo sobre un proceso de mecanizado en el anexo II), se deben definir las competencias necesarias para cada puesto de trabajo de un proceso o línea de producción y evaluar, mediante una entrevista individual, las que tiene cada persona en su respectivo puesto. La finalidad es extraer los correspondientes planes de formación, buscando operarios con un dominio total del equipo o instalación.

Esta última expresión supone que, como ya se ha mencionado, los operadores o profesionales del departamento de fabricación, en relación con las tareas o funciones asignadas...:

NOTAS

- Poseen la capacidad de comprender el buen, o defectuoso, funcionamiento de los equipos.
- Tienen la capacidad de vigilar el funcionamiento de las máquinas dentro de los parámetros establecidos.
- Pueden mantener las máquinas o equipos en los niveles asignados, vigilando los estándares de referencia a través del automantenimiento y del mantenimiento programado.
- Poseen la capacidad de descubrir fallos y diagnosticar las causas de los fallos.
- Comprenden la relación entre la calidad obtenida en el producto y la que es posible obtener con la máquina, previendo anomalías por la deriva de los datos que es capaz de controlar.
- Entienden la importancia de la limpieza y la lubricación.
- Son capaces de intervenir ante fallos simples, restaurarlos, e incluso realizar o solicitar mejoras.
- En la gestión de flujos, tienen la capacidad de realizar cambios de ráfagas, cambios de herramientas, controlar y acondicionar la producción, etc.
- Tienen la capacidad de efectuar reglajes de parámetros de máquinas, de herramientas, etc.
- Poseen la capacidad de participar en grupo para analizar las causas de los problemas por el conocimiento de los efectos y ofrecer la solución.
- Son capaces de transmitir informaciones, e incluso, de formar a nuevos operadores sobre su puesto de trabajo.

En la implantación y desarrollo de organizaciones participativas destaca tanto la animación y la autonomía en la gestión de recursos humanos (por parte del responsable de una unidad integrada en un proceso) como las relaciones entre sus miembros, el trabajo en grupo y la polivalencia entre ellos. Esto es, en última instancia, un buen exponente de las tareas y responsabilidades que se asumen en estas nuevas organizaciones.

Este hecho requiere modificar comportamientos y actitudes tradicionales de los operadores del departamento de fabricación, técnicos ligados a ellos y el conjunto de responsables, convirtiéndose el sistema, por sí mismo, en el impulsor de un plan de desarrollo de las personas que integran los procesos. La vieja relación entre responsable y subordinado cambia a la nueva relación entre un animador y un colaborador, que necesita realizar un importante esfuerzo de seguimiento continuo del plan, un dominio de la situación y unas acciones permanentes de mejora de dicha situación.

En la figura que viene a continuación se expone una maqueta de puestos en una línea de producción y que se tomará de referencia para la explicación que viene a continuación.

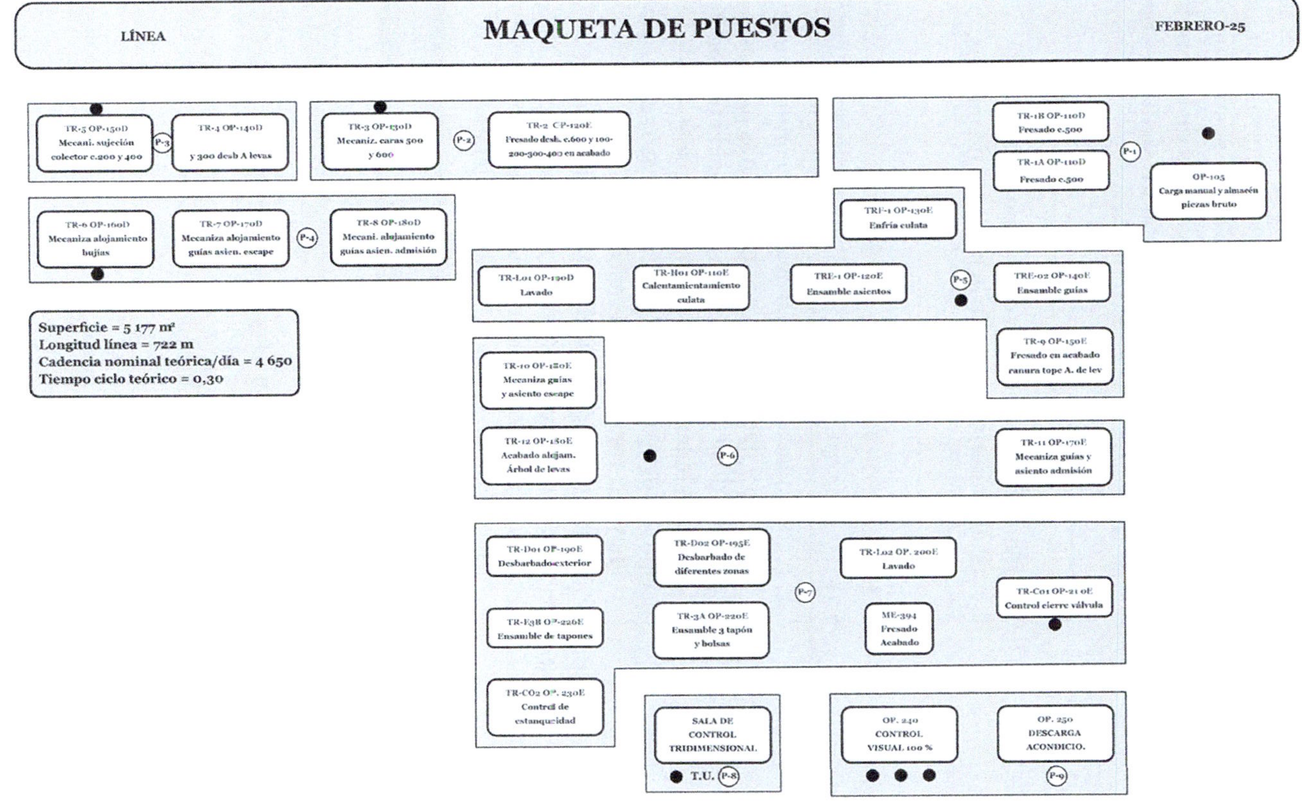
LÍNEA
MAQUETA DE PUESTOS
FEBRERO-25
TR-5 OP-150D Mecani. sujeción colector c.200 y 400
P-3
TR-4 OP-140D y 300 desb A levas
TR-3 OP-130D Mecaniz. caras 500 y 600
P-2
TR-2 OP-120E Fresado desb. c.600 y 100-200-300-400 en acabado
TR-1B OP-110D Fresado c.500
TR-1A OP-110D Fresado c.500
P-1
OP-105 Carga manual y almacén piezas bruto
TR-6 OP-160D Mecaniza alojamiento bujías
TR-7 OP-170D Mecaniza alojamiento guías asien. escape
P-4
TR-8 OP-180D Mecani. alojamiento guías asien. admisión
TRF-1 OP-130E Enfría culata
TR-L01 OP-190D Lavado
TR-H01 OP-110E Calentamiento culata
TRE-1 OP-120E Ensamble asientos
P-5
TRE-02 OP-140E Ensamble guías
TR-9 OP-150E Fresado en acabado ranura tope A. de lev
Superficie = 5 177 m²
Longitud línea = 722 m
Cadencia nominal teórica/día = 4 650
Tiempo ciclo teórico = 0,30
TR-10 OP-180E Mecaniza guías y asiento escape
TR-12 OP-180E Acabado alojam. Árbol de levas
P-6
TR-11 OP-170E Mecaniza guías y asiento admisión
TR-D01 OP-190E Desbarbado exterior
TR-D02 OP-195E Desbarbado de diferentes zonas
TR-L02 OP. 200E Lavado
P-7
TR-C01 OP-21 0E Control cierre válvula
TR-E3B OP-220E Ensamble de tapones
TR-3A OP-220E Ensamble 3 tapón y bolsas
ME-394 Fresado Acabado
TR-CO2 OP. 230E Control de estanqueidad
SALA DE CONTROL TRIDIMENSIONAL
T.U. P-8
OP. 240 CONTROL VISUAL 100 %
OP. 250 DESCARGA ACONDICIO.
P-9

NOTAS

De este modo, para llegar al punto óptimo en el uso y mantenimiento de las máquinas que conforman una línea de producción, es necesario planificar la gestión de competencias de los operarios y profesionales de las unidades que la integran. Para ello se deben dar los siguientes pasos:

1

Identificar los puestos de trabajo en la línea de producción, elaborando la maqueta de puestos.

2

A continuación se deben definir las competencias generales que se requieren para dichos puestos, ayudándose de las funciones y capacidades que se quieren obtener de los operarios o profesionales que las ocupan (anexo II). En este caso se identificaron las competencias que figuran en la figura siguiente, de las que derivan unas subcompetencias que se presentan en las dos figuras que van a continuación de esta última y para las que se identificarán los planes de formación adecuados.

Unidad	Área m. de fabricación
Puesto	

Número de competencia	Denominación de las competencias necesarias para el desarrollo del puesto	Observaciones
1	Conducir máquinas	
2	Pueta en marcha tras incidentes	
3	Cambiar las herramientas y utillajes	
4	Reglajes de parámetros	
5	Cambiar condiciones de máquinas	
6	Controlar piezas en frecuencial (aplicar MSP y autocontrol)	
7	Mantener las máquinas en N1 (aplicar TPM)	
8	Analizar una parada de máquina	
9	Asegurar el mantenimiento en N2	S/N
10	Gestionar flujos	
11	Participar en análisis de problemas	
12	Transmitir informaciones	
13	Asegurar la correcta ejecución de las operaciones manuales (montaje, puestos enlineados, control 100%, etc.).	
14	Formar al personal en nuevo puesto	

C/N= con necesidad

S/N= sin necesidad

Validación: Responsable de unidad

FACTORÍA DE MOTORES Departamento de motor	
Competencia número 6	Denominación: controlar las piezas mecanizadas

Contenido	Condiciones de puesta en marcha
1. Controlar aspecto	Visual-noción del estado superficial
2. Control dimensional	Conocer medios de control
3. Control geométrico	Conocer medios de control
4. Control de dureza	Conocer medios de control
5. Verificar la conformidad de la pieza con respecto al plano	Saber leer y comprender la ficha de control Saber utilizar el medio de control y saber etalonar con pieza patrón
6. Aplicar el procesimiento M.S.P.	Conocer el cálculo-medidas estáticas-introducción de datos sobre SEPALP
7. Analizar las piezas no conformes chatarreadas en el puesto	Conocer la organización-gama-clasificación de piezas según defecto
8. Analizar las piezas no conformes (controladas en el puesto y devueltas por el cliente)	Conocer toda la gama de mecanizado y encontrar causas de pieza mala en las máquinas

Competencia número 7	Denominación: mantener las máquinas (aplicar TPM)

Contenido	Condiciones de puesta en marcha
1. Mantener el entorno del puesto y de las máquinas limpio y ordenado	Aplicar las gamas de limpieza y engrase TPM
2. Verificar las condiciones de máquinas	Observar puntos de referencia de máquinas y equipos Aplicar gamas de mecánica - neumática de automantenimiento
3. Mantener presiones y otros parámetros	Conocer y formarse en tareas de gamas de mantenimiento Conocer instrucciones de observación de elementos hidráulicos y eléctricos
4. Efectuar intervenciones simples y reglajes (sin cambio de componentes)	Conocer instrucciones de intervención
5. Proponer acciones de mejora a nivel superior, tras las intervenciones	Conoce instrucciones de intervenciones que no requieran cambio de componentes Animar en presentación de sugerencias

3

Se define y sitúa a las personas en la organización de los puestos y se evalúa su nivel de competencias en una entrevista individual, adecuando lo máximo posible a las personas en los puestos que ya se han identificado. El responsable de la unidad rellenará la ficha individual de seguimiento, similar al modelo del figura siguiente, evaluando el grado de conocimientos y habilidades en cada competencia que asume el operario-profesional.

NOTAS

EVALUACIÓN INDIVIDUAL DE LAS COMPETENCIAS

Unidad:	Responsable de la unidad:	Fecha:
Nombre y apellidos	N.º emp.: / Departamento:	Categoría:

PUESTO DE TRABAJO / COMPETENCIAS REQUERIDAS EN LA UNIDAD										ACCIONES QUE SE DEBEN EMPRENDER
1										
2										
3										
4										
5										
6										
7										
8										
9										
10										
11										
12										
13										
14										
15										

ANOTACIONES: CA: COMPETENCIA ADQUIRIDA CF: COMPETENCIA EN FORMACIÓN NA: COMPETENCIA NO ADQUIRIDA SIN: SIN NECESIDAD	OBSERVACIONES:	Validación: Responsable de unidad

NOTAS

4

Se evalúan las competencias del equipo por puestos y por miembros que la componen para medir y alcanzar la máxima polivalencia a través de los contenidos de formación en cada competencia, de conformidad a las figuras que se muestran a continuación.

COMPETENCIAS PARA EL DESARROLLO DEL PUESTO

FORMACIÓN / PUESTOS DE TRABAJO		1						2			3				4							
		Manual operador	Estándares del proceso	Gamas TPM N1 (estándares)	5 S y Estándares	Interface H/M (CNC Siemens)	CNC específico	Manual operador	Fichas técnicas y reglajes	Formación producto/proceso	Manual operador/utillajes	Tecnologías httas. de corte	Prácticas en reglaje de httas.	Prácticas cambio a la diversidad	Electricidad básica	Hidráulica elemental	Neumática elemental	Interpretacin planos/esquemas	Instrucciones/máquina	Prácticas detección anomalías	Manual operador	
N.º	DENOMINACIÓN																					EN HORAS
													Validación responsable unidad									

COMPETENCIAS PARA EL DESARROLLO DEL PUESTO

PUESTOS DE TRABAJO	FORMACIÓN	5								6									7									8								
		Manual operador	Prácticas sobre estándares							Autocontrol	Manual operador	Medios control ajuste/toler.	Estado superficies	Fichas control (estandares)	Etalonado patrones	Puestos clave seg./reglam.	Tratamiento piezas no conf.	Gamas mecanizado	Práctica 5S/engrase	Formación TPM N1	Prácticar gama mantto N1	Prácticar detección anomalías	Manual operador	Práctica en reparaciones	Prácticar hidr./neu./elect.			Conocimiento ref. bruto	Conducir caretillas	Cambio ráfaga/diversidad	Modos explotación/acondic.	Declaración de producción				
N.º	DENOMINACIÓN																																			EN HORAS

	Validación responsable unidad

COMPETENCIAS PARA EL DESARROLLO DEL PUESTO

FORMACIÓN / PUESTOS DE TRABAJO		9			10			11		12				
		Curso resolución problemas	Aplicación práctica MRPG	Metodología TPM	Libro de relevos	Modos de explotación	Hoja visualización (panel)	Plan formación formadores	Dominar competencias de 1-10	Plan sensibilización en medioa.	Plan segur. y condici. trabajo	Plan formac. medioambiente	Instrucciones/fichas protec. etc.	
N.º	DENOMINACIÓN													EN HORAS

Validación responsable unidad

Planes de acción en la gestión de competencias

NOTAS

La entrevista individual permitirá al responsable-animador de la unidad analizar, conjuntamente con el operador-profesional que haya sido entrevistado, la situación de partida y los progresos en relación con las competencias adquiridas y, lo por tanto, su nivel de cualificación profesional en los puestos de trabajo.

Asimismo, le permitirá evaluar las necesidades de formación personal para un nuevo período para mejorar continuamente las competencias y habilidades dentro del proceso, con el objetivo de optimizar el funcionamiento de la unidad. Para ello se puede apoyar en un compromiso mutuo entre animador-operador, reflejado en un contrato de formación similar al modelo de la figura siguiente.

	CONTRATO DE FORMACIÓN					**Vigencia:**
Departamento						**Fecha: enero 2025**
Alumno						**N.E.**
Tutor						**N.E.**
Coordinador						**N.E.**
Módulo de formación	**Fecha de inicio**	**Horas de formac.**	**Coste**	**Evaluación final**		**Observaciones**
						PLAN TRIENAL
El alumno, habiendo sido informado en entrevista individual con su tutor y coordinador de formación, se compromete a seguir con máximo aprovechamiento y realizar las evaluaciones necesarias que testifiquen dicho aprovechamieento,						
Firma del alumno		**Firma del coordinador**				**Firma del tutor**

NOTAS

Estos planes de formación se definirán para cada empleado tomando como base tres ejes:

- Formación específica del oficio o puesto que permita el desarrollo de competencias en el puesto, con la ayuda de un taller de habilidades técnicas, siempre que sea posible.
- Formación básica (tecnologías, herramientas, equipos, etc.) para permitir el desarrollo personal.
- Formación en el trabajo en grupo (métodos de resolución de problemas, relaciones, comunicación, etc.).

Por último, de acuerdo con la evolución en el seno de las unidades de producción, se establecerán planes de reconocimiento, teniendo en cuenta los planes de carrera y las normas de la empresa al respecto.

ETAPA 11: INTEGRACIÓN DE LA EXPERIENCIA ADQUIRIDA EN EL DISEÑO DE NUEVOS EQUIPOS

El objetivo de esta etapa es «transmitir a las ingenierías de planta y a los fabricantes de los equipos o instalaciones las experiencias adquiridas en la explotación de los mismos», aportando:

- Los tipos de disfunciones más importantes que han tenido.

(continuación...)

- Las mejoras que se han introducido, sean simples o de elevada complejidad.
- Los planes de mantenimiento preventivo optimizados.
- El historial (o histórico) de los recambios que se hayan utilizado.
- Los problemas no resueltos con los recursos propios, etc.

Todo ello va a requerir planificar la capitalización de estas experiencias y, por tanto, el mantenimiento de los sistemas desde el proyecto de los mismos.

Planificación del mantenimiento en el proyecto e industrialización de los sistemas de producción

Para lograr una producción determinada (capacidad prevista), las máquinas y los sistemas de producción deben hallarse en las mejores condiciones de funcionamiento continuo.

Los sistemas de producción suelen adolecer de importantes defectos de proyecto, construcción, montaje y utilización, lo que conlleva pérdidas de producción muy elevadas en los primeros meses de uso, así como abultados costes de mantenimiento, lo que desequilibra el coste ideal del ciclo de vida de los equipos.

NOTAS

Como ya se ha mencionado, la industria ha avanzado a gran velocidad en los últimos años, aplicando nuevas y sofisticadas tecnologías en sus sistemas productivos, así como nuevas organizaciones, por lo que es preciso hacer esfuerzos para satisfacer las necesidades del usuario de dichos sistemas (fabricación, mantenimiento), reducir costes y mejorar la productividad y calidad.

Esto solo se puede obtener creando una estrategia de relaciones y responsabilidades de todos los actores implicados en la adquisición, construcción, utilización y explotación de un sistema de producción a lo largo de tres etapas:

- 1.ª etapa: de relaciones antes de definir el proyecto.
- 2.ª etapa: de acciones, al comprar, construir y recepcionar el proyecto.
- 3.ª etapa: de seguimiento del proyecto, tras su puesta en marcha para producir.

Definición de logística industrial

El desarrollo formal de esta estrategia lo facilita la logística industrial, que se definiría como:

> Una estrategia técnica de gestión de las actividades de la ingeniería de planta que conduce a satisfacer las necesidades de fabricación y mantenimiento, poniendo a su disposición los equipos de producción y los complementos necesarios para un mantenimiento y explotación eficaces.

NOTAS

Las etapas de la logística que conviene citar son las siguientes:

1

Inversión y adquisición de un sistema de producción, introduciendo en esta etapa la experiencia de las personas que utilicen el sistema.

2

Distribución física a través de la definición de implantaciones, automatizaciones y enlaces.

3

Planificación de la explotación y del mantenimiento para los nuevos proyectos.

Así pues, estas etapas conllevan la participación de todos los implicados en:

- La concepción o diseño del nuevo sistema.
- El apoyo al mismo en la construcción, puesta en marcha y explotación.

El objetivo más claro de la logística industrial debe ser «obtener la máxima disponibilidad en los sistemas de producción» mediante el desarrollo de sus dos ramas:

- La logística de la fabricación del sistema.
- La logística del mantenimiento del sistema.

Con la primera se le dan las cualidades idóneas a los materiales de componentes, equipos y sistemas de producción en cuanto a fiabilidad y adecuación a su mantenibilidad.

Con la segunda se garantiza el logro de los objetivos previstos de disponibilidad con el uso de los nuevos equipos.

NOTAS

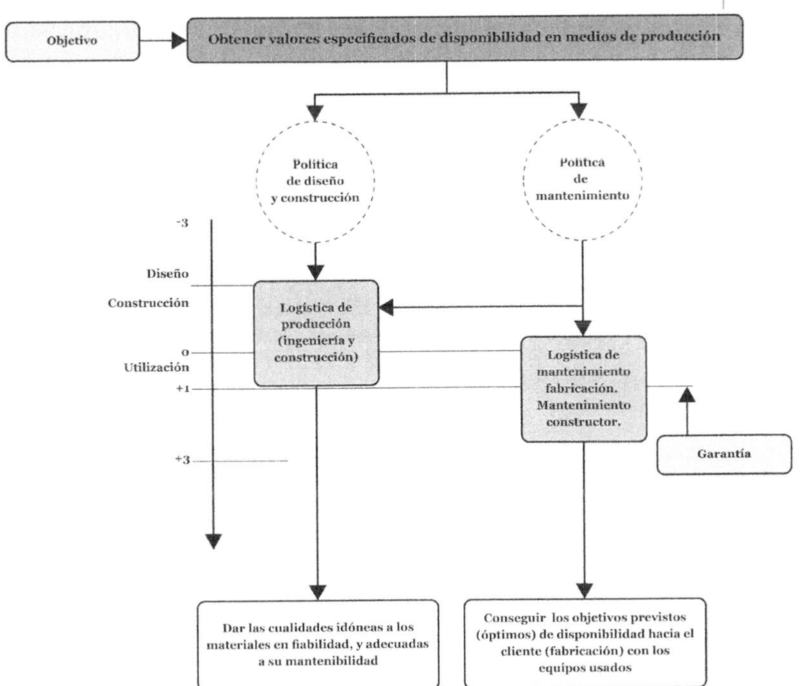

Terotecnología

La estrategia de la logística industrial tiene una rama práctica que se denomina terotecnología. El origen de este término es británico y su fundador, Dennis Parkes, utilizó dos raíces griegas que se podría traducir como «cuidar la tecnología», es decir, lograr un estado de buen funcionamiento de las instalaciones industriales, objetivo que no solo debe conseguir el usuario (mantenimiento y fabricación), sino que también es preciso que intervengan en el logro todas las fuerzas que se orientan hacia el mismo objetivo (ingeniería, fabricante del equipo, etc.).

La terotecnología, por extensión, comprende las diferentes acciones prácticas que gestionan la capitalización de experiencias que guardan relación con la fiabilidad y la calidad de los sistemas a fin de aportarlas en nuevos proyectos, y también incluye los estudios de mejoras y modificaciones tras el análisis de fallos, mantenimiento programado, estudios de recambios, etc. Todo esto se corresponde plenamente con la etapa 11 de un proyecto como el que se está desarrollando en este manual.

Previsión de la calidad del mantenimiento y de la disponibilidad máxima en la industrialización y explotación de un nuevo sistema

> Dentro del ámbito de la calidad total, se puede definir la garantía de calidad como un conjunto de acciones planificadas y sistemáticas necesarias orientadas a dar la confianza adecuada de que un sistema de producción nuevo se comportará satisfactoriamente realizando su servicio.

NOTAS

> Por su parte, se puede definir el control de calidad como el conjunto de acciones destinadas a medir las características de un sistema de producción con el fin de tener así un medio de control de calidad en comparación con una serie de requisitos preestablecidos.

Se puede, entonces, decir que en un ciclo de vida previsional de un sistema, desde su definición hasta su construcción (figura siguiente), todos los implicados en su adquisición, proyecto y construcción, y en particular con la participación y asesoramiento del mantenimiento y del departamento de fabricación, deben garantizar una calidad basada en «cero defectos» y una seguridad de funcionamiento máxima cimentada en la validación de las etapas del proyecto (segunda figura y siguiente).

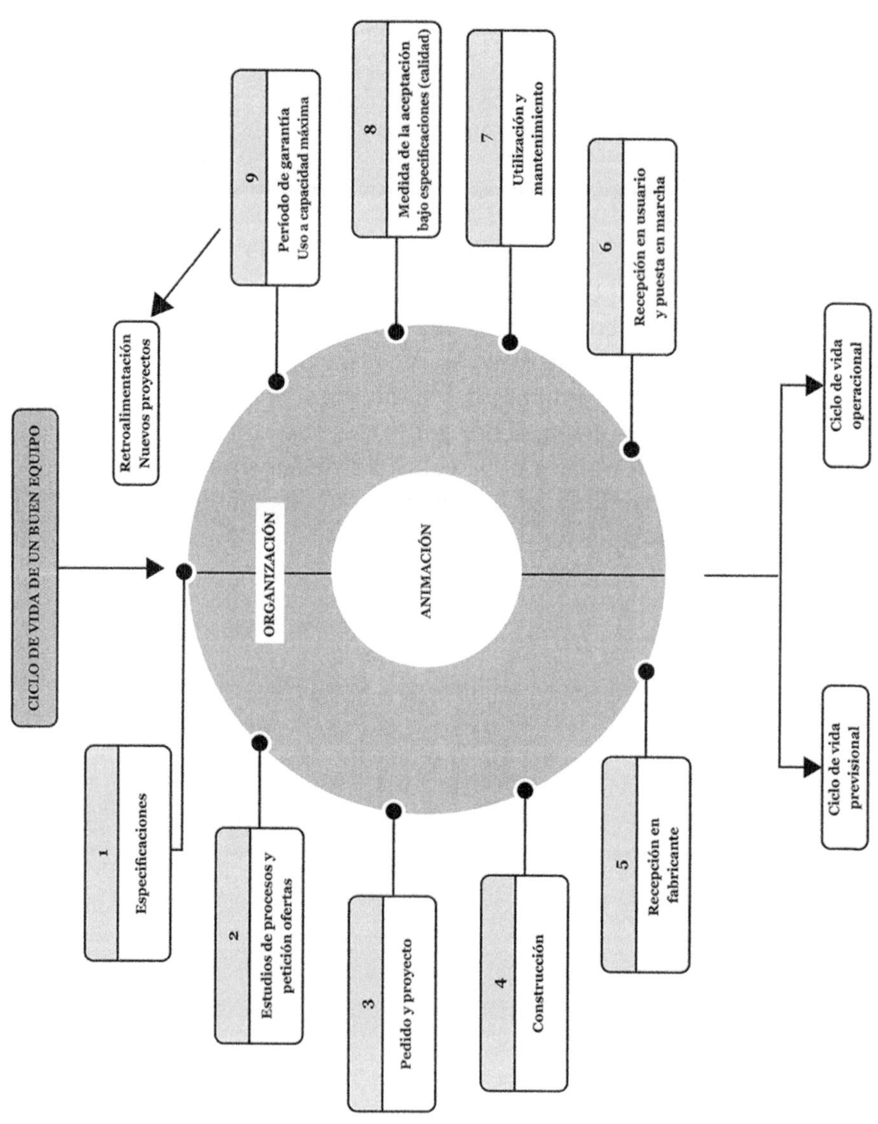

CICLO DE VIDA DE UN BUEN EQUIPO
Retroalimentación
Nuevos proyectos
ORGANIZACIÓN
ANIMACIÓN
1
Especificaciones
2
Estudios de procesos y petición ofertas
3
Pedido y proyecto
4
Construcción
5
Recepción en fabricante
6
Recepción en usuario y puesta en marcha
7
Utilización y mantenimiento
8
Medida de la aceptación bajo especificaciones (calidad)
9
Período de garantía
Uso a capacidad máxima
Ciclo de vida previsional
Ciclo de vida operacional

1
Especificación
–Pliego de condiciones
–Prescripciones generales
–Documentación y normas que es preciso exigir
–Especificaciones técnicas
–Datos de fiabilidad-mantenibilidad-disponibilidad
2
Ofertas
–Análisis anteproyecto elegido entre técnicos responsables, posible proveedor y usuarios
–Estudio de la documentación y especificaciones técnicas presentadas
3
Pedido y proyecto
–V.º B.º del proyecto. Análisis averías (AMDEC)
–Estudio equipamiento/automatismos recambios
4
Construcción
–Acciones previsibles sobre:
• Colaborar en el seguimiento de la fabricación
• Formación técnicos y usuarios
• Establecer gamas de mantenimiento preventivo provisional
• Pedidos de recambios 1.ª dotación
5
Recepción fabricante
–Test de recepción (protocolo).
–Modificaciones
–Entrega de documentación provisional
6
Recepción y puesta en marcha
–Puesta en marcha
–Modificaciones y retoques
–Puesta a punto
7
Utilización
–Utilización y seguimiento
–Documentación actualizada
–Puesta en cadencia
–Gamas de diagnóstico-desmontaje y recepción
8
Medida de la calidad
9
Garantía y disponibilidad
–Establecer gamas de mantenimiento preventivo
–Historial de averías
–Parámetros logísticos de fiabilidad-mantenibilidad-disponibilidad
–Estudio mejoras entre constructor y usuarios

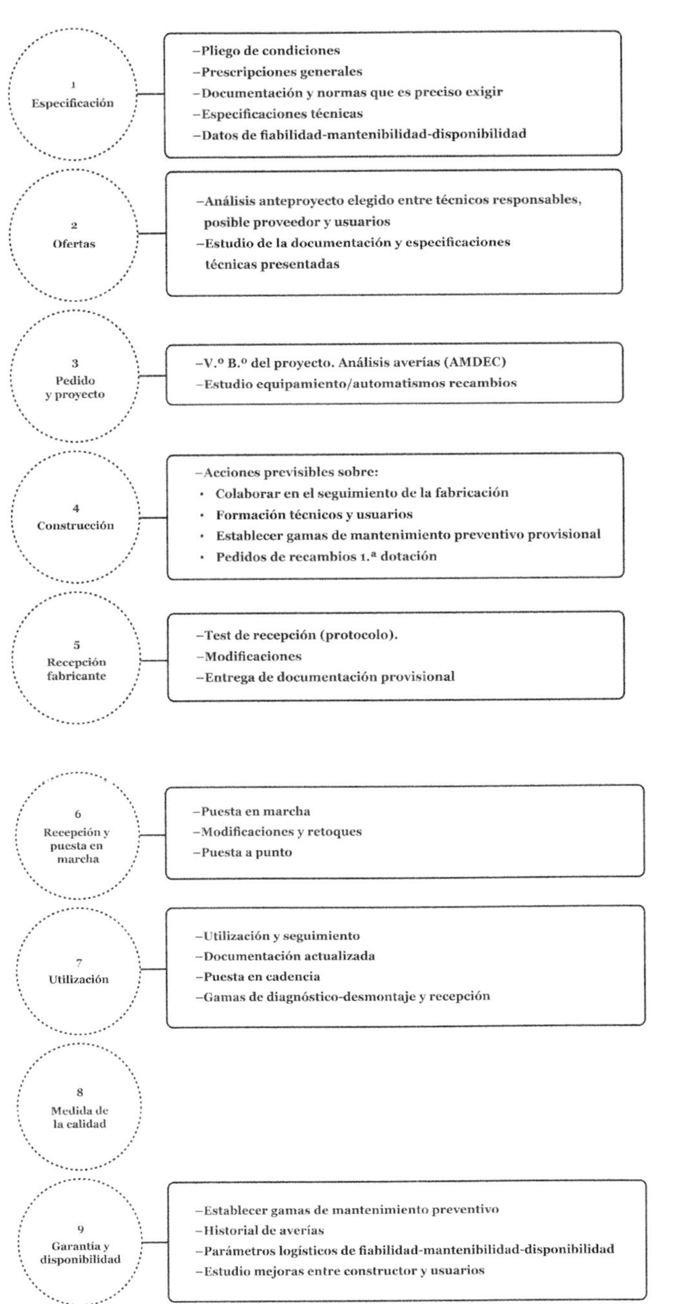

NOTAS

NOTAS

Los puntos más importantes que deben validarse en dichas etapas serían los que se describen a continuación.

Pliego de condiciones y especificaciones

El punto de partida para proyectar, construir y explotar un sistema de producción es el pliego de condiciones, que recopila las necesidades que se deben cubrir y los condicionantes básicos del entorno donde se vaya a desarrollar su misión. Este pliego debe incluir valores de la disponibilidad deseada del sistema.

Con estos objetivos comienza un proceso que se puede desarrollar en etapas o fases del ciclo de vida del sistema.

Proyecto conceptual y petición de ofertas

De forma general, en esta fase se definirán los procesos y tecnologías posibles del sistema, estableciendo el *planning* previsional de realización.

Las alternativas propuestas por los especialistas en la tecnología del sistema deberán someterse a un análisis básico de fiabilidad, mantenibilidad y calidad del proceso, estableciendo unos criterios de mantenimiento que permitan, contando con la información existente, realizar un cálculo aproximado de la fiabilidad y disponibilidad del sistema. El valor obtenido se comparará con el prefijado en el pliego de condiciones, de forma que deben rechazarse aquellas alternativas ofertadas que difieran sensiblemente del objetivo especificado.

Así pues, un análisis técnico y económico de dichas ofertas conducirá a elegir la solución óptima.

NOTAS

Conviene destacar que el análisis económico no debe limitarse a la inversión necesaria para construir el sistema, sino que también debe contemplar los gastos de mantenimiento y explotación previsibles a lo largo de su ciclo de vida.

Diseño preliminar y pedido

Elegida una oferta, se procedería a realizar el pedido El fabricante que se haya elegido concretará el proyecto definiendo los elementos del sistema, que solamente se esbozaron en la etapa precedente.

Partiendo del análisis anterior, deberán estimarse los costes del soporte logístico, que, sumados a la inversión necesaria para la adquisición, darán el coste total del sistema durante su ciclo de vida, parámetro económico mucho más representativo que el simple coste de adquisición.

La aplicación de nuevas tecnologías o nuevos medios de fabricación en un sistema presentará, al técnico fiabilista, el problema de la falta de información previa sobre su fiabilidad. La forma de resolver este escollo consistirá en asignar un valor estimado en función de sus características y semejanza con otros medios conocidos.

La existencia o creación de una base de datos de fiabilidad de los medios de producción será una ayuda inestimable en esta fase. Conociendo además la composición general del sistema, se puede calcular su disponibilidad previsional y compararla con la de objetivo.

Esta fase exige un buen conocimiento de los elementos del sistema (máquinas, automatismos, enlaces, etc.). Según su complejidad, para realizar el cálculo, es posible utilizar uno de los métodos siguientes:

- La modelización directa aplicada a sistemas sencillos.
- Los grafos de Markov, que permiten modelizar los estados del sistema y calcular la disponibilidad y fiabilidad del mismo a través de las matrices de transición. Esta forma matricial facilita su cálculo por ordenador.
- Métodos de simulación que permiten estudiar las evoluciones de un sistema en el tiempo a partir de un modelo de funcionamiento.

En cualquiera de esos tres método se debe conocer:

- La tasa de fallo o fiabilidad.
- La tasa de reparación o mantenibilidad.
- O bien sus parámetros inversos equivalentes:
  - El tiempo medio de los tiempos de buen funcionamiento (MTBF: *Mean Time Between Failures*).
  - El tiempo medio de reparación (MTTR: *Mean Time To Repair*).

Proyecto detallado

NOTAS

Se trata de la creación de los planos de detalle y documentación necesarios para construir el sistema y su soporte logístico.

En esta fase se incluirá también la realización de los ensayos necesarios para confirmar las hipótesis de trabajo.

El análisis de los fallos y averías es la herramienta más poderosa que una empresa posee en este momento para mejorar la disponibilidad de un sistema en su fase de proyecto.

Partiendo de la documentación detallada del sistema (planos de conjunto y detalle esquemas eléctricos, hidráulicos, secuencias, etc.), un grupo de trabajo compuesto por los propios proyectistas del sistema, técnicos expertos de mantenimiento, métodos y fabricación, someterá el proyecto a un análisis que le debe permitir determinar:

- Los tipos de averías o disfunciones que pueden producirse y las causas posibles de las mismas.
- Sus efectos sobre el sistema.
- Los medios de detección disponibles en el diseño o su necesidad.

Este método de trabajo, muy utilizado hoy en día, se conoce generalmente por la denominación FMECA o AMDEC (*Failure Mode, Effets and Chticality Analysis*). Este tipo de análisis permitirá:

NOTAS

- Mejorar la fiabilidad del sistema en la construcción, modificando el proyecto en sus puntos críticos.
- Facilitar su mantenibilidad, ya sea por adaptación del proyecto, ya sea suministrando al departamento de mantenimiento una información válida para la correcta definición del soporte logístico de apoyo.

Si este análisis cualitativo se complementa cuantitativamente, permitirá:

- Ajustar los valores de fiabilidad y mantenibilidad que se hayan utilizado anteriormente.
- Obtener información para el cálculo del coste del ciclo de vida.

Construcción del sistema

Esta es la fase del ciclo de vida previsional que corresponde a la realización física del sistema y de su soporte logístico, incluyendo todas las operaciones necesarias para su puesta en servicio.

Conocer los posibles tipos de averías y su probabilidad de ocurrencia a través del AMDEC, así como cualquier otra información que aporte el análisis anterior, permitirá definir con detalle el soporte logístico y la política de mantenimiento.

Las actuaciones posibles en esta fase, dentro de este campo, serían:

NOTAS

- Colaborar en el **seguimiento** de la construcción del sistema.
- Elaborar **gamas** de mantenimiento preventivo en sus tres niveles de intervención.
- Elaborar los **manuales** de reparación.
- **Formación** específica previa del personal de mantenimiento y fabricación.
- Estudio de las **necesidades** de personal de mantenimiento y fabricación para atender la explotación del sistema.
- Cálculo optimizado de los ***stocks*** de piezas de recambio.
- Definición de un **sistema de toma de datos** e información sobre averías y todo tipo de disfunciones o paradas.
- Obtener una **documentación** completa y correcta que refleje fielmente el estado final del sistema, incluyendo las modificaciones introducidas durante la fase de construcción y montaje. Una documentación con estas características es la base de partida para un buen mantenimiento y explotación del sistema.

Recepción del sistema

Será necesario efectuar una recepción del sistema en los talleres del fabricante cumplimentando un test de recepción que validará los aciertos o pondrá en evidencia las deficiencias del sistema en relación con las especificaciones y condiciones que se hayan contratado en el pedido.

NOTAS

El seguimiento de la fiabilidad, mantenibilidad y disponibilidad se efectuará en esta etapa mediante unos test específicos.

Sistema en producción

Terminada la fase previsional del ciclo de vida del sistema, es necesario ponerlo en producción en los talleres del usuario con ayuda de una recepción final, consistente en las siguientes actuaciones:

- Recepción definitiva de la documentación y los recambios actualizados con las modificaciones oportunas.
- Recepción de la calidad del sistema.
- Puesta en cadencia con ayuda de un *deverminage* o *debugging* sistemático (pruebas de resistencia o depuración del sistema).
- Uso o fase de explotación del sistema mediante una producción en serie, durante la cual deberá cumplir con los objetivos que le fueron asignados.

Medida de los indicadores de la seguridad de funcionamiento

Es necesario fijar unas características de fiabilidad y mantenibilidad en los medios de producción. Ambos conceptos implican que la seguridad de funcionamiento y la facilidad de mantener el sistema de producción pueden ser cuantificados por los indicadores que ya se reseñaron en el desarrollo de la etapa 4 del TPM.

Si se predice el valor de estos indicadores en la fase de diseño, con la participación del departamento de fabricación y mantenimiento, se obtiene una garantía de que la acción de la seguridad del producto puede medirse a lo largo de la explotación del sistema, en particular en el período de garantía, simplemente siguiendo la evolución de los diferentes indicadores.

NOTAS

Todo esto lo facilita un sistema informático ligado a las máquinas y a un ordenador central mediante un programa adecuado (véase el desarrollo de etapa 4 del TPM), con un seguimiento de todos los indicadores de la producción.

Las desviaciones negativas de los resultados medios con relación a las previsiones del proyecto, serán susceptibles de un AMDEC a nivel 3 en trabajo en equipo a través de los grupos de fiabilización (véase la etapa 7 del TPM) o de un análisis de mejora. No obstante, se puede preparar una estrategia con el fabricante del equipo para asegurar unos valores mínimos tolerados, como la que se presenta a título de ejemplo en el anexo III.

ETAPA 12: VALIDAR PROGRESOS EN EL DESARROLLO DEL PROYECTO TPM A TRAVÉS DE AUDITORÍAS

Los objetivos de esta etapa son los siguientes:

- Realizar balances de forma sistemática sobre la eficacia del proyecto. Esto exige el seguimiento de indicadores técnicos tales como:
  - La fiabilidad, mantenibilidad y disponibilidad de los equipos.
  - El rendimiento de los recursos integrados en los procesos.
  - El rendimiento operativo obtenido en el proceso (volumen de producción).
- Asegurar la autonomía del taller en la dinámica del TPM y en el mantenimiento de la calidad de los estándares. Este objetivo se puede evaluar mediante auditorías, como se verá a continuación.
- Asegurar que el taller implicado está inmerso en un plan de mejora continua y de que existe un seguimiento riguroso de los planes de acción.
- Fijar periódicamente nuevas metas y objetivos (anualmente, planes trienales, etc.) en los aspectos siguientes:
  - Mejora de las organizaciones en los campos de relaciones, comunicación, gestión de competencias, etc.
  - Mejora de la eficacia de los equipos de producción.
  - Mejora de los costes de mantenimiento y de explotación de los sistemas de producción.

NOTAS

Por tanto, esta etapa **no constituye** propiamente un avance de las acciones TPM, sino que consiste en constatar (más allá de la aplicación de un proyecto de este tipo y en la dinámica normal de un taller de producción) una animación organizada alrededor del programa del proyecto y, sobre todo, alrededor del rendimiento operativo de las diferentes líneas de producción.

Sin embargo, mi experiencia es que, en todas las acciones a largo plazo, el riesgo de ver degradados los resultados y el rigor con los tiempos es muy importante. El rol de un buen dirigente, de un responsable de desarrollar un proyecto TPM como el que se describe en este manual, será mantener viva en el tiempo la aplicación del proyecto y la presión sobre las exigencias y las situaciones cotidianas que este requiere.

Por lo tanto, se debe dotar de una estructura de auditorías que vigile la correcta aplicación en el tiempo de los procesos, tareas, programas y formación que se hayan definido en el proyecto en sus diferentes etapas, procurando planificar evaluaciones continuas, así como un reciclaje y formación continua de todos los empleados en función de los puntos débiles que puedan aparecer en dichas evaluaciones.

Plan de auditorías

Dentro de un plan general de auditorías dirigidas a la evaluación permanente de un taller de fabricación (como el ISO 9000 y otros similares), es conveniente hacer una referencia a un tipo de auditoría muy práctica, de complejidad pequeña/mediana, y que ayuda a mantener viva la organización en el desarrollo de un proyecto TPM (véase el anexo IV).

Esta auditoría consistirá en verificar sobre el terreno si se hace todo lo que exige un proyecto TPM y detectar dónde no se hace lo suficiente. Todo esto se analiza mediante un cuestionario de preguntas similares a las que aparecen en el anexo IV, con las cuales el auditor evalúa un índice de riesgo o de nivel de satisfacción de la función que esté siendo auditada.

Este índice será motivo de un seguimiento a través de planes de **acción correctiva**, para evaluar:

- Los resultados obtenidos.
- Las necesidades.
- Los costes de las acciones.
- Los objetivos de índices de satisfacción que hay que alcanzar.
- La eficacia que se haya alcanzado a través de la medida de los nuevos resultados, y todo ello a través de una dinámica participativa.

Este tipo de auditoría se puede complementar con otras referencias externas, como puede ser la del Instituto Japonés del Mantenimiento en Planta (JIMP) u otros similares.

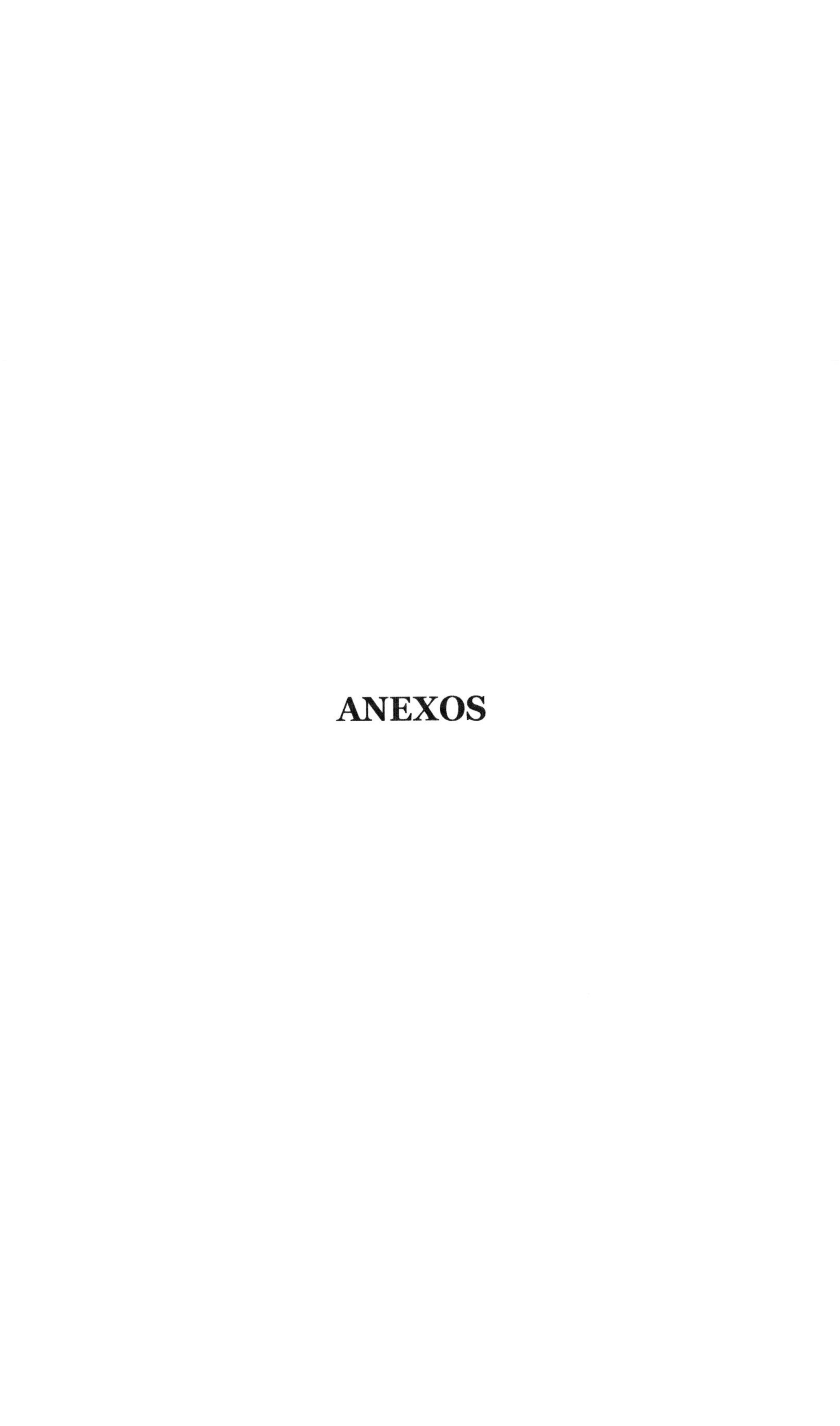

ANEXOS

ANEXO I. EJEMPLO DE DIAGNÓSTICO ORGANIZACIONAL

NOTAS

Diagnóstico del estado de los lugares (síntesis de entrevistas y encuestas individuales)

Se realizaron entrevistas individuales a 71 empleados de una compañía con diferentes responsabilidades en la organización, con ayuda de un cuestionario de 32 preguntas distribuidas en los siguientes temas:

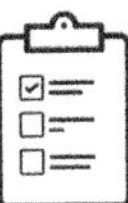

- El material.
- La medida de indicadores.
- Las máquinas.
- El mantenimiento preventivo y el automantenimiento.
- La organización del departamento de fabricación y del de mantenimiento.
- El punto de vista del departamento de fabricación hacia los servicios prestatarios o de apoyo.
- El punto de vista de los servicios prestatarios hacia el departamento de fabricación.
- Temas generales que fuera preciso destacar.

Se hizo un balance de las respuestas con los siguientes aspectos que sería conveniente mejorar:

NOTAS

1

El material

- Utillaje que a veces es insuficiente.
- Útiles de medida que no siempre están bien adaptados.
- Orden y ubicación poco prácticos.
- Piezas de desgaste y de recambio no están siempre bien revisadas y ordenadas.
- Faltan piezas de desgaste y de recambio con frecuencia.

2

La medida de indicadores sobre el sistema informático

- Los códigos de paradas son imprecisos.
- Faltan comentarios en las intervenciones.
- Muchos indicadores son poco comprensibles.
- Los tiempos de ciclo no están todos validados.
- El sistema informático casi siempre está muy cargado, y eso hace que a veces no se cumplimente la intervención.

NOTAS

3

Las máquinas

- Faltan procedimientos o modos de explotación o utilización de muchas máquinas.
- Los medios de alerta son defectuosos.
- Encursos insuficientes.
- Malas accesibilidades.
- Mala ergonomía en algunos puestos.

4

La organización del departamento de fabricación

- Comunicación interna y externa insuficientes.
- Falta de participación en las reuniones.
- Mala gestión de la formación.
- Muchos indicadores y pocas explicaciones.
- Falta de rapidez en la respuesta en la gestión de problemas técnicos.
- Motivación baja debido a la remuneración y a la jerarquía rígida.

NOTAS

5

Mantenimiento preventivo y automantenimiento

- Gestión de los tiempos de intervención muy difícil.
- Muchos imprevistos para los fines de semana.
- Carga de trabajo muy fuerte.
- Automantenimiento no adaptado a las verdaderas necesidades, sin haber consultado para su elaboración con los operadores del departamento de fabricación.

6

Punto de vista del departamento de fabricación hacia los servicios de apoyo

- Tiempos de respuesta muy largos a las sugerencias.
- Falta de piezas en la línea y falta de comunicación para conocer los problemas con anticipación.
- Falta de efectivos de apoyo y de recambios en los fines de semana.
- Poca presencia en los talleres.

NOTAS

7

El punto de vista de los servicios de apoyo hacia el departamento de fabricación

- Falta de rigor al aplicar los procedimientos y las normas de explotación. Es necesario mejorar la redacción de los soportes e instrucciones técnicas.
- Es preciso mejorar la relación proveedor-cliente.
- Falta un interlocutor destacado en cada taller para tratar temas de calidad-procesos.
- No se puede asegurar correctamente el rol de formador.
- Falta de rigor en el mantenimiento de ciertas tecnologías y de ciertas máquinas.

8

Temas generales que es preciso destacar

- Los servicios prestatarios o de apoyo son menos sensibles a los problemas y exigencias de la producción que los miembros de las unidades productivas.
- Falta de reacción rápida a las peticiones de ayuda.
- Falta personal técnico y de servicios prestatarios en el turno de noche.
- No se tienen en cuenta lo suficiente las opiniones de los operarios.

ANEXO II. FUNCIONES Y TAREAS QUE DEBEN SER DESARROLLADAS POR LOS COMPONENTES DE UNA UNIDAD INTEGRADA EN UN PROCESO DE MECANIZADO DE PIEZAS

Misiones principales

- Atender y vigilar el funcionamiento de las máquinas y de los equipos del proceso.
- Mantener las máquinas, equipos, herramientas, útiles, etc., en buen estado de funcionamiento, respetando los estándares de referencia, asegurando la limpieza y la seguridad en el entorno de cada puesto de trabajo.
- Asegurar los resultados de calidad, plazo y coste del producto fabricado en el proceso.
- Participar en la mejora continua, colaborando con sugerencias e ideas en los grupos de trabajo, para eliminar todo tipo de disfunción.

Funciones y tareas específicas

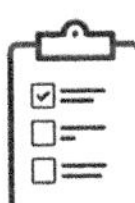

- Puesta en marcha de máquinas y equipos después de inspecciones y revisiones preventivas.
- Vigilar y prestar atención a las variaciones de señales sonoras, visuales, dimensionales (pantallas, lámparas de señalización, presostatos, termostatos, etc.).
- Efectuar cambios y reglajes de herramientas a la frecuencia establecida.
- Efectuar operaciones de control de la calidad del producto, documentando las cartas de control en las características a las que se asigna un control estadístico (SPC).
- Seleccionar y analizar piezas no conformes.
- Realizar los planes de mantenimiento preventivo establecidos y detectar fallos, averías, disfunciones, etc., en los componentes y útiles, herramientas de una máquina, etc.
- Documentar todo tipo de paradas y dar la suficiente información que sirva de soporte para un análisis posterior de fiabilización o de mejora.
- Identificar las variantes del producto para asegurar los cambios de ráfagas, útiles, herramientas, etc.
- Efectuar diagnósticos y reparaciones de primer nivel de componentes y herramientas que han fallado, con cambios y sustitución de ciertos componentes.
- Asegurar la cantidad y calidad de producción establecida, incluso cuando las máquinas funcionen voluntariamente en modo degradado.

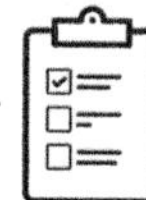

(continuación...)

- Efectuar mediciones y controles, cuando proceda, en salas de metrología.
- Realizar mejoras y modificaciones no complejas.
- Efectuar reglajes y correcciones de movimientos en máquinas equipadas con CNC.
- Relacionarse en *just in time* (a través de Kanban) con los almacenes de productos terminados y los proveedores de piezas en bruto o componentes.
- Gestionar las piezas de desgaste y los recambios de máquinas, útiles y herramientas.
- Participar, cuando proceda, en las reuniones de los grupos de fiabilización, aportando experiencias y aprendizajes sobre el comportamiento de una máquina que deba analizarse.
- Participar en la formación de competencias del personal nuevo en el proceso.

NOTAS

ANEXO III. RECEPCIÓN DE EQUIPOS Y ACEPTACIÓN DE LA FIABILIDAD Y DISPONIBILIDAD

De acuerdo con lo que se ha reseñado arriba, los servicios de métodos e ingeniería y los técnicos de mantenimiento ya pudieron conocer de antemano los objetivos de los parámetros de la seguridad de funcionamiento de los diferentes equipos que componían cada sistema de producción. Este conocimiento o especificación, acordada con el fabricante de los equipos y comprometida en el pedido de los mismos, aportó varias ventajas:

- Prever de forma precisa la repercusión de las paradas de una máquina con respecto a otras, en cada línea automática.
- Dimensionar los pulmones y *stock* que se iban a situar entre máquinas.
- Efectuar simulaciones de productividad y rendimiento operativo de la línea.
- Disponer de indicadores y valores objetivo de la fiabilidad para controlarla en las diferentes etapas de las recepciones de los sistemas.

Etapas de preparación y de recepción

En primer lugar, los fabricantes debían documentar, bajo el término de paradas funcionales y de mantenibilidad, los siguientes puntos (valores en minutos):

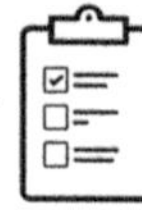

- Tiempo de cambio de herramientas, de utillaje y de piezas de desgaste, indicando la frecuencia de cambio.
- Tiempo de cambio de ráfaga para atender la diversidad.
- Tiempo de control y su frecuencia.
- Tiempo para realizar operaciones de automantenimiento en el contexto del TPM.
- Valores medios de los tiempos de intervención para reemplazar piezas o conjuntos por averías o por acciones de mantenimiento preventivo programado.

Los controles se realizaron en varias etapas:

1

Recepción provisional en nuestros talleres, trabajando unas ocho horas y tomando solamente los valores de los tiempos de paradas funcionales y de mantenibilidad, es decir:

- Los tiempos de cambios de herramientas y utillajes en condiciones normales de explotación.
- Los tiempos de cambio de ráfagas, si procedía.
- Los tiempos de control frecuencial.
- Los tiempos de sustitución de determinados conjuntos y componentes en los que, por experiencia, creímos que iba a ser necesario intervenir.
- Los tiempos empleados en operaciones de automantenimiento y mantenimiento programado con necesidad de parar el sistema.

NOTAS

2

Recepción definitiva en nuestros talleres. Esta recepción se debía realizar sobre un período de unas 30 horas acumuladas de tiempo de buen funcionamiento con producción efectiva y en las condiciones previstas en el pliego de condiciones. Se anotó todo tipo de incidencias y paradas y se midieron los tiempos empleados en resolverlas, así como su frecuencia de aparición. En esta etapa los fabricantes resolvieron muchos de los problemas que aparecían en el período infantil de utilización del equipo y que distorsionaban los valores de fiabilidad y disponibilidad, algo que permitía comenzar el trabajo en preserie con cierta garantía de funcionamiento continuo, de acuerdo con las previsiones.

3

Recepción durante el período de garantía. Esta etapa se realizó durante el período de garantía, cuando se había estabilizado la producción en serie, con un control sobre unas 100 horas de buen funcionamiento acumulado en las condiciones óptimas de utilización previstas. Se anotaron los valores de fiabilidad, mantenibilidad y disponibilidad obtenidos. En esta etapa los fabricantes realizaron pequeñas modificaciones para fiabilizar algunos de los problemas que surgieron, para acortar el período en que debía obtenerse la disponibilidad prevista.

NOTAS

Criterios de decisión para aceptar y rechazar la fiabilidad y la disponibilidad

La duración de los controles reseñados es corta, por lo que los parámetros calculados en esos períodos han de ser considerados como una muestra. Para tener en cuenta este hecho, la aceptación o rechazo de la fiabilidad y disponibilidad se efectuará con base en una hipótesis tolerante alternativa. Es decir, si la hipótesis real que correspondía a los valores especificados en los pliegos de condiciones era H1, una hipótesis alternativa que corresponda a los valores mínimos aceptables es H2, fijada entre el proveedor (fabricante de cada equipo) y el cliente (usuario: mantenimiento y fabricación) tal que:

$$H2 = \frac{5}{6}\ H1 \text{ para el indicador MTBF}$$

$$H2 = \frac{6}{5}\ H1 \text{ para el indicador MTTR}$$

Y por último:

$$H2 = H1 - \frac{(1 - H1)}{5} \text{ para el indicador de la disponibilidad propia}$$

A continuación se muestra un ejemplo de este proceso sobre una máquina trasfert para el mecanizado en desbaste de cárter de cilindros de motor que tenía como valores especificados (objetivos que era preciso alcanzar) los siguientes:

- MTBF = 500 min.
- MTTR = 12 min.
- Dp = 97,5 %

Los valores mínimos aceptables para el arranque en serie, también fijados en el pliego de condiciones, fueron los siguientes:

$$\text{H2 de MTBF} = \frac{5}{6} \times 500 \text{ min} = 416 \text{ min}$$

$$\text{H2 de MTBF} = \frac{6}{5} \times 12 \text{ min} = 14{,}4 \text{ min}$$

$$\text{H2 de Dp} = 0{,}975 - \frac{1 - 0{,}975}{5} = 0{,}97$$

Los valores controlados realmente en la recepción definitiva, partiendo de cada subconjunto de la referida máquina, fueron los siguientes:

- MTBF = 432 min, frente a los 416 min, que era el mínimo aceptable, lo que implicó aceptar la fiabilidad de la máquina.
- MTTR = 14 min, frente a 14,4 min, que era el máximo aceptable, lo que implicó aceptar la mantenibilidad del sistema.
- Dp = 0,969 frente a 0,97, el mínimo aceptable, lo que supuso en la práctica aceptar la disponibilidad propia de la máquina.

Los resultados que se deben alcanzar globalmente con esta estrategia son acortar el período para alcanzar la fiabilidad y, por tanto, los rendimientos operativos de cada línea productiva, así como las productividades previstas al realizar las inversiones.

La experiencia me dice que sin la aplicación de esta estrategia, lo normal es llegar al final de la garantía sin haber alcanzado ni un 75 % de las previsiones, tardando más de quince meses en lograrlo.

ANEXO IV. EJEMPLO DE UN PLAN DE AUDITORÍAS INTERNAS DE SEGUIMIENTO DE UN PROYECTO TPM

Definición

Este plan, presentado como modelo, es un análisis metódico orientado a determinar si las actividades principales y resultados relativos a la implantación de un proyecto TPM satisfacen las disposiciones preestablecidas y si estas son aplicadas de modo eficaz, evitando así su degradación en el tiempo.

Objetivo

El objetivo es evaluar globalmente la aplicación del proyecto TPM sobre el terreno, cuantificando los riesgos de pérdidas de rendimiento operativo en los sistemas productivos, y recomendar las acciones correctivas que procedan. Para ello se puede utilizar una referencia similar al que aparece en las hojas adjuntas a este anexo.

Cotación

La cotación, o acotación, del objetivo viene dada por la acumulación de la cotación de todos los criterios contenidos en el plan de auditoría.

La cotación de cada criterio que se deba analizar se obtiene con la ayuda del producto de dos valores:

- Nivel de riesgo del criterio (R).
- Nivel de conformidad del criterio (C).

Por tanto, la cotación del índice de riesgo del criterio (IRC) será:

- $IRC = R \times C$
- Todo IRC >0 y <50 debe ser objeto de estudio para mejorar.
- Todo IRC >50 debe ser objeto de una acción correctiva.

Nivel de riesgo

El nivel de riesgo permite jerarquizar unos criterios con respecto a otros y ponderar así el riesgo de no calidad de cada criterio.

El nivel de riesgo toma dos valores que representan respectivamente:

- Un nivel de riesgo medio con un valor = 5.
- Un nivel de riesgo alto con un valor = 10.

HOJA DEL REFERENCIAL DE AUDITORÍAS INTERNAS DE UN PROYECTO DE TPM

EVALUACIONES

1

PROCEDIMIENTO DE APLICACIÓN:	SÍ	NO	R	C	IRC
A) APLICACIÓN DE LAS ETAPAS DEL PROYECTO					
¿Se han aplicado los diferentes apartados en el orden adecuado?			10		

CONFORMIDAD DEL ENTORNO Y DEL MEDIO PRODUCTIVO 5S					
A) ORGANIZACIÓN:					
¿No hay cosas inútiles? ¿Están clasificadas las útiles? ¿Existe una lista de utillajes y herramientas necesarios para el desarrollo de las tareas propias de cada puesto de trabajo?			10		
B) ORDEN:					
¿Existen y están ordenados los útiles y herramientas necesarios, incluidos los de limpieza?			10		
C)LIMPIEZA INICIAL DE MÁQUINAS:					
¿Existe constancia del estado de referencia respecto a la limpieza de las máquinas? ¿Se han localizado los focos de suciedad y se han buscado soluciones para eliminarlos?			10		
D) MANTENIMIENTO DE LA LIMPIEZA:					
¿Existe una gama o ficha técnica donde figuren las zonas que deben mantenerse limpias y los medios que deben utilizarse, con una frecuencia establecida?			10		
E) RIGOR:					
¿Se respetan las consignas y planes de limpieza establecidos así como la distribución de tareas?			10		
F) ENGRASE DE MÁQUINA Y MEDIOS PARA ELLO:					
¿Existen y son correctos?	SÍ	NO	R	C	IRC
G) PRESENCIA DE GAMAS DE MANTENIMIENTO PREVENTIVO Y CONSIGNAS:					
¿Existe una ficha específica de tipos de aceite, grasas que deban usarse y sus equivalentes? ¿Están identificados los puntos de engrase y limpieza en los estándares específicos? ¿Están identificados o visualizados los niveles de engrase?			10		
H) ERGONOMÍA SATISFACTORIA:					
Los accesos a los puntos de limpieza y engrase son fáciles y están identificados?			10		

(2)

FORMACIÓN:

A) FORMACIÓN DEL PERSONAL:

¿Se ha formado el personal en las tareas propias del mantenimiento siguiendo lo establecido en sus gamas?
¿Figura el seguimiento en su ficha de formación y gestión de competencias? ¿Está formado en detectar anomalías?
¿Existe reciclado de formación en técnicas y tecnologías de mantenimiento y constancia de ello en su ficha personal de formación?

		10		

B) FORMACIÓN DE LOS MANDOS:

¿Se constata una buena disposición del mando al aplicar y animar el proyecto? El mando, ¿conoce los procedimientos al respecto?

SÍ	NO	R	C	IRC

PROCESO DE EXPLOTACIÓN DEL MANTENIMIENTO:

A) ACTUALIZACIÓN DE LAS GAMAS DEL MANTENIMIENTO PREVENTIVO:

¿Se actualizan las gamas y frecuencias según el historial del equipo productivo, con la participación de todos los implicados? Y, en consecuencia, ¿se actualiza el plan de mantenimiento preventivo?

		10		

B) EJECUCIÓN DE TAREAS DE MANTENIMIENTO PREVENTIVO:

¿Se realizan correctamente las gamas en atención a su frecuencia? ¿Son adecuadas al puesto?

		10		

C) VERIFICACIÓN DE FICHAS DE MANTENIMIENTO PREVENTIVO:

¿Se verifica la correcta ejecución de las tareas indicadas en las fichas de mantenimiento preventivo por muestreo?

		10		

D) NOTIFICACIÓN DE ANOMALÍAS:

El profesional, ¿anota en la ficha los disfuncionamientos y anomalías que no ha podido resolver?

		10		

E) ACCIONES CORRECTIVAS:

¿Se anotan las anomalías y defectos que no se pueden resolver de inmediato sobre etiquetas o documentos visuales?
¿Se toman las acciones correctivas necesarias para corregir los disfuncionamientos y anomalías anotados en la ficha o etiqueta?

SÍ	NO	R	C	IRC

F) PLANIFICACIÓN DE TAREAS:

¿Existe una planificación de tareas de mantenimiento preventivo que asegure el 100 % de ejecución de las actividades programadas?

		5		

G) CONSIGNAS DE USO:

¿Existe una ficha de instrucciones sobre cómo hacer una limpieza y engrase de la máquina así como del resto de las operaciones de la ficha (si fuesen necesarias)?
¿Se respetan las consignas de seguridad?
¿Se respetan las consignas de control?
¿Se respetan las consignas sobre piezas de desgaste y recambios?

		10		

H) TRAZABILIDAD Y CUMPLIMIENTO DE PROCEDIMIENTOS DE EJECUCIÓN DE TAREAS DE MANTENIMIENTO PREVENTIVO:

¿Se cumple el recorrido que debe seguir cada ficha de mantenimiento preventivo?
¿Se controla la ejecución de las tareas programadas para reprogramarlas si es necesario?

		5		

③

MEDIDA / VISUALIZACIÓN:

A) PRESENCIA DIARIA DEL TABLERO DE ACTIVIDADES:

¿Existe información sobre el rendimiento, número de paradas, etc., y está colocada en lugar visible y accesible?

		5		

B) SISTEMA DE MEDIDA:

¿Se dispone de un sistema de medida fiable para cumplimentar la información de actividades y resultados?

		10		

C) ANÁLISIS:

¿Se analizan regularmente y de forma participativa los indicadores y se proponen acciones de mejora en todos los aspectos de pérdidas?

		10		

D) CARGA DE TRABAJO:

¿Existen índices comparativos de los trabajos pendientes y de los realizados?

		5		

NUEVOS PROYECTOS:

A) NUEVOS PROYECTOS:

¿Se han capitalizado experiencias para nuevos proyectos? ¿Se han confeccionado y aplicado las gamas de mantenimiento preventivo en nuevos equipos?

		5		

SÍNTESIS DE LA EVALUACIÓN DE LA AUDITORÍA

RESULTADO DE LA EVALUACIÓN		ACCIONES CORRECTIVAS	
IRC	CANTIDAD	PLAZO	RESPONSABLE
IRC = 0			
0 < IRC < 50			
IRC >= 50			
TOTAL IRC			
IS			

RECOMENDACIONES DEL AUDITOR

FIRMA	AUDITOR / EVALUADOR	TÉCNICO PROCESO	RESPONSABLE UD. PRODUCCIÓN

Nivel de conformidad

El nivel de conformidad permite evaluar el estado de realización de un criterio y su aptitud para respetar el objetivo buscado y puede tomar estos cuatro valores:

- 0 = satisfactorio
- 4 = aceptable
- 7 = inaceptable (no ofrece garantías)
- 10 = inexistente

Índice de satisfacción

El índice de satisfacción (IS) del desarrollo y aplicación del TPM en un determinado taller o proceso que sean auditados en un momento determinado es un indicador relativo que toma un valor comprendido entre 0 y 100 %.

Este indicador toma el valor 100 % cuando todos los IRC son iguales a cero (C = 0). Se puede calcular de la siguiente manera:

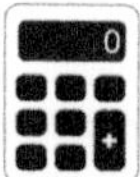

- Se calcula primero la suma de los niveles de riesgo (R) de todos los criterios contenidos en la hoja de referencia.
- Se calcula la suma de los IRC de todos los criterios contenidos en dicha hoja.
- Se calcula el IS en porcentaje por la fórmula:

$$\text{IS en \%} = 100 - \frac{100\,\Sigma\,\text{IRC}}{7\,\Sigma\,\text{R}}$$

Realización de la auditoría

La auditoría la puede realizar, como piloto, un técnico de mantenimiento acreditado. Le acompañará el responsable del proceso y un técnico del mismo.

El **piloto de la evaluación** puntúa cada criterio de la auditoría y cumplimenta en todos los apartados la hoja de referencia con base en las explicaciones recibidas por el responsable y el técnico del proceso, añadiendo su apreciación personal como experto en estas actividades. Finaliza la evaluación con las recomendaciones oportunas, recogiendo la conformidad de los interesados en el resultado final de la auditoría.

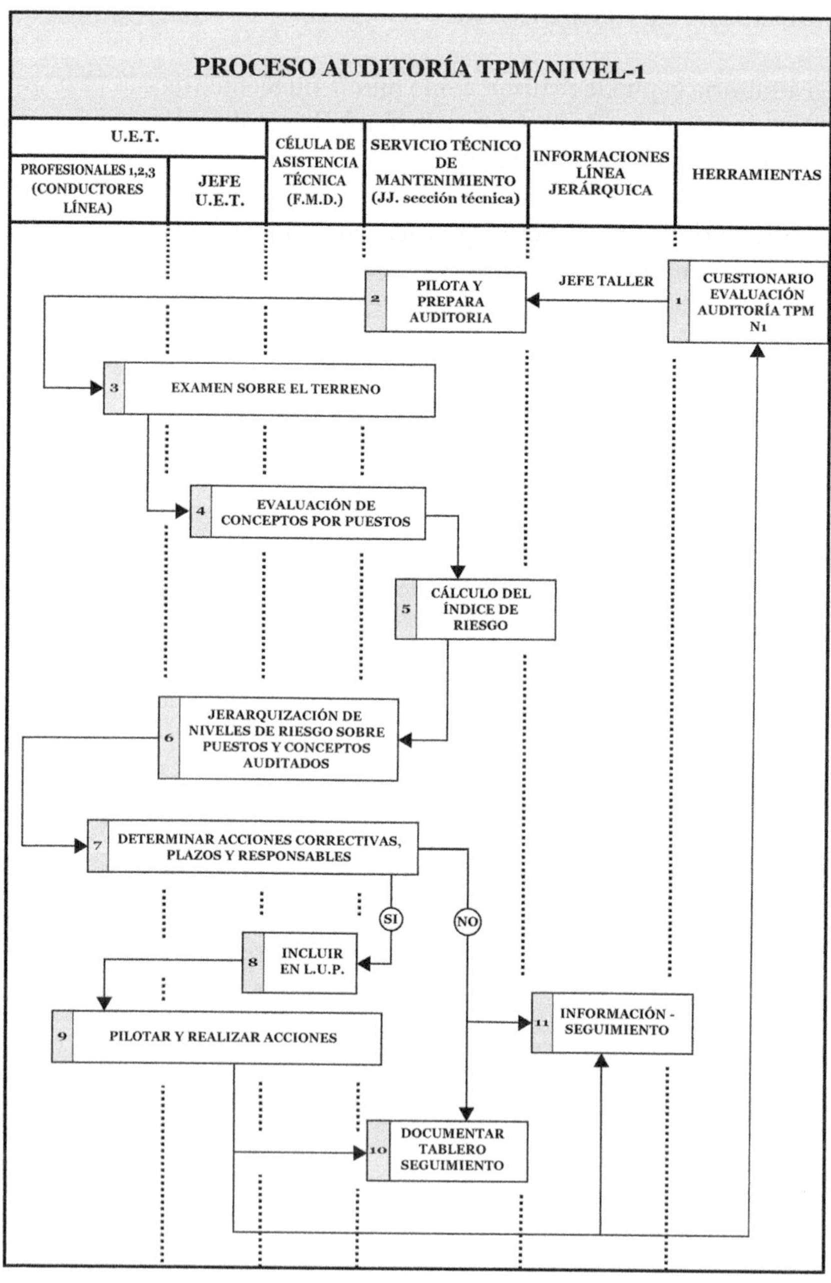
PROCESO AUDITORÍA TPM/NIVEL-1
U.E.T.
PROFESIONALES 1,2,3 (CONDUCTORES LÍNEA)
JEFE U.E.T.
CÉLULA DE ASISTENCIA TÉCNICA (F.M.D.)
SERVICIO TÉCNICO DE MANTENIMIENTO (JJ. sección técnica)
INFORMACIONES LÍNEA JERÁRQUICA
HERRAMIENTAS
1 CUESTIONARIO EVALUACIÓN AUDITORÍA TPM N1
JEFE TALLER
2 PILOTA Y PREPARA AUDITORIA
3 EXAMEN SOBRE EL TERRENO
4 EVALUACIÓN DE CONCEPTOS POR PUESTOS
5 CÁLCULO DEL ÍNDICE DE RIESGO
6 JERARQUIZACIÓN DE NIVELES DE RIESGO SOBRE PUESTOS Y CONCEPTOS AUDITADOS
7 DETERMINAR ACCIONES CORRECTIVAS, PLAZOS Y RESPONSABLES
SI
NO
8 INCLUIR EN L.U.P.
9 PILOTAR Y REALIZAR ACCIONES
11 INFORMACIÓN - SEGUIMIENTO
10 DOCUMENTAR TABLERO SEGUIMIENTO

ANEXO V. INDICADORES ORGANIZACIONALES (DE GESTIÓN)

NOTAS

Tiempo gama (tiempo operatorio)

Es el tiempo asignado por los métodos de trabajo orientados a ejecutar tareas manuales, relacionadas con el producto y el proceso, para fabricar una pieza o conjunto.

La reducción de este tiempo se debe a una mejora del proceso, reflejando la efectividad o rendimiento de las inversiones para su mejora.

Número de operarios necesarios por métodos o procesos en una línea de producción

Para una línea de producción con una capacidad o volumen de producción prevista (V) de 1 000 piezas/día trabajando a tres turnos, por ejemplo, y con un tiempo gama/pieza = 10 minutos, se puede calcular el número de operarios que hay que incorporar a la línea por el método puro, mediante la expresión:

$$\text{Núm. operar./3 turnos} = \frac{V \times T \text{ gama (min)}}{T \text{ presencia (min)/operario}} =$$

$$= \frac{1000 \times 10 \text{ min}}{60 \times 8 \text{ min}} = 21{,}5 \text{ operarios/3 turnos}$$

Rendimiento de la mano de obra (organización del taller)

Es un indicador que define la buena o mala gestión de la organización de un taller al fabricar un producto.

Dicho indicador viene definido por la relación:

$$\text{Rendim. MOD} = \frac{\text{HORAS GAMA}}{\text{HORAS PRESENCIA MOD}}$$

Siendo así:

- Horas gama = n.° de piezas fabricadas × tiempo de fabricación/pieza especificado por métodos de trabajo.
- Horas presencia = n.° de horas invertidas por la MOD en la fabricación de dichas piezas.

El valor de este indicador debe tender a 100, lo que equivale a decir que en la organización de una línea o taller se progresa con menos efectivos de MOD o se hace un mayor volumen de producción con mejores resultados de calidad (menores retoques, recuperaciones, chatarra, etc.).

NOTAS

Productividad de la MOD

Es un indicador muy importante en la organización y gestión de un taller y está ligado a los dos anteriores.

Se define por la expresión:

$$\text{Product.} = 100 - \frac{(100\ \text{mej. prod.}\ \%) \times \text{rendim. acumul. año anterior}}{\text{Rendimiento acumulado real del año}}$$

- Ejemplo al mes de junio de 2024:
  - Rendimiento acumulado de diciembre del año anterior (2023) = 0,9.
  - Mejora del proceso acumulado al mes de junio de 2024 = 10 %.
  - Rendimiento acumulado real a junio de 2024 = 0,95.

$$\text{Productividad} = 100 - \frac{(100 - 10) \times 0,9}{0,95} =$$

= 100-86 = 14 % de mejora de productividad acumulada a junio de 2024 con base diciembre de 2023.

Maqueta de efectivos

La maqueta de efectivos es un documento de progreso para cada línea productiva que relaciona la capacidad o volumen de producción que se ha alcanzado y los efectivos asignados a esa producción.

Designación línea	Capacidad media piezas/día	Tiempo M.O.D. (min.)	Efectivos					Total	$\frac{N1 + N2 + N3}{100 \text{ piezas}}$	Observaciones
			N1							
			M.O.D. Presencia	M.O.I.	M.O.M.	N2 Nivel 2	N3 Nivel 3	N1 + N2 + N3		
Supuesto	1 000	2,79	6,6	2	1	2,3	1,3	13,2	1,32	

NOTAS

Este documento permite seguir un ratio de efectivos/100 piezas o conjuntos fabricados y lo se puede hacer en tres niveles de asignación:

1 Nivel 1

Es el personal relacionado con la fabricación y necesario para el funcionamiento del taller (organización del departamento de fabricación). Comprende por lo tanto:

- MOD.
- Estructura (incluyendo mandos).

2 Nivel 2

Corresponde a los efectivos de los servicios de apoyo, es decir, al personal relacionado con el departamento de fabri cación pero no perteneciente al mismo, como pueden ser:

- Mantenimiento.
- Talleres de afilado y preparación de herramientas.
- Gestión de calidad.
- Logística y aprovisionamiento.

3 Nivel 3

Corresponde al resto de personal imputado a un proceso o línea de producción por su relación con el mismo, como pueden ser:

- Métodos.
- Gestión de recursos humanos (departamento de personal).
- Organización y planificación.
- Dirección.

Efectivos para hacer 100 piezas o productos

El objetivo de este ratio es que sirva de referencia para buscar líneas de progreso a través de *benchmarking*, etc., por comparación con los mejores ratios conocidos e, incluso, para observar el progreso propio.

Para utilizar este indicador basta con conocer los efectivos que trabajan en un proceso en cada uno de los niveles 1, 2 y 3 y registrar las piezas buenas realizadas por día, siendo esta la media en un período dado, como puede ser el mensual.

Si se dividen los efectivos entre la cantidad de cientos de piezas o productos fabricados dará directamente el indicador de efectivos/100 piezas/productos.

ANEXO VI. MODELO DE PLAN DE INFORMACIÓN Y FORMACIÓN A TODOS LOS EMPLEADOS DE LA COMPAÑÍA

NOTAS

Este modelo puede estar integrado en un manual de bolsillo ilustrado con figuras o cómics, y los contenidos pueden ser parecidos a estos: ilustrado con figuras o cómics.

El TPM, factor de economía

Como se puede observar en nuestro entorno familiar, social o empresarial, ha llegado el momento de la economización, de reducir los gastos hasta lo justo y necesario. es preciso esforzarse en eliminar gastos debidos a despilfarros. En el marco de los hogares, con el paso de los años, ha sido preciso, paulatinamente, cambiar nuestras costumbres y comportamientos.

Economizar se traduce en gestos simples y cotidianos, como apagar la luz de una habitación si no se necesita y adaptar la potencia a su volumen. La intervención directa es muy amplia y evita el gasto de contratar profesionales. Hay más ejemplos: purgar radiadores que no dan calor, engrasar cerraduras que chirrían, cambiar juntas de grifos que gotean, cambiar bombillas o lámparas fundidas, arreglar enchufes con algún problema, cambiar filtros en el aspirador, limpiar filtros de lavadoras, etc. seguro que muchas personas están llenas de ideas para tratar de economizar, mejorar o evitar otros problemas mayores y costosos.

Estos simples ejemplos muestran que cada uno de nosotros efectúa, en general, operaciones de mantenimiento en sus propias instalaciones y electrodomésticos, evitando así llamar a profesionales, que siempre van a aumentar los costes. Solo se necesita un poco de intuición, de buen senti-

NOTAS

do, de ingenio y habilidad para desarrollar la imaginación, aplicando directamente las ideas que pueda tener cada uno.

En estos casos, aunque no nos demos cuenta, estamos llevando a cabo un tipo de mantenimiento en el marco del TPM: el automantenimiento.

Hacia un nuevo comportamiento en el puesto de trabajo

En el puesto de trabajo todos nosotros podemos y debemos hacer algo similar al ejemplo casero, pues con el paso del tiempo se va apreciando el buen o mal funcionamiento de los equipos, máquinas o instalaciones, y seguramente tenemos ideas para tratar de evitar paradas, así como para corregir problemas de averías, calidad, herramientas y utillaje.

Hacia un nuevo comportamiento: «cero paradas»

La meta última pasa por conseguir la adhesión voluntaria de todo el personal al proyecto TPM, asumiendo los objetivos de cada sector y participando de forma activa, espontánea y voluntaria cada empleado para conseguir eliminar las averías y minimizar las paradas de todo tipo, pues ambas son siempre muy costosas.

¿Cuál debe ser este nuevo comportamiento?

Se trata de practicar de manera voluntaria la prevención y el rigor en el mantenimiento de los equipos y sistemas de producción, evitando fallos, averías y defectos, y si estos ocurren, minimizando su repercusión en el rendimiento del taller y los costes.

NOTAS

Este comportamiento exige mantener el rigor en las tareas y buscar, proponer y poner en marcha todas las ideas e innovaciones que ayuden a mejorar el funcionamiento continuo de la organización, así como de los sistemas productivos e instalaciones y medios complementarios (centrales, carretillas, contenedores, etc.).

¿Cuáles son los campos de acción que pueden ayudar a practicar este nuevo comportamiento?

- El desarrollo de las unidades integradas de producción y de servicios prestatarios hacia la mejora continua de estándares y el mantenimiento del estado de referencia por un dominio de los procesos y de los equipos.
- El desarrollo de las células de asistencia técnica hacia la animación técnica, actuando permanentemente de formadores.
- Los grupos de mejora y de fiabilización, trabajando con rigor en el seguimiento de las acciones.
- La participación de todos los empleados con ideas y sugerencias, discutiendo y aplicando las mismas con la mayor rapidez.
- La puesta a nivel técnico de los medios con ayuda de los servicios de métodos y la colaboración de los demás servicios prestatarios.
- La aplicación rigurosa de los planes de mantenimiento preventivo (automantenimiento y mantenimiento programado).
- El tratamiento de problemas de calidad internos, en clientes y en proveedores.

Estado de los equipos y máquinas

Lo primero que debe hacerse es elaborar un dosier del estado de los equipos y máquinas en el que se ha de reflexionar sobre todos los problemas que tienen y que son la causa de que no se encuentren en su estado de referencia o de buen funcionamiento en la ratio calidad-tiempo, ciclo, herramientas, etc., teniendo frecuentes paradas o averías.

Lo segundo que debe hacerse es que si no se puede mantener los parámetros estándar de calidad, etc. de los equipos, se debe solicitar asistencia a los profesionales, técnicos y agentes de métodos para que nos ayuden a poner dichos equipos a nivel técnico, e incluso a mejorarlos con sugerencias y con los grupos de fiabilización.

Aplicación de las 5S

En general, en la mayoría de los hogares todo se encuentra razonablemente limpio, ordenado, y hay una disciplina entre todos los miembros de la familia para respetar el entorno familiar, limpiando y cuidando todos los electrodomésticos tras su utilización, etc. De la misma manera, la gente limpia regularmente el interior y exterior de su vehículo, así como los bajos del mismo.

Por la misma regla, en los equipos y puestos de trabajo debe aplicarse con rigor las 5S, es decir: limpiar, inspeccionar, corregir defectos y tener en orden el puesto.

Mejorar el uso y explotación del sistema informático de medida de indicadores

Si una persona se interesa en conocer el consumo de aceite, de combustible o ruidos, etc., en su vehículo en los primeros kilómetros, con el fin de resolver un problema antes de que venza la garantía, e incluso si esa persona anota esos consumos por kilómetro o por tiempo, por la misma regla es necesario conocer qué es lo que está pasando en el trabajo, sea bueno o sea malo.

NOTAS

Para ello debe llevarse un registro de todo tipo de paradas y del tiempo que dura cada una de ellas, informando con claridad de las intervenciones que se efectúen. Para facilitar este historial es probable que la empresa disponga de un sistema informático, que debe estar documentándose constantemente para que sea eficaz y pueda ser usado periódicamente por los técnicos y por los fabricantes de los equipos, máquinas e instalaciones.

El TPM debe ser una herramienta abierta a la información, que construya puentes y enlaces más que barreras entre los diferentes actores del sistema productivo, sea cual sea su función o tarea. Por ello, esa información debe ser lo más veraz y abierta posible.

La realización del mantenimiento preventivo

Las personas revisa con cierta frecuencia los niveles de aceite de su vehículo, del refrigerante, del circuito de frenos, etc., así como la presión de los neumáticos y el buen funcionamiento de todas las lámparas. Lo que en realidad están realizando es un mantenimiento del coche a nivel elemental, es decir, un automantenimiento, de la misma manera que hacen en su hogar, como se indicó arriba.

Asimismo, cada cierto número de kilómetros es preciso un cambio de aceite, de bujías, tensar las correas, reglar la puesta a punto del encendido, etc. En este caso lo que se está haciendo, sea por uno mimos o en un taller especializado, un mantenimiento programado.

NOTAS

Ambos tipos de mantenimiento constituyen el plan de mantenimiento preventivo del vehículo que permite tenerlo siempre dispuesto para su buen uso, con el mínimo coste.

De la misma forma, en un puesto de trabajo y para cuidar de sus máquinas, se debe controlar frecuentemente los niveles de aceite en los equipos de engrase y del hidráulico, así como las presiones de bridaje, las presiones del sistema de engrase, el funcionamiento correcto de lámparas de señalización en pupitres, escuchar ruidos anormales para solucionarlos antes de que causen un grave problema, limpiar apoyos, bridajes de piezas, etc., con el fin de garantizar el buen funcionamiento de las máquinas mediante las operaciones de automantenimiento.

Asimismo, con programas previamente establecidos, se deben parar las máquinas para realizar tareas más complejas, como la revisión del estado de husillos, embragues, carros, platos, protecciones, detectores, etc., cambiando periódicamente algunos según su estado. Este es el mantenimiento programado.

Solamente con un buen plan de mantenimiento preventivo basado en el automantenimiento y en el mantenimiento programado hecho con rigor y planificado en equipo, se pueden evitar averías y defectos por mala calidad y, sobre todo, costes.

Realización del mantenimiento correctivo

Si, por desgracia, pincha la rueda del vehículo o se funde una lámpara o un fusible, lo normal es que su dueño repare por sí mismo el problema, evitando que una grúa se lleve el vehículo a un taller especializado y ello le impida utilizar el

NOTAS

coche unas horas determinadas y con un elevado coste de intervención y de desplazamiento.

De la misma manera con conocimientos, habilidades y experiencias se pueden resolver ciertas paradas y averías por rotura de una broca, de una brida, un detector, una lámpara, etc., realizando así el mantenimiento correctivo de primer nivel sin tener que esperar a un especialista o profesional con la máquina parada, lo que puede afectar incluso a otras máquinas del proceso.

Si la causa de la parada de la máquina o instalación es de diagnóstico más difícil, no hay que dudar en acudir al profesional lo antes posible. Se debe colaborar con él y darle la máxima información para facilitarle la tarea con un tiempo mínimo de parada, así como dar pistas para diagnosticar la causa de la parada y proponer, con ideas y sugerencias, una mejora o modificación que estudiarán los técnicos o agentes de métodos, según proceda.

Solo así, trabajando en equipo, se puede ir hacia la meta u objetivo central de un proyecto TPM, «cero en...»:

- Averías.
- Accidentes.
- Defectos de calidad.
- Degradación del tiempo de ciclo.
- Paradas de otro tipo.

Necesidad de recambios y herramientas

No se podría cambiar un fusible, una lámpara o una rueda pinchada de un vehículo si no se dispone de un recambio inmediato en buen estado, así como de herramientas para realizar la tarea.

Por eso, generalmente, el vehículo incorpora un gato, llaves específicas, caja de fusibles, caja de lámparas, etc., e, incluso, no es raro llevar una lata de aceite que permita rellenar el depósito, en caso de fuga, hasta que sea posible corregirla.

De la misma manera, en un puesto debe haber herramientas, útiles y repuestos de consumo habitual para poder realizar las intervenciones en el mínimo tiempo.

Necesidad de mejorar las competencias y habilidades

No puede quedar ninguna duda de que el proceso TPM exige una forma de estar y de comportarse en el puesto de trabajo, sea cual sea la responsabilidad y función que tenga cada uno, y exige la participación activa para:

- Mantener los estándares de calidad y estados de referencia de las maquinas e instalaciones, evitando que se degraden.
- Mejorar permanentemente los resultados eliminando y minimizando las paradas.

De la misma manera que en un hogar o en un vehículo, el proceso TPM es un hecho basado en el *know-how* de la

persona sobre el terreno, sobre su puesto de trabajo, motivo por lo que se pide aplicar toda su potencia de:

- Iniciativa.
- Reflexión y sentido común.
- Interés y rigor por las tareas.
- Deseo interno de lograr mejores resultados.

El proceso TPM aumenta el valor de cada operario por un incremento del conocimiento y competencias propias, y los hace actores del cambio que necesita la empresa actuando como elementos activos y participando en los planes de progreso. El fin siempre debe ser «mejorar nuestros costes internos».

ANEXO VII. EJEMPLO DE CÓMO CONOCER EL RENDIMIENTO OPERACIONAL ÓPTIMO DE UNA LÍNEA DE PRODUCCIÓN DE MECANIZADO

A continuación se detalla un ejemplo de cálculo de la excelencia del rendimiento operacional (Ro) óptimo de una línea automática de cárter de cilindros de motor en un proceso de mecanizado.

Se trata de establecer los ratios óptimos que podría alcanzar dicha línea para no seguir metiendo presión inútil a partir del momento en que los alcance, considerando que se ha llegado al nivel óptimo en todos los factores que afectan al proceso productivo y que son los siguientes:

- Equipo productivo (maquinaria, medios) y su mantenimiento.
- Organización de recursos humanos (mano de obra) y entorno de trabajo.
- Material que debe procesarse.
- Método del proceso.
- Medida del proceso.

Todos estos factores intervienen en el rendimiento operativo teórico del proceso que hay que aplicar en la línea automática y, por tanto, son factores que pueden degradar el proceso. Se trata entonces de cuantificar las pérdidas inevitables y obtener un valor del rendimiento operacional

NOTAS

real óptimo, asumiendo que hay un dominio total de los factores anteriormente mencionados.

Una vez que se logren los valores óptimos de estos factores, el esfuerzo se debe dirigir hacia el mantenimiento de estándares mediante el rigor y la responsabilidad, si bien siempre se podrá seguir mejorando las capacidades y eliminando, de forma cotidiana, pequeñas incidencias que poco van a repercutir en el resultado final.

Por tanto, mejorar el rendimiento operacional de una instalación hasta situarlo en el valor óptimo, significa:

Buscar todas las soluciones capaces de eliminar disfunciones o, al menos, reducir los tiempos de parada, tendiendo hacia el «cero incidencias».

Aportar mejoras sobre la instalación para disminuir los defectos de calidad tanto en el proceso como en el material que va a procesarse y que ha suministrado el proveedor, tendiendo hacia el «cero defectos».

Para hacerlo posible, a continuación se describen los siguientes apartados de este proceso: tiempos de parada inevitables, optimización de tiempos (de ciclo, de frecuenciales, etc.) optimización de problemas de calidad, etc.

Tiempos de parada inevitables del proceso productivo

A lo largo del tiempo de trabajo de un sistema de producción existen una serie de paradas en el proceso que resultan físicamente inevitables, además de otras difícil-

mente evitables, pero que pueden mejorarse y optimizarse. Este tipo de paradas son:

- Parada del proceso productivo para un cambio de herramientas, utillaje, ráfagas, etc.
- Paradas del proceso productivo por un mantenimiento correctivo residual motivado por fallos aleatorios difícilmente evitables.
- Paradas por interferencia de máquina, motivadas por tiempos de espera por una máquina averiada que exige ser atendida por un equipo de mantenimiento que está ocupándose de otra avería en ese instante.
- Paradas del proceso productivo por paradas inducidas en una máquina de la línea por la falta de piezas de una máquina anterior o saturación de piezas por problemas en la máquina siguiente.

Optimización del tiempo de paradas funcionales

El objetivo será:

- Disminuir los tiempos de parada de la máquina mediante la realización de los cambios de útiles y herramientas frecuenciales en determinados intervalos de tiempo optimizados.

NOTAS

(continuación...)

- Realizar mantenimientos preventivos aprovechando y planificando las paradas de línea para realizar las operaciones funcionales antes reseñadas.
- Buscar hipótesis y simulaciones, o ensayos, para optimizar estas intervenciones elaborando gamas de actuación.

Se efectuarán estudios en los puestos de cada máquina con relación a las frecuencias de cambio de herramientas, útiles, etc., y respecto de los tiempos de cambio que se consideren óptimos. Con estas frecuencias de cambio se realiza una simulación, suponiendo una disponibilidad propia para cada máquina del 100 % y un tiempo de ciclo de cada máquina coincidente con el teórico.

A continuación, cabe realizar cuatro simulaciones, concentrando los cambios de herramientas en determinados intervalos de tiempo a lo largo de la jornada de trabajo (frecuencias de 300, 500, 1 000 y 2 000 piezas), calculando el porcentaje que supone cada tipo de frecuencia sobre el tiempo total de parada y eligiendo la menos penalizadora para programar una parada general en la línea y efectuar los cambios cíclicos correspondientes.

Optimización de los tiempos de parada por averías

El objetivo será disminuir los tiempos de parada por averías mediante:

- La optimización del mantenimiento preventivo = mejora del TBF.
- La optimización de los tiempos de interferencia entre máquinas + mejora del TR.
- La optimización de los tiempos de reparación de máquinas por mejora y aprendizaje = mejora del TR.

Para el primer apartado se debe buscar el punto de la curva de la bañera en el que se encuentra la empresa, con el fin de detectar si se ha entrado ya, o no, en el período de envejecimiento. Si es así, se calcula el punto idóneo del fondo de la bañera para llegar a él por la optimización del programa y las gamas del mantenimiento preventivo en sus diferentes niveles.

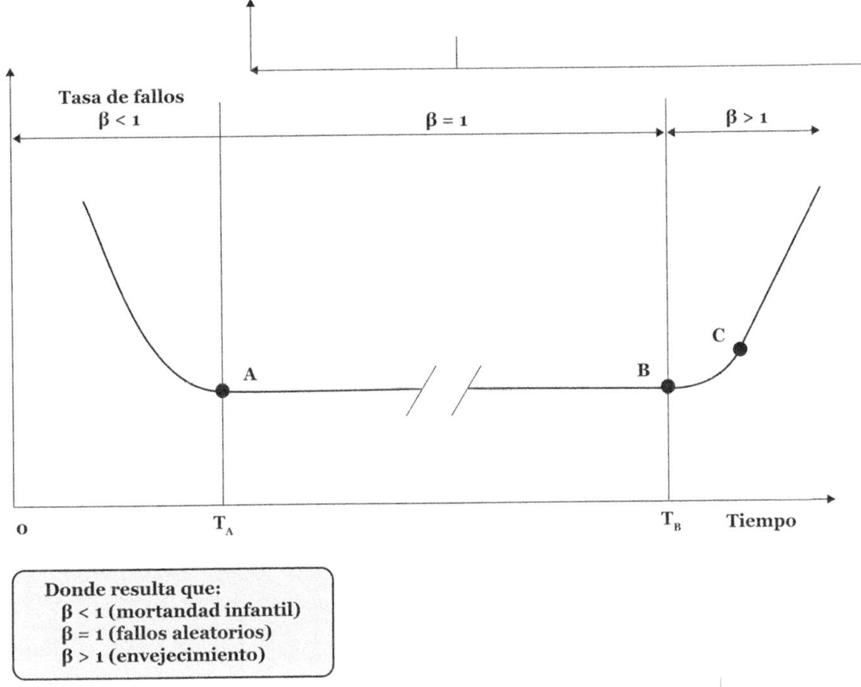

El análisis de esta situación permitirá comprobar que la mayoría de los fallos que se producen en la línea se deben a procesos de envejecimiento en los componentes de las máquinas por no realizar el mantenimiento programado en los equipos de dicha línea, y esto ocasiona encontrarse en el punto C de la curva de la figura superior.

En consecuencia, se puede afirmar que la optimización y realización del mantenimiento preventivo sistemático y programado, permitirá trabajar en el punto B de la curva del figura, punto que corresponde al mínimo de la tasa de fallos.

Calculado este punto, se determina, por tanto, que el tiempo medio de funcionamiento óptimo es de TFM óptimo = 440 minutos.

NOTAS

Para optimizar las interferencias de paradas de máquinas por falta de equipos de mantenimiento que permitan intervenir simultáneamente, se pueden efectuar simulaciones para una disponibilidad de máquina óptima y deseada.

Por último, para optimizar los tiempos de intervención se trazarían curvas de aprendizaje con la evolución conocida a lo largo del tiempo, con el fin de determinar el valor excelencia:

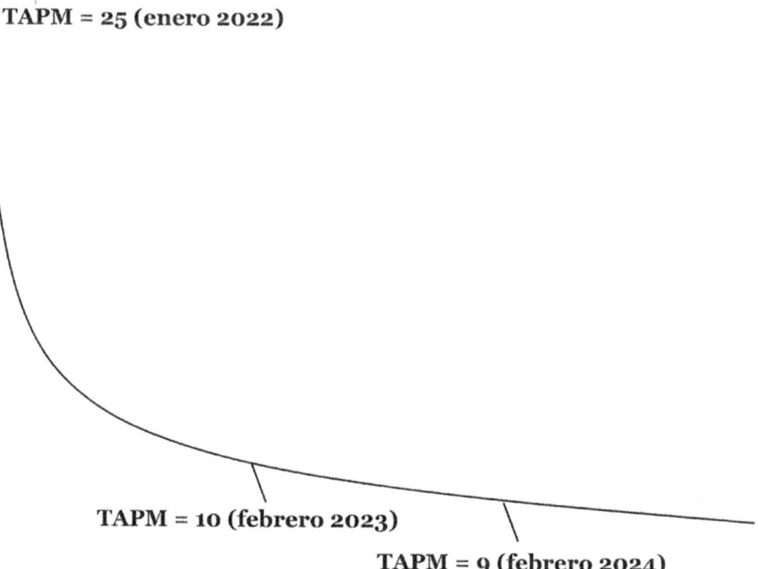

Optimización de las pérdidas por falta de calidad

El objetivo será disminuir las pérdidas de rendimiento operacional por mejora y aprendizaje en el proceso productivo de los problemas de calidad debidos a:

- Devoluciones de piezas defectuosas al proveedor.
- Bajas en el proceso productivo.

Para mejorar el primer punto de este apartado hay que conseguir someter a los proveedores de piezas a un proceso de mejora continua, presentándoles una evolución jerarquizada de los problemas de las piezas devueltas y que han causado baja en el proceso productivo por diferentes motivos de falta de calidad en el origen. El límite en esta evolución debe ser simulado mediante la correspondiente curva de aprendizaje.

Asimismo, las piezas que causen baja en el proceso de fabricación, con responsabilidad de este departamento, siguen una ley similar.

Con estos datos en la mano, se dispone de información suficiente para construir varias hipótesis y elegir la óptima, obteniendo los resultados que aparecen en los cuadros anexos.

ANEXO VIII. EVALUACIÓN Y SEGUIMIENTO DEL RENDIMIENTO OPERACIONAL DE UNA LÍNEA AUTOMÁTICA DE PRODUCCIÓN CON UNA DEMANDA DE CLIENTES POR DEBAJO DE SU CAPACIDAD

Es frecuente impulsar la mejora continua de los procesos industriales a través de la mejora de su indicador estrella: **el rendimiento operativo o sintético**, que toma la expresión:

$$Ro = \frac{\text{Volumen real de productos fabricados buenos (V)}}{\text{Capacidad teórica de la línea}}$$

Todo ello se desenvuelve en la unidad de tiempo que se le ha requerido al proceso para producir (hora, día, turno, etc.) y siempre y cuando el proceso disponga de toda la organización prevista.

Sin embargo, en situaciones de crisis, con bajadas en la demanda del mercado, esta mejora permanente lleva a un sobrevolumen que iría en contra de toda lógica de una buena gestión económica y de *stocks*.

Estrategia que es preciso aplicar

Partiendo del supuesto de que el proceso trabaja habitualmente a tres turnos diarios de ocho horas, y es capaz de fabricar un volumen V de productos al día con una organi-

NOTAS

zación de X personas, se puede obtener un ratio de productividad (Rp) equivalente a:

$$Rp = \frac{\text{V productos}}{\text{X personas}} \text{ (productos/persona)}$$

Si de lo que se trata es de no perder productividad si bajan las necesidades de los clientes en un determinado volumen v de piezas sobre el volumen V que la empresa es capaz de fabricar, es preciso equilibrar la organización a la demanda, retirando de la misma a x personas sobre el total X disponibles a plena capacidad, de tal manera que el ratio de productividad (Rp) no varíe o en todo caso mejore al calcularlo con la expresión:

$$Rp = \frac{V - v}{X - x}$$

Este equilibrio, como flexibilidad a la demanda, se puede lograr por los siguientes caminos si la línea de producción trabaja al ritmo de tres turnos por día:

- Diseñar una organización para trabajar con dos turnos a plena capacidad de la línea, complementando las necesidades con una parte del tercer turno, el cual trabajará a menor cadencia hasta cubrir las necesidades de los clientes.

(continuación...)

- Diseñar una organización para trabajar con tres equipos incompletos todos ellos, justo con los efectivos necesarios para lograr, como mínimo, la misma productividad que a plena capacidad.

En ambos casos es necesario medir el impacto económico y de calidad y no solamente el de productividad.

Por la experiencia que he adquirido practicando esta estrategia, como responsable de un departamento de fabricación de motores de automóvil, debo decir que la primera solución tiene los siguientes inconvenientes:

- Los encursos aumentan con el tercer turno trabajando a ritmo degradado o por sectores.
- La reactividad necesaria ante problemas de producción debidos a disfunciones aleatorias ocurridas en los dos turnos completos es difícil de obtener, pues el menor ritmo de la línea en el tercer turno no lo va a permitir.
- Los cambios frecuenciales de lotes o ráfagas debido a la diversidad, de herramientas y utillaje, etc., tienden a realizarse con el tercer turno degradado en la organización, pues en los dos turnos completos se da prioridad a obtener las máximas cadencias previstas, rechazando todo tipo de parada programada que pueda dificultar el logro de dicho objetivo.

(continuación...)

- Las averías se tratan de forma provisional en los turnos completos para resolverlas de forma definitiva en los turnos incompletos.
- Es necesaria una polivalencia total de todos los operarios integrados en el proceso.

Así pues, como en mi experiencia no encontré ningún tipo de ventaja con esta estrategia, y además, los costes de producción aumentaron más del 20 %, propongo la segunda estrategia, la cual, además de eliminar los inconvenientes de la primera alternativa, tiene las siguientes ventajas:

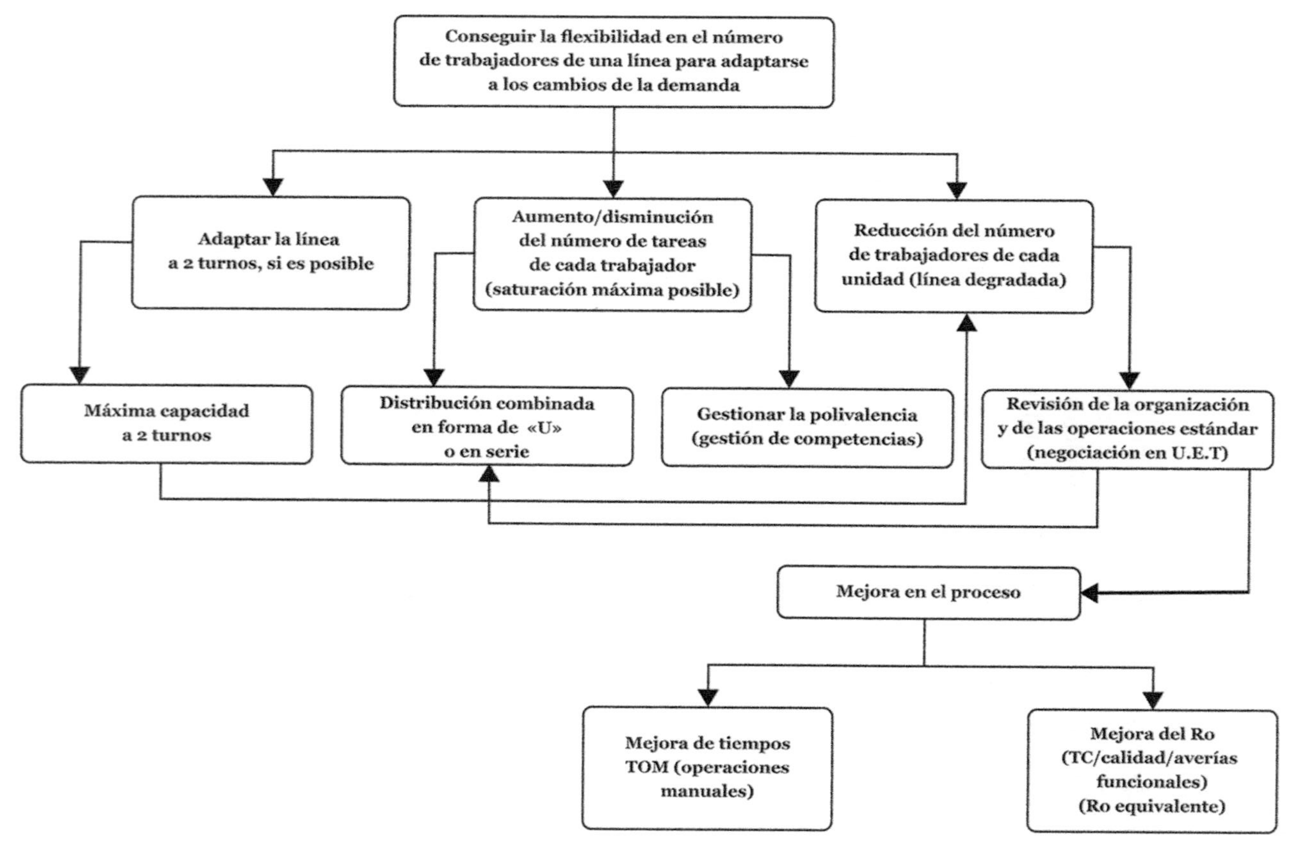
Conseguir la flexibilidad en el número de trabajadores de una línea para adaptarse a los cambios de la demanda
Adaptar la línea a 2 turnos, si es posible
Aumento/disminución del número de tareas de cada trabajador (saturación máxima posible)
Reducción del número de trabajadores de cada unidad (línea degradada)
Máxima capacidad a 2 turnos
Distribución combinada en forma de «U» o en serie
Gestionar la polivalencia (gestión de competencias)
Revisión de la organización y de las operaciones estándar (negociación en U.E.T)
Mejora en el proceso
Mejora de tiempos TOM (operaciones manuales)
Mejora del Ro (TC/calidad/averías funcionales) (Ro equivalente)

- Equilibrio de cada turno a la demanda de los clientes, por lo que los encursos fluyen con normalidad, salvo en caso de disfunciones aleatorias muy complejas en cuanto a tiempo de diagnóstico y de intervención.
- Mejor reactividad en los otros turnos ante la presencia en cualesquiera de los turnos de alguno de estas disfunciones complejas.
- Mejor entendimiento entre los responsables del proceso en cada turno y entre sus equipos.
- Mejora de los costes de producción y, por tanto, su ajuste a presupuesto.

Dinámica de la mejora continua del Ro

Es posible continuar aplicando la dinámica de la mejora con esta segunda estrategia en los dos aspectos de:

- Proceso.
- Rendimiento operacional (Ro) a través del análisis del No-Ro debido a las seis grandes pérdidas.

Sin embargo, la medida del Ro va a dar la sensación de no tenerla controlada al variar el numerador de su fórmula y permanecer constante el denominador, por lo que es preciso efectuar un cálculo equivalente o práctico de dicho Rs en función del volumen de producción que se desea obtener realmente (V-v productos) con la organización prevista (X-x personas) para dar satisfacción a la demanda de los clientes.

NOTAS

El cálculo de este Ro práctico se puede obtener por la expresión:

$$\text{Ro práctico} = \text{Ro objetivo} \times \frac{\text{Volumen real de producción}}{\text{Volumen previsto con la organización}}$$

A continuación se muestra el ejemplo de una línea automática que trabaja en dos turnos a plena capacidad con los siguientes *performances*:

- Rendimiento objetivo Rs = 65 %.
- Tiempo de ciclo teórico Tct = 0,5 minutos.
- Tiempo efectivo o requerido de trabajo TR = 15,5 horas.
- Mano de obra aplicada en la organización X = 26 operarios.
- Volumen de producción real buena obtenido V = 1200.

Con estos datos, se calcularía:

NOTAS

1

El volumen teórico de productos que la línea puede producir, por la expresión:

$$\text{V teórico} = \frac{60}{\text{Tct}} \times \text{TR} = \frac{60}{0{,}5 \text{ min}} \; 15{,}5\text{h} = 1\,860 \text{ p}$$

2

El rendimiento obtenido sería:

$$\text{Ro} = \frac{\text{V real}}{\text{V teórico}} \times 100 = \frac{1\,200 \text{ p}}{1\,860 \text{ p}} \times 100 = 64{,}5\,\%$$

3

El ratio de productividad, por su parte, sería:

$$\text{Rp} = \frac{\text{V prod.}}{\text{X personas}} = \frac{1\,200}{26} = 46{,}1 \text{ piezas/persona}$$

Por bajada de las necesidades de clientes, se equilibra la línea para la demanda de 1000 piezas al día. Por tanto, se podría elegir una de las dos opciones que ya se han comentado. Yo recomiendo la segunda para trabajar con una organización degradada en dos turnos equilibrados, con los siguientes performances:

OPERACIÓN	MÁQUINA	TIEMPO PIEZA CRONOMETRADO POR PUESTO	MÍNIMO SATURACIÓN MÁQUINA 1 208 PIEZAS	MÍNIMO SATURACIÓN MÁQUINA 916 PIEZAS	MÍNIMO SATURACIÓN MÁQUINA 650 PIEZAS	PUESTOS TIEMPOS DE OCUPACIÓN EN MIN 650 PIEZAS
107D	PT-002	14,11	170,45	129,24	91,71	(1) 351,25
110D	TB-0	2,14	20,85	19,60	13,91	
120D	TB-1	10,88	131,43	99,66	70,72	
130D	TB-2	24,63	297,53	225,61	160,09	
140D	TB-3	2,63	31,77	29,09	17,09	
150D	TB-4	14,27	172,38	130,71	92,75	(2) 393,58
160D	TB-5	9,23	111,50	84,54	59,99	
170D	TB-6	27, 17	328,21	248,87	176,60	(3) 289,37
180D	TB-7	17,35	209,59	158,92	112,77	
190D	TB-8	9,34	112,83	85,55	60,71	(5)
200D	TB-9	14,75	178,18	135,11	95,87	(2)
210D	ML-3	0	0	0	0	(5)
20D	TB-22	0,40	4,83	3,66	2,60	(4)
110E	TB-23	0,52	6,28	4,66	3,38	
120E	TB-24	0	0	0	0	(2)
130E	TB-25	2,01	24,29	18,41	13,06	
140E	TB-26	2,28	27,55	20,88	14,82	
150E	TB-11	14,74	226,46	171,65	121,81	(4) 345,99
160E	TB-12	14,50	175,22	132,82	94,25	
170E	TB-13	11,54	139,45	105,70	75,01	
180E	TB-14	7,53	90,99	68,97	48,94	
190E	TB-19	19,27	232,86	175,51	125,25	(5) 330,25
200E	TB-16.A	7,77	93,83	71,17	50,50	
200E	TB-16.B	7,49	90,51	68,60	48,68	
210E	TB-21	6,94	83,86	63,57	45,11	
220E	ML-8B	0	0	0	0	(6) 237,96
230E	TB-20	0	0	0	0	
240E	CV	21,59	260,90	197,76	140,33	
107E	ROBOT	15,02	181,50	137,58	97,63	
	E. BOLAS	0	0	0	0	(7) 198,96
240E	CV	30,61	369,90	280,38	198,96	
107TB	CARGA	1,15	13,78	10,53	7,47	(8) 397,58
110YB	BR-27	17,19	205,96	157,46	111,73	
120TB	ME-128	23,99	287,43	219,74	155,93	
130TB	ME-333	8,79	105,32	80,51	57,13	
140TB	ME-293	10,05	210,41	92,05	65,32	
	LV-88-ME-160					
	3D					(3)
TOTAL		373,88	4 511,05	3 424,61	2 430,12	(9)

- Tiempo de trabajo efectivo TR = 15,5 horas.
- Tiempo de ciclo teórico de la línea = 0,5 min.
- Mano de obra aplicada en la organización X-x = 20 operarios.
- Volumen de producción buena real obtenida V-v = 1030 piezas.

Con estos datos se calcula, por tanto:

1

El rendimiento obtenido:

$$Ro = \frac{1\,030 \text{ piezas}}{1\,860 \text{ piezas}} \times 100 = 51\,\%$$

Como se puede observar, aparentemente el Ro se ha degradado (antes era 64,5 %), lo cual no deja de ser cierto, pero ha sido por un deseo concreto de obtener un volumen de producción lo más ajustado a las necesidades de los clientes.

NOTAS

2

El ratio de productividad sería en este caso:

$$Rp = \frac{1\,030\ piezas}{20\ \text{personas}} = 51{,}5\,\frac{\text{piezas}}{\text{persona}}$$

Este ratio, como se puede observar, es mejor que el anterior, situado en un valor de 46,1 piezas por persona.

3

Por tanto, se puede calcular, para su seguimiento en similares condiciones, el rendimiento práctico por la expresión:

$$\text{Ro práct.} = \text{Ro obj.} \times \frac{\text{Prod.real con organización degradada}}{\text{Prod.prevista con organización degradada}} =$$

$$= 65 \times \frac{1\,330}{1\,000}\ \text{piezas}\ 67\ \%$$

Aquí puede observarse cómo se mejora el Ro objetivo (65 %) y el que se ha obtenido anteriormente trabajando con dos turnos a plena capacidad y con la organización completa (64,5 %).

NOTAS

Solamente quedaría comprobar que la organización puesta en marcha reduce sus tareas asignadas a unos niveles adecuados, que deben ser los máximos posibles.

En la figura que se ha expuesto un poco más arriba se muestra un ejemplo de **saturación** de una organización con nueve puestos, aplicada en una línea de mecanizado de bloques de motor para hacer 650 piezas por turno de trabajo. En la columna de la derecha figuran los tiempos de ocupación de cada puesto, en minutos, como consecuencia de realizar operaciones imprescindibles y estándar en el proceso. Se puede también observar que todos los puestos disponen de un porcentaje de tiempo libre sobre los 465 min de la jornada para poder realizar operaciones de automantenimiento y atender incidencias aleatorias no previstas.

En este ejemplo, llamando la atención se evita caer en situaciones de crisis, por bajada de la demanda de los productos, y en un descontrol de los sistemas productivos que agravaría más dicha situación crítica.

Por el contrario, es preciso esforzarse por controlar indicadores tan importantes como la productividad y el rendimiento operacional sintético de las líneas de producción y seguir animando la mejora continua de los mismos a través de los grupos de fiabilización y de mejora, con el único objetivo de eliminar todo tipo de disfunción y despilfarro, sean cuales sean los niveles de volumen de producción demandados por los clientes.

Te aseguro, por mi propia experiencia, que el esfuerzo merece la pena, pues las ganancias se incrementarán en orden del 20 % en los resultados de explotación, algo infinitamente más deseable que tomar una actitud pasiva y conformista por la bajada de actividad.

Como esfuerzo final, que no es poco, deben controlarse los recursos humanos disponibles a través de la movilidad en la empresa, con períodos de regulación de jornadas de trabajo o disponiendo de un determinado porcentaje de empleados eventuales para aplicar esta estrategia y equilibrar las producciones a la demanda de los clientes.

ÍNDICE DE TÉRMINOS

GLOSARIO

P

S

T

U

V

W

Z

CONTENIDOS EXTRA

Si te ha gustado este libro y quieres profundizar un poco más en el mantenimiento preventivo, total o en las 5S, te invito a descargarte una serie de contenidos extra que podrás encontrar en el código QR que adjunto justo abajo.

Por otra parte, si has adquirido este libro en Amazon, me ayudaría muchísimo que te tomases unos segundos para votarme con estrellas. Desde ya, mi sincero agradecimiento por tu tiempo.